浙江省建设工程造价参考指标

（一）房屋建筑与市政工程

ZHEJIANGSHENG JIANSHE GONGCHENG ZAOJIA CANKAO ZHIBIAO
（YI）FANGWU JIANZHU YU SHIZHENG GONGCHENG

浙江省建设工程造价管理总站
浙江省财政项目预算审核中心
浙江省公共资源交易中心
浙江省建设工程造价管理协会
编

中国计划出版社
2023 北 京

图书在版编目（CIP）数据

浙江省建设工程造价参考指标. 一，房屋建筑与市政工程 / 浙江省建设工程造价管理总站等编. -- 北京 : 中国计划出版社，2023.9（2024.12重印）
ISBN 978-7-5182-1551-5

Ⅰ. ①浙… Ⅱ. ①浙… Ⅲ. ①建筑工程－建筑造价指标(元/平方米)－浙江 Ⅳ. ①TU723.32

中国国家版本馆CIP数据核字(2023)第181981号

责任编辑：陈　飞　　封面设计：韩可斌
责任校对：王　巍　　责任印制：李　晨

中国计划出版社出版发行
网址：www. jhpress. com
地址：北京市西城区木樨地北里甲11号国宏大厦C座4层
邮政编码：100038　电话：(010)63906433(发行部)
北京市科星印刷有限责任公司印刷

880mm×1230mm　1/16　16.5印张　501千字
2023年9月第1版　2024年12月第2次印刷

定价：98.00元

编制单位及编审人员名单

编 制 单 位：浙江省建设工程造价管理总站

浙江省财政项目预算审核中心

浙江省公共资源交易中心

浙江省建设工程造价管理协会

主要编制人员：李　萍　季　挺　蔡临申　张贤明　叶晓牡　孙华建

蔡立峰　陈　奎　洪纯珩　何粉叶　范　荣　周顺华

苑红生　郑宽善　骆忠祥　张冰冰　周文东　吕燕丰

王明辉　饶宇义　刘海升　项　震　王　奇　盛艳婷

杨子宁　陈丽锋　丁　燕　吴玉儿　聂伟军　俞　阳

徐俊杰　蔡红伟　丁浙鸣

审　　　定：游劲秋　俞富桥　李仲尧

顾　　　问：田忠玉　何薛平

前　言

为深入贯彻落实《住房和城乡建设部办公厅关于印发工程造价改革工作方案的通知》（建办标〔2020〕38号）的要求，加快推进工程造价市场化改革，浙江省建设工程造价管理总站以全国工程造价改革试点工作为契机，联合浙江省财政项目预算审核中心、浙江省公共资源交易中心、浙江省建设工程造价管理协会共同编制了《浙江省建设工程造价参考指标（一）房屋建筑与市政工程》，运用大数据、人工智能等信息化技术，推进浙江省建设工程造价指标体系与数字化应用项目的建设，加强工程造价数据积累，建立完善的浙江省工程造价指标体系构架，深化拓展工程造价成果的转化应用，全面提升工程造价改革的实战实效，积极打造浙江省工程造价数智化新高地。

《浙江省建设工程造价参考指标（一）房屋建筑与市政工程》的主要内容包括整体项目造价指标和单项造价指标、专项造价指标、造价指标单元、典型工程造价指标、造价指标动态运用，是浙江省工程造价改革与实践的一项重要探索，将为浙江省打造具有特色的工程造价数字化平台新样板奠定扎实的基础，并为持续推动浙江省工程造价行业高质量发展做出更大贡献。

浙江省建设工程造价管理总站

2023年7月

总 说 明

为加快推进浙江省建设工程造价改革，浙江省建设工程造价管理总站联合浙江省财政项目预算审核中心、浙江省公共资源交易中心和浙江省建设工程造价管理协会组织编制了《浙江省建设工程造价参考指标（一）房屋建筑与市政工程》（以下简称“本指标”）。本指标使用说明如下：

一、本指标以国家现行计价与计量规范，浙江省2018版计价依据，国家及浙江省现行工程建设标准等为依据，以近年来浙江省典型工程计价成果数据为测算基础，进行综合分析后编制。

二、本指标可作为政府管理部门审核（审定）建设工程项目投资估算及初步设计概算的参考依据，也可作为市场各方主体在项目决策、投资控制、快速报价等方面的参考。

三、本指标为建筑安装工程全费用造价指标，不包括工程建设其他费用、预备费。建筑安装工程全费用造价指标包括人工费、材料费、机械费、企业管理费、利润、规费和税金，不包括优质工程增加费、标化工地增加费等暂列金额。

四、本指标包括整体项目造价指标、单项造价指标、专项造价指标、造价指标单元、典型工程造价指标和造价指标动态运用。

五、本指标测算的价格基期为2022年7月（工具式脚手架专项增量造价指标除外）。

六、本指标房屋建筑工程测算项目类型包括浙江省行政区域内的保障性住房项目、学校项目、综合医院项目；市政工程测算项目类型包括道路工程、桥涵工程（跨河简支梁桥）、管网工程（排水）。其中：

1.保障性住房项目是指由政府主导投资、建设和管理，或政府提供政策支持、社会力量投资建设，限定建设标准，限定租金或销售价格，面向符合规定条件的城镇低收入和中等偏下收入住房困难家庭、新就业无房职工和在城镇稳定就业并居住一定年限的外来务工人员，满足其基本居住需要的住房。本指标所指的保障性住房项目为建设规模800户以内的住宅型保障性住房项目，包括住宅楼、单独的配套服务及附属用房、室外附属工程等。

2. 学校项目是指政府主导投资、建设和管理的学校。本指标所指的学校项目为幼儿园、中小学校(小学、初级中学、九年制学校),包括教学楼、办公用房、图书馆、宿舍(公寓)、单独的配套服务及附属用房、室外附属工程等。

3. 综合医院项目是指政府主导投资、建设和管理的综合医院。本指标所指的综合医院项目是指建设规模为800~2 000床位的医院,包括住院楼、医技楼、门诊楼、办公用房、单独的配套服务及附属用房、室外附属工程等。

七、本指标为建设工程造价参考指标,具体应用时应结合工程实际动态调整,使用过程中如有意见或建议,请及时反馈至浙江省建设工程造价管理总站。

目　录

第一章　整体项目造价指标和单项造价指标

说明…… 2
第一节　房屋建筑工程整体项目造价指标和单项造价指标…… 4
一、保障性住房项目 …… 4
二、学校项目 …… 8
三、综合医院项目 …… 16
四、装修做法参考 …… 22
第二节　市政工程整体项目造价指标和单项造价指标…… 23
一、道路工程 …… 23
二、桥涵工程（跨河简支梁桥） …… 25
三、管网工程（排水） …… 27

第二章　专项造价指标

说明…… 30
第一节　房屋建筑工程专项造价指标…… 31
一、建筑与装饰工程专项造价指标 …… 31
二、通用安装工程专项造价指标 …… 32
第二节　市政工程专项造价指标…… 33
一、市政道路路基处理专项造价指标 …… 33
二、市政智能交通系统专项造价指标 …… 33
第三节　绿色建筑增量专项造价指标…… 34

第三章　造价指标单元

说明…… 38
第一节　房屋建筑工程造价指标单元…… 39
一、建筑与装饰工程 …… 39
二、通用安装工程 …… 41
第二节　市政工程造价指标单元…… 44
一、道路工程 …… 44
二、桥涵工程 …… 45
三、隧道工程 …… 46
四、河道护岸工程 …… 47
五、管网工程 …… 48
六、综合管廊工程 …… 49
七、厂站工程 …… 50
八、市政临时工程 …… 51

第四章　典型工程造价指标

说明…………………………………………………………………………………… 54
第一节　房屋建筑工程造价指标………………………………………………………… 55
一、保障性住房项目 ………………………………………………………………… 55
二、学校项目 ………………………………………………………………………… 111
三、综合医院项目 …………………………………………………………………… 164
第二节　市政工程造价指标……………………………………………………………… 214
一、道路工程 ………………………………………………………………………… 214

第五章　造价指标动态应用

说明…………………………………………………………………………………… 250
第一节　房屋建筑工程造价指数………………………………………………………… 251
第二节　市政工程造价指数……………………………………………………………… 251
第三节　造价参考指标应用案例………………………………………………………… 252

第一章 整体项目造价指标和单项造价指标

说　明

一、本章内容包括整体项目造价指标和单项造价指标。

二、本指标依据《建设工程造价指标采集分析标准》中的采集类别编制，其中房屋建筑工程的单项造价指标包括地下建筑造价指标、地上建筑造价指标、室外附属工程造价指标。市政工程的单项造价指标包括道路工程造价指标、桥涵工程造价指标、管网工程造价指标。

三、房屋建筑工程的整体项目造价指标计算基数为总建筑面积；地下建筑单项造价指标计算基数为地下建筑面积，地上建筑单项造价指标计算基数为地上建筑面积，室外附属工程单项造价指标计算基数为室外总面积。

四、房屋建筑工程地上建筑、地下建筑、室外附属工程的指标划分界面如下：

1. 地上建筑与地下建筑的造价指标划分界面为地下室结构顶板上表面。

2. 室外附属工程包括建筑红线范围内的道路、景观、绿化、围墙及相应的给水、排水、消防、电气设备安装、建筑智能化等工程，以及成品购置的门卫岗亭、垃圾房、设备用房等。

五、本指标房屋建筑工程的造价指标测算说明：

1. 保障性住房项目：

(1)保障性住房项目装修标准按《全装修住宅室内装修设计标准》(DB33/T 1261—2021)的基本要求考虑，主要装修做法详见表 1-1-15“保障性住房项目装修做法参考表”，若套内毛坯交付的，造价指标相应调整；

(2)表 1-1-1、表 1-1-2 保障性住房项目按一层地下室考虑；

(3)保障性住房项目外墙面装饰按外墙涂料考虑。

2. 学校项目：

(1)学校项目主要装修做法按表 1-1-16“学校项目装修做法参考表”考虑；

(2)学校项目按一层地下室考虑；

(3)学校项目外墙面装饰按外墙涂料考虑。

3. 医院项目：

(1)医院项目的整体项目造价指标未包括医用气体工程、医用纯水及直饮水工程、物流配送系统、医用污水处理工程、净化工程、防护工程等医疗专项费用，同时发生上述医疗专项内容时，造价指标按总建筑面积增加 500~650 元/m²，整体项目造价指标相应调整；

(2)综合医院项目主要装修做法按表 1-1-17“医院项目装修做法参考表”考虑；

(3)表 1-1-11、表 1-1-12 综合医院项目按二层地下室考虑；

(4)综合医院项目外墙面装饰按外墙涂料及幕墙考虑。

六、房屋建筑工程的整体项目造价指标和地下建筑单项造价指标包括地基处理工程、基坑围护工程、桩基工程，未考虑建筑物邻近地铁等需要做特殊保护措施的费用。

七、本指标房屋建筑工程的通用安装造价指标测算说明：

1. 通用安装造价指标内容包括电气设备安装工程、建筑智能化工程、消防工程、通风空调工程、给排水工程，不包括专业施工的通信工程、燃气工程等内容；

2. 通用安装造价指标未包括电梯、充电桩的费用，发生时按第二章“专项造价指标”增加相应费用；

3. 电气设备安装工程与电梯、充电桩工程的造价指标划分界面为电梯、充电桩的配电箱(含)；

4. 电气设备安装工程包括变配电室内低压配电柜下桩头后的动力系统、照明系统、防雷接地系统，不包括变配电系统，发生时按第二章“专项造价指标”增加相应费用；

5. 消控中心、信息网络机房的设备及相关管线（缆）费用纳入通用安装工程地上部分造价指标；

6. 给排水安装工程统计界面为与市政管网连接的第一个水表井（检查井），无水表井（检查井）的以市政管网碰头点为界；

7. 抗震支架纳入相应系统的造价指标。

八、本指标的房屋建筑工程造价指标未考虑采用工具式脚手架，发生时，增量的造价指标可参照第二章“专项造价指标”进行调整。

九、本指标的房屋建筑工程造价指标综合考虑了浙江省现行装配式建筑的相关要求。

十、本指标的房屋建筑工程造价指标综合考虑了浙江省现行绿色建筑的基本要求，若超出基本要求可参考专项造价指标的相应内容。

十一、市政工程的道路、桥涵、管网造价指标划分界面如下：

1. 与道路工程同步建设的桥梁、涵洞按桥涵类别单独计列；

2. 与道路工程同步建设的供水、排水、电力等管网按相应类别单独计列；

3. 桥涵工程造价指标包括台背回填、桥梁搭板。

十二、市政工程中的道路工程单项造价指标计算基数为道路工程红线面积（含机动车道、非机动车道、人行道、机非分隔带、中央分隔带），不含桥涵工程面积。

十三、市政工程中的桥涵工程单项造价指标计算基数为桥涵工程投影面积，不含桥梁搭板面积。

十四、市政工程中管网工程单项造价指标计算基数为项目总面积（含道路工程面积、除高架桥以外的桥涵工程面积）。

十五、道路工程单项造价指标不包括路基处理与海绵城市相关内容，发生时可参照第二章“专项造价指标”增加相应费用。

十六、道路工程和桥涵工程的智能交通系统包含交通信号控制系统、交通监视系统、电子警察系统，若设置其他系统可参照第二章“专项造价指标”增加相应费用。

十七、管网工程（排水）单项造价指标仅适用于顶管施工长度未超过道路里程长度5%的排水管网。

第一节　房屋建筑工程整体项目造价指标和单项造价指标

一、保障性住房项目

（1）整体项目造价指标分为地上建筑、地下建筑、室外附属工程；

（2）地上建筑包括住宅楼及附属用房，其中：建筑与装饰工程造价指标内容包括砌筑工程，混凝土结构工程，金属结构工程，门窗工程，屋面工程，防水工程，防腐、隔热、保温工程，外墙装饰及幕墙工程，楼地面装饰工程，内墙及柱面装饰工程，天棚工程，其他装饰工程等，通用安装工程造价指标内容包括电气设备安装工程、建筑智能化工程、消防工程、通风空调工程、给排水工程等；

（3）地下建筑的建筑与装饰工程造价指标内容包括土石方工程，地基处理工程，基坑围护工程，桩基工程，砌筑工程，混凝土结构工程，金属结构工程，门窗工程，屋面工程，防水工程，防腐、隔热、保温工程，楼地面装饰工程，内墙及柱面装饰工程，天棚工程，其他装饰工程等，通用安装工程造价指标内容包括电气设备安装工程、建筑智能化工程、消防工程、通风空调工程、给排水工程等；

（4）室外附属工程主要包括道路、景观、绿化、围墙、电气设备安装、建筑智能化、消防、给水排水等；

（5）建筑智能化包括信息网络系统、综合布线系统、有线电视系统、安全防范系统、信息引导及发布系统、电源与电子设备防雷接地系统、综合管路系统、机房工程等。

（一）整体项目造价指标

房屋建筑工程整体项目造价指标表见表 1–1–1。

表 1–1–1　房屋建筑工程整体项目造价指标表

项目类型		保障性住房	
功能规模		800 户以内（一层地下室）	
序号	**地区**	**造价指标 /（元 /m²）**	**备注**
1	杭州市	3 950~4 680	1. 桩基形式：灌注桩，平均桩长 45m 以内； 2. 围护形式：型钢水泥土墙
2	宁波市	4 060~4 780	1. 桩基形式：灌注桩，平均桩长 65m 以内； 2. 围护形式：排桩墙
3	温州市	3 990~4 700	1. 桩基形式：灌注桩，平均桩长 65m 以内； 2. 围护形式：型钢水泥土墙
4	湖州市	3 690~4 390	1. 桩基形式：灌注桩，平均桩长 35m 以内； 2. 围护形式：型钢水泥土墙
5	嘉兴市	3 590~4 280	1. 桩基形式：预制桩，平均桩长 25m 以内； 2. 围护形式：型钢水泥土墙
6	绍兴市	3 700~4 400	1. 桩基形式：灌注桩，平均桩长 35m 以内； 2. 围护形式：型钢水泥土墙
7	金华市	3 260~3 950	1. 桩基形式：灌注桩，平均桩长 15m 以内； 2. 围护形式：土钉墙

续表 1-1-1

序号	地区	造价指标 /（元 /m²）	备注
8	衢州市	3 260~3 950	1. 桩基形式：灌注桩，平均桩长 15m 以内； 2. 围护形式：土钉墙
9	舟山市	3 810~4 500	1. 桩基形式：灌注桩，平均桩长 40m 以内； 2. 围护形式：排桩墙
10	台州市	3 930~4 620	1. 桩基形式：灌注桩，平均桩长 60m 以内； 2. 围护形式：排桩墙
11	丽水市	3 280~3 970	1. 桩基形式：灌注桩，平均桩长 15m 以内； 2. 围护形式：土钉墙

（二）单项造价指标

1. 单项造价指标汇总表见表 1-1-2。

表 1-1-2　单项造价指标汇总表

项目类型		保障性住房			
功能规模		800 户以内（一层地下室）			
序号	地区	指标组成	造价指标 /（元 /m²）		
			合计	建筑与装饰	通用安装
1	杭州市	地下建筑	5 520~6 160	5 070~5 580	450~580
		地上建筑	2 900~3 640	2 490~3 120	410~520
		室外附属工程	620~750		
2	宁波市	地下建筑	6 110~6 750	5 660~6 170	450~580
		地上建筑	2 770~3 480	2 360~2 960	410~520
		室外附属工程	560~730		
3	温州市	地下建筑	5 910~6 550	5 470~5 980	440~570
		地上建筑	2 770~3 480	2 370~2 970	400~510
		室外附属工程	560~710		
4	湖州市	地下建筑	5 280~5 920	4 840~5 350	440~570
		地上建筑	2 660~3 340	2 260~2 830	400~510
		室外附属工程	560~710		
5	嘉兴市	地下建筑	4 980~5 620	4 540~5 050	440~570
		地上建筑	2 660~3 340	2 260~2 830	400~510
		室外附属工程	560~710		

续表 1–1–2

序号	地区	指标组成	造价指标 /（元 /m²）		
			合计	建筑与装饰	通用安装
6	绍兴市	地下建筑	5 290~5 930	4 850~5 360	440~570
		地上建筑	2 670~3 350	2 270~2 840	400~510
		室外附属工程	560~710		
7	金华市	地下建筑	4 230~4 870	3 790~4 300	440~570
		地上建筑	2 560~3 230	2 160~2 720	400~510
		室外附属工程	560~710		
8	衢州市	地下建筑	4 230~4 870	3 790~4 300	440~570
		地上建筑	2 560~3 230	2 160~2 720	400~510
		室外附属工程	560~710		
9	舟山市	地下建筑	5 590~6 230	5 150~5 660	440~570
		地上建筑	2 670~3 350	2 270~2 840	400~510
		室外附属工程	560~710		
10	台州市	地下建筑	5 970~6 610	5 530~6 040	440~570
		地上建筑	2 650~3 330	2 250~2 820	400~510
		室外附属工程	560~710		
11	丽水市	地下建筑	4 250~4 890	3 810~4 320	440~570
		地上建筑	2 580~3 250	2 180~2 740	400~510
		室外附属工程	560~710		

2. 单项造价指标表（地下建筑）见表 1–1–3。

表 1–1–3 单项造价指标表（地下建筑）

项目类型		保障性住房				
功能规模		800 户以内				
序号	地区	特征	造价指标 /（元 /m²）			备注
			合计	建筑与装饰	通用安装	
1	杭州市	设置一层地下室	5 520~6 160	5 070~5 580	450~580	1. 桩基形式：灌注桩； 2. 围护形式：型钢水泥土墙
		设置二层地下室	5 700~6 360	5 280~5 810	420~550	
2	宁波市	设置一层地下室	6 110~6 750	5 660~6 170	450~580	1. 桩基形式：灌注桩； 2. 围护形式：排桩墙
		设置二层地下室	6 290~6 950	5 870~6 400	420~550	

续表 1-1-3

序号	地区	特征	造价指标 /（元 /m²）			备注
			合计	建筑与装饰	通用安装	
3	温州市	设置一层地下室	5 910~6 550	5 470~5 980	440~570	1. 桩基形式：灌注桩；2. 围护形式：型钢水泥土墙
		设置二层地下室	6 090~6 750	5 680~6 210	410~540	
4	湖州市	设置一层地下室	5 280~5 920	4 840~5 350	440~570	1. 桩基形式：灌注桩；2. 围护形式：型钢水泥土墙
		设置二层地下室	5 460~6 120	5 050~5 580	410~540	
5	嘉兴市	设置一层地下室	4 980~5 620	4 540~5 050	440~570	1. 桩基形式：预制桩；2. 围护形式：型钢水泥土墙
		设置二层地下室	5 260~5 920	4 850~5 380	410~540	1. 桩基形式：灌注桩；2. 围护形式：型钢水泥土墙
6	绍兴市	设置一层地下室	5 290~5 930	4 850~5 360	440~570	1. 桩基形式：灌注桩；2. 围护形式：型钢水泥土墙
		设置二层地下室	5 470~6 130	5 060~5 590	410~540	
7	金华市	设置一层地下室	4 230~4 870	3 790~4 300	440~570	1. 桩基形式：灌注桩；2. 围护形式：土钉墙
		设置二层地下室	4 630~5 290	4 220~4 750	410~540	1. 桩基形式：灌注桩；2. 围护形式：型钢水泥土墙
8	衢州市	设置一层地下室	4 230~4 870	3 790~4 300	440~570	1. 桩基形式：灌注桩；2. 围护形式：土钉墙
		设置二层地下室	4 630~5 290	4 220~4 750	410~540	1. 桩基形式：灌注桩；2. 围护形式：型钢水泥土墙
9	舟山市	设置一层地下室	5 590~6 230	5 150~5 660	440~570	1. 桩基形式：灌注桩；2. 围护形式：排桩墙
		设置二层地下室	5 770~6 430	5 360~5 890	410~540	
10	台州市	设置一层地下室	5 970~6 610	5 530~6 040	440~570	1. 桩基形式：灌注桩；2. 围护形式：排桩墙
		设置二层地下室	6 150~6 810	5 740~6 270	410~540	
11	丽水市	设置一层地下室	4 250~4 890	3 810~4 320	440~570	1. 桩基形式：灌注桩；2. 围护形式：土钉墙
		设置二层地下室	4 650~5 310	4 240~4 770	410~540	1. 桩基形式：灌注桩；2. 围护形式：型钢水泥土墙

3. 单项造价指标表(地上建筑)见表 1-1-4。

表 1-1-4 单项造价指标表(地上建筑)

项目类型		保障性住房			
功能规模		800 户以内			
序号	地区	特征	造价指标 /(元 /m²)		
			合计	建筑与装饰	通用安装
1	杭州市	27m< 建筑高度≤ 100m	2 900~3 640	2 490~3 120	410~520
2	宁波市	27m< 建筑高度≤ 100m	2 770~3 480	2 360~2 960	410~520
3	温州市	27m< 建筑高度≤ 100m	2 770~3 480	2 370~2 970	400~510
4	湖州市	27m< 建筑高度≤ 100m	2 660~3 340	2 260~2 830	400~510
5	嘉兴市	27m< 建筑高度≤ 100m	2 660~3 340	2 260~2 830	400~510
6	绍兴市	27m< 建筑高度≤ 100m	2 670~3 350	2 270~2 840	400~510
7	金华市	27m< 建筑高度≤ 100m	2 560~3 230	2 160~2 720	400~510
8	衢州市	27m< 建筑高度≤ 100m	2 560~3 230	2 160~2 720	400~510
9	舟山市	27m< 建筑高度≤ 100m	2 670~3 350	2 270~2 840	400~510
10	台州市	27m< 建筑高度≤ 100m	2 650~3 330	2 250~2 820	400~510
11	丽水市	27m< 建筑高度≤ 100m	2 580~3 250	2 180~2 740	400~510

二、学校项目

(一)幼儿园项目

(1)整体项目造价指标分为地上建筑、地下建筑、室外附属工程,不包括教学设施设备、厨具设备、机械式停车库等;

(2)地上建筑包括活动及辅助用房、办公及辅助用房、生活用房等,其中:建筑与装饰工程造价指标内容包括砌筑工程,混凝土结构工程,金属结构工程,门窗工程,屋面工程,防水工程,防腐、隔热、保温工程,外墙装饰及幕墙工程,楼地面装饰工程,内墙及柱面装饰工程,天棚工程,其他装饰工程等,通用安装工程造价指标内容包括电气设备安装工程、建筑智能化工程、消防工程、通风空调工程、给排水工程等;

(3)地下建筑的建筑与装饰工程造价指标内容包括土石方工程,地基处理工程,基坑围护工程,桩基工程,砌筑工程,混凝土结构工程,金属结构工程,门窗工程,屋面工程,防水工程,防腐、隔热、保温工程,楼地面装饰工程,内墙及柱面装饰工程,天棚工程,其他装饰工程等,通用安装工程造价指标内容包括电气设备安装工程、建筑智能化工程、消防工程、通风空调工程、给排水工程等;

(4)室外附属工程主要包括室外活动场地、道路、景观、绿化、围墙、电气设备安装、建筑智能化、消防、给水排水等;

（5）建筑智能化包括信息网络系统、综合布线系统、公共广播系统、安全防范系统、信息引导及发布系统、智能一卡通管理系统、多媒体教学系统、电源与电子设备防雷接地系统、综合管路系统、机房工程等；

（6）空调工程均考虑多联机空调系统。

1. 整体项目造价指标。

房屋建筑工程整体项目造价指标表见表 1–1–5。

表 1–1–5　房屋建筑工程整体项目造价指标表

项目类型		幼儿园	
功能规模		15 个班以内	
序号	地区	造价指标 /（元 /m²）	说明
1	杭州市	4 680~5 390	1. 桩基形式：灌注桩，平均桩长 30m 以内； 2. 基坑围护形式：型钢水泥土墙
2	宁波市	4 740~5 450	1. 桩基形式：灌注桩，平均桩长 50m 以内； 2. 基坑围护形式：排桩墙
3	温州市	4 670~5 370	1. 桩基形式：灌注桩，平均桩长 50m 以内； 2. 基坑围护形式：型钢水泥土墙
4	湖州市	4 390~5 080	1. 桩基形式：预制桩，平均桩长 25m 以内； 2. 基坑围护形式：型钢水泥土墙
5	嘉兴市	4 390~5 090	1. 桩基形式：预制桩，平均桩长 25m 以内； 2. 基坑围护形式：型钢水泥土墙
6	绍兴市	4 410~5 110	1. 桩基形式：预制桩，平均桩长 30m 以内； 2. 基坑围护形式：型钢水泥土墙
7	金华市	4 050~4 740	1. 桩基形式：灌注桩，平均桩长 10m 以内； 2. 基坑围护形式：土钉墙
8	衢州市	4 050~4 740	1. 桩基形式：灌注桩，平均桩长 10m 以内； 2. 基坑围护形式：土钉墙
9	舟山市	4 490~5 180	1. 桩基形式：灌注桩，平均桩长 35m 以内； 2. 基坑围护形式：型钢水泥土墙
10	台州市	4 510~5 210	1. 桩基形式：灌注桩，平均桩长 40m 以内； 2. 基坑围护形式：型钢水泥土墙
11	丽水市	4 060~4 740	1. 桩基形式：灌注桩，平均桩长 10m 以内； 2. 基坑围护形式：土钉墙

2. 单项造价指标。

单项造价指标汇总表见表 1-1-6。

表 1-1-6 单项造价指标汇总表

项目类型		幼儿园			
功能规模		15 个班以内			
序号	地区	指标组成	造价指标 /(元 /m^2)		
			合计	建筑与装饰	通用安装
1	杭州市	地下建筑	5 960~6 680	5 230~5 780	730~900
		地上建筑	3 850~4 460	3 050~3 460	800~1 000
		室外附属工程	630~880		
2	宁波市	地下建筑	6 550~7 270	5 820~6 370	730~900
		地上建筑	3 690~4 280	2 890~3 280	800~1 000
		室外附属工程	630~880		
3	温州市	地下建筑	6 340~7 060	5 630~6 180	710~880
		地上建筑	3 680~4 270	2 900~3 290	780~980
		室外附属工程	610~860		
4	湖州市	地下建筑	5 710~6 430	5 000~5 550	710~880
		地上建筑	3 550~4 130	2 770~3 150	780~980
		室外附属工程	610~860		
5	嘉兴市	地下建筑	5 710~6 430	5 000~5 550	710~880
		地上建筑	3 560~4 140	2 780~3 160	780~980
		室外附属工程	610~860		
6	绍兴市	地下建筑	5 800~6 520	5 090~5 640	710~880
		地上建筑	3 550~4 130	2 770~3 150	780~980
		室外附属工程	610~860		
7	金华市	地下建筑	4 860~5 580	4 150~4 700	710~880
		地上建筑	3 440~4 000	2 660~3 020	780~980
		室外附属工程	610~860		

续表 1–1–6

序号	地区	指标组成	造价指标 /（元 /m²）		
			合计	建筑与装饰	通用安装
8	衢州市	地下建筑	4 860~5 580	4 150~4 700	710~880
		地上建筑	3 440~4 000	2 660~3 020	780~980
		室外附属工程	610~860		
9	舟山市	地下建筑	6 020~6 740	5 310~5 860	710~880
		地上建筑	3 560~4 140	2 780~3 160	780~980
		室外附属工程	610~860		
10	台州市	地下建筑	6 100~6 820	5 390~5 940	710~880
		地上建筑	3 560~4 140	2 780~3 160	780~980
		室外附属工程	610~860		
11	丽水市	地下建筑	4 880~5 600	4 170~4 720	710~880
		地上建筑	3 440~4 000	2 660~3 020	780~980
		室外附属工程	610~860		

（二）中小学校项目

（1）整体项目造价指标分为地上建筑、地下建筑、室外附属工程，不包括教学设施设备、办公家具、厨具设备、机械式停车库等；

（2）地上建筑包括教学楼、办公用房、宿舍（公寓）、图书馆及单独的配套服务及附属用房等，其中：建筑与装饰工程造价指标内容包括砌筑工程，混凝土结构工程，金属结构工程，门窗工程，屋面工程，防水工程，防腐、隔热、保温工程，外墙装饰及幕墙工程，楼地面装饰工程，内墙及柱面装饰工程，天棚工程，其他装饰工程等，通用安装工程造价指标内容包括电气设备安装工程、建筑智能化工程、消防工程、通风空调工程、给排水工程等；

（3）地下建筑的建筑与装饰工程造价指标内容包括土石方工程，地基处理工程，基坑围护工程，桩基工程，砌筑工程，混凝土结构工程，金属结构工程，门窗工程，防水工程，防腐、隔热、保温工程，楼地面装饰工程，内墙及柱面装饰工程，天棚工程，其他装饰工程等，通用安装工程造价指标内容包括电气设备安装工程、建筑智能化工程、消防工程、通风空调工程、给排水工程等；

（4）室外附属工程主要包括室外活动场地（含操场）、道路、景观、绿化、围墙、电气设备安装、建筑智能化、消防、给水排水等；

（5）建筑智能化包括信息网络系统、综合布线系统、建筑设备监控系统、公共广播系统、安全防范系统、信息引导及发布系统、智能一卡通管理系统、会议系统、多媒体教学系统、电源与电子设备防雷接地系统、综合管路系统、机房工程、智能照明系统等；

（6）空调工程除宿舍（公寓）采用分体式空调外，其余区域考虑多联机空调系统。

1. 整体项目造价指标。

房屋建筑工程整体项目造价指标表见表 1–1–7。

表 1-1-7 房屋建筑工程整体项目造价指标表

项目类型		中小学校	
功能规模		72 个班以内	
序号	地区	造价指标 /(元 /m²)	说明
1	杭州市	4 250~5 100	1. 桩基形式:灌注桩,平均桩长 40m 以内; 2. 围护形式:型钢水泥土墙
2	宁波市	4 340~5 170	1. 桩基形式:灌注桩,平均桩长 60m 以内; 2. 围护形式:排桩墙
3	温州市	4 260~5 090	1. 桩基形式:灌注桩,平均桩长 60m 以内; 2. 围护形式:型钢水泥土墙
4	湖州市	3 970~4 780	1. 桩基形式:预制桩,平均桩长 30m 以内; 2. 围护形式:型钢水泥土墙
5	嘉兴市	3 970~4 780	1. 桩基形式:预制桩,平均桩长 30m 以内; 2. 围护形式:型钢水泥土墙
6	绍兴市	4 000~4 810	1. 桩基形式:灌注桩,平均桩长 30m 以内; 2. 围护形式:型钢水泥土墙
7	金华市	3 650~4 440	1. 桩基形式:灌注桩,平均桩长 15m 以内; 2. 围护形式:土钉墙
8	衢州市	3 650~4 440	1. 桩基形式:灌注桩,平均桩长 15m 以内; 2. 围护形式:土钉墙
9	舟山市	4 100~4 910	1. 桩基形式:灌注桩,平均桩长 35m 以内; 2. 围护形式:排桩墙
10	台州市	4 140~4 950	1. 桩基形式:灌注桩,平均桩长 45m 以内; 2. 围护形式:排桩墙
11	丽水市	3 670~4 460	1. 桩基形式:灌注桩,平均桩长 15m 以内; 2. 围护形式:土钉墙

2. 单项造价指标。

(1)单项造价指标汇总表见表 1-1-8。

表 1-1-8 单项造价指标汇总表

项目类型		中小学校			
功能规模		72 个班以内			
序号	地区	指标组成	造价指标 /(元 /m²)		
			合计	建筑与装饰	通用安装
1	杭州市	地下建筑	5 450~6 100	4 900~5 450	550~650
		地上建筑	3 220~3 980	2 540~3 180	680~800
		室外附属工程	600~800		

续表 1-1-8

序号	地区	指标组成	造价指标 /（元 /m^2）		
			合计	建筑与装饰	通用安装
2	宁波市	地下建筑	6 040~6 690	5 490~6 040	550~650
		地上建筑	3 090~3 810	2 410~3 010	680~800
		室外附属工程	600~800		
3	温州市	地下建筑	5 840~6 490	5 300~5 850	540~640
		地上建筑	3 080~3 800	2 420~3 020	660~780
		室外附属工程	580~780		
4	湖州市	地下建筑	5 110~5 760	4 570~5 120	540~640
		地上建筑	2 970~3 670	2 310~2 890	660~780
		室外附属工程	580~780		
5	嘉兴市	地下建筑	5 110~5 760	4 570~5 120	540~640
		地上建筑	2 970~3 670	2 310~2 890	660~780
		室外附属工程	580~780		
6	绍兴市	地下建筑	5 220~5 870	4 680~5 230	540~640
		地上建筑	2 970~3 670	2 310~2 890	660~780
		室外附属工程	580~780		
7	金华市	地下建筑	4 260~4 910	3 720~4 270	540~640
		地上建筑	2 870~3 550	2 210~2 770	660~780
		室外附属工程	580~780		
8	衢州市	地下建筑	4 260~4 910	3 720~4 270	540~640
		地上建筑	2 870~3 550	2 210~2 770	660~780
		室外附属工程	580~780		
9	舟山市	地下建筑	5 520~6 170	4 980~5 530	540~640
		地上建筑	2 980~3 680	2 320~2 900	660~780
		室外附属工程	580~780		
10	台州市	地下建筑	5 700~6 350	5 160~5 710	540~640
		地上建筑	2 960~3 660	2 300~2 880	660~780
		室外附属工程	580~780		

续表 1–1–8

序号	地区	指标组成	造价指标 /（元 /m²）		
			合计	建筑与装饰	通用安装
11	丽水市	地下建筑	4 280~4 930	3 740~4 290	540~640
		地上建筑	2 890~3 570	2 230~2 790	660~780
		室外附属工程	580~780		

（2）单项造价指标表（地下建筑）见表 1–1–9。

表 1–1–9　单项造价指标表（地下建筑）

项目类型	中小学校					
功能规模	72 个班以内					
序号	地区	特征	造价指标 /（元 /m²）			备注
			合计	建筑与装饰	通用安装	
1	杭州市	设置一层地下室	5 450~6 100	4 900~5 450	550~650	1. 桩基形式：灌注桩； 2. 围护形式：型钢水泥土墙
2	宁波市	设置一层地下室	6 040~6 690	5 490~6 040	550~650	1. 桩基形式：灌注桩； 2. 围护形式：排桩墙
3	温州市	设置一层地下室	5 840~6 490	5 300~5 850	540~640	1. 桩基形式：灌注桩； 2. 围护形式：型钢水泥土墙
4	湖州市	设置一层地下室	5 110~5 760	4 570~5 120	540~640	1. 桩基形式：预制桩； 2. 围护形式：型钢水泥土墙
5	嘉兴市	设置一层地下室	5 110~5 760	4 570~5 120	540~640	1. 桩基形式：预制桩； 2. 围护形式：型钢水泥土墙
6	绍兴市	设置一层地下室	5 220~5 870	4 680~5 230	540~640	1. 桩基形式：灌注桩； 2. 围护形式：型钢水泥土墙
7	金华市	设置一层地下室	4 260~4 910	3 720~4 270	540~640	1. 桩基形式：灌注桩； 2. 围护形式：土钉墙
8	衢州市	设置一层地下室	4 260~4 910	3 720~4 270	540~640	1. 桩基形式：灌注桩； 2. 围护形式：土钉墙
9	舟山市	设置一层地下室	5 520~6 170	4 980~5 530	540~640	1. 桩基形式：灌注桩； 2. 围护形式：排桩墙
10	台州市	设置一层地下室	5 700~6 350	5 160~5 710	540~640	1. 桩基形式：灌注桩； 2. 围护形式：排桩墙
11	丽水市	设置一层地下室	4 280~4 930	3 740~4 290	540~640	1. 桩基形式：灌注桩； 2. 围护形式：土钉墙

（3）单项造价指标表（地上建筑）见表 1–1–10。

表 1–1–10　单项造价指标表（地上建筑）

项目类型		中小学校			
功能规模		72 个班以内			
序号	地区	单项名称	造价指标 /（元 /m²）		
			合计	建筑与装饰	通用安装
1	杭州市	中小学教学楼	3 220~3 930	2 490~3 080	730~850
		办公用房	2 910~3 610	2 230~2 820	680~790
		宿舍（公寓）	3 200~4 000	2 620~3 320	580~680
		图书馆	3 880~4 720	3 050~3 750	830~970
2	宁波市	中小学教学楼	3 090~3 770	2 360~2 920	730~850
		办公用房	2 790~3 460	2 110~2 670	680~790
		宿舍（公寓）	3 060~3 830	2 480~3 150	580~680
		图书馆	3 720~4 530	2 890~3 560	830~970
3	温州市	中小学教学楼	3 080~3 760	2 370~2 930	710~830
		办公用房	2 780~3 450	2 120~2 680	660~770
		宿舍（公寓）	3 050~3 820	2 490~3 160	560~660
		图书馆	3 710~4 520	2 900~3 570	810~950
4	湖州市	中小学教学楼	2 970~3 630	2 260~2 800	710~830
		办公用房	2 680~3 330	2 020~2 560	660~770
		宿舍（公寓）	2 940~3 680	2 380~3 020	560~660
		图书馆	3 580~4 360	2 770~3 410	810~950
5	嘉兴市	中小学教学楼	2 970~3 630	2 260~2 800	710~830
		办公用房	2 680~3 330	2 020~2 560	660~770
		宿舍（公寓）	2 940~3 680	2 380~3 020	560~660
		图书馆	3 580~4 360	2 770~3 410	810~950
6	绍兴市	中小学教学楼	2 980~3 640	2 270~2 810	710~830
		办公用房	2 690~3 340	2 030~2 570	660~770
		宿舍（公寓）	2 950~3 690	2 390~3 030	560~660
		图书馆	3 470~4 230	2 660~3 280	810~950

续表 1-1-10

序号	地区	单项名称	造价指标/(元/m²)		
			合计	建筑与装饰	通用安装
7	金华市	中小学教学楼	2 870~3 520	2 160~2 690	710~830
		办公用房	2 590~3 230	1 930~2 460	660~770
		宿舍(公寓)	2 840~3 560	2 280~2 900	560~660
		图书馆	3 470~4 230	2 660~3 280	810~950
8	衢州市	中小学教学楼	2 870~3 520	2 160~2 690	710~830
		办公用房	2 590~3 230	1 930~2 460	660~770
		宿舍(公寓)	2 840~3 560	2 280~2 900	560~660
		图书馆	3 470~4 230	2 660~3 280	810~950
9	舟山市	中小学教学楼	2 980~3 640	2 270~2 810	710~830
		办公用房	2 690~3 340	2 030~2 570	660~770
		宿舍(公寓)	2 950~3 690	2 390~3 030	560~660
		图书馆	3 590~4 370	2 780~3 420	810~950
10	台州市	中小学教学楼	2 960~3 620	2 250~2 790	710~830
		办公用房	2 670~3 320	2 010~2 550	660~770
		宿舍(公寓)	2 930~3 670	2 370~3 010	560~660
		图书馆	3 570~4 350	2 760~3 400	810~950
11	丽水市	中小学教学楼	2 890~3 540	2 180~2 710	710~830
		办公用房	2 610~3 250	1 950~2 480	660~770
		宿舍(公寓)	2 860~3 580	2 300~2 920	560~660
		图书馆	3 490~4 250	2 680~3 300	810~950

三、综合医院项目

(1)整体项目造价指标分为地上建筑、地下建筑、室外附属工程,不包括医疗专项费用、医疗设施设备、办公家具、厨具设备、机械式停车库等;

(2)地上建筑包括住院楼、医技楼、门诊楼、办公用房及附属用房,其中:建筑与装饰工程造价指标内容包括砌筑工程,混凝土结构工程,金属结构工程,门窗工程,屋面工程,防水工程,防腐、隔热、保温工程,外墙装饰及幕墙工程,楼地面装饰工程,内墙及柱面装饰工程,天棚工程,其他装饰工程等,通用安装工程造价指标内容包括电气设备安装工程、建筑智能化工程、消防工程、通风空调工程、给排水工程等;

(3)地下建筑的建筑与装饰工程造价指标内容包括土石方工程,地基处理工程,基坑围护工程,桩基工程,砌筑工程,混凝土结构工程,金属结构工程,门窗工程,屋面工程,防水工程,防腐、隔热、保温工程，楼地面装饰工程，内墙及柱面装饰工程，天棚工程，其他装饰工程等，通用安装工程造价指标内容包括电气设备安装工程、建筑智能化工程、消防工程、通风空调工程、给排水工程等；

（4）室外附属工程主要包括道路、景观、绿化、围墙、电气设备安装、建筑智能化、消防、给水排水等；

（5）建筑智能化包括信息网络系统、综合布线系统、建筑设备监控系统、建筑能耗监测系统、有线电视系统、公共广播系统、安全防范系统、信息引导及发布系统、智能一卡通管理系统、会议系统、排队叫号系统、护理呼应信号系统、病房探视系统、视频示教系统、电源与电子设备防雷接地系统、综合管路系统、机房工程、智能照明系统等；

（6）空调工程均考虑水冷中央空调系统。

（一）整体项目造价指标

房屋建筑工程整体项目造价指标表见表 1-1-11。

表 1-1-11　房屋建筑工程整体项目造价指标表

项目类型		综合医院	
功能规模		800~2 000 床位（二层地下室）	
序号	**地区**	**造价指标 /（元 /m²）**	**说明**
1	杭州市	5 400~6 040	1. 桩基形式：灌注桩，平均桩长 50m 以内； 2. 围护形式：型钢水泥土墙
2	宁波市	5 490~6 110	1. 桩基形式：灌注桩，平均桩长 70m 以内； 2. 围护形式：排桩墙
3	温州市	5 380~5 990	1. 桩基形式：灌注桩，平均桩长 70m 以内； 2. 围护形式：型钢水泥土墙
4	湖州市	5 060~5 670	1. 桩基形式：灌注桩，平均桩长 40m 以内； 2. 围护形式：型钢水泥土墙
5	嘉兴市	5 060~5 670	1. 桩基形式：灌注桩，平均桩长 40m 以内； 2. 围护形式：型钢水泥土墙
6	绍兴市	5 070~5 680	1. 桩基形式：灌注桩，平均桩长 40m 以内； 2. 围护形式：型钢水泥土墙
7	金华市	4 800~5 400	1. 桩基形式：灌注桩，平均桩长 15m 以内； 2. 围护形式：型钢水泥土墙
8	衢州市	4 800~5 400	1. 桩基形式：灌注桩，平均桩长 15m 以内； 2. 围护形式：型钢水泥土墙
9	舟山市	5 180~5 780	1. 桩基形式：灌注桩，平均桩长 45m 以内； 2. 围护形式：排桩墙
10	台州市	5 300~5 900	1. 桩基形式：灌注桩，平均桩长 65m 以内； 2. 围护形式：排桩墙
11	丽水市	4 820~5 420	1. 桩基形式：灌注桩，平均桩长 15m 以内； 2. 围护形式：型钢水泥土墙

(二)单项造价指标

1. 单项造价指标汇总表见表 1–1–12。

表 1–1–12 单项造价指标汇总表

项目类型		综合医院			
功能规模		800~2 000 床位(二层地下室)			
序号	地区	指标组成	造价指标/(元/m^2)		
			合计	建筑与装饰	通用安装
1	杭州市	地下建筑	6 170~6 870	5 120~5 670	1 050~1 200
		地上建筑	4 730~5 260	3 580~3 960	1 150~1 300
		室外附属工程	550~690		
2	宁波市	地下建筑	6 760~7 460	5 710~6 260	1 050~1 200
		地上建筑	4 550~5 050	3 400~3 750	1 150~1 300
		室外附属工程	550~690		
3	温州市	地下建筑	6 540~7 240	5 520~6 070	1 020~1 170
		地上建筑	4 500~5 000	3 410~3 760	1 090~1 240
		室外附属工程	540~670		
4	湖州市	地下建筑	5 910~6 610	4 890~5 440	1 020~1 170
		地上建筑	4 350~4 840	3 260~3 600	1 090~1 240
		室外附属工程	540~670		
5	嘉兴市	地下建筑	5 910~6 610	4 890~5 440	1 020~1 170
		地上建筑	4 350~4 840	3 260~3 600	1 090~1 240
		室外附属工程	540~670		
6	绍兴市	地下建筑	5 920~6 620	4 900~5 450	1 020~1 170
		地上建筑	4 360~4 850	3 270~3 610	1 090~1 240
		室外附属工程	540~670		
7	金华市	地下建筑	5 400~6 100	4 380~4 930	1 020~1 170
		地上建筑	4 220~4 700	3 130~3 460	1 090~1 240
		室外附属工程	540~670		
8	衢州市	地下建筑	5 400~6 100	4 380~4 930	1 020~1 170
		地上建筑	4 220~4 700	3 130~3 460	1 090~1 240
		室外附属工程	540~670		

续表 1-1-12

序号	地区	指标组成	造价指标 /(元 /m²)		
			合计	建筑与装饰	通用安装
9	舟山市	地下建筑	6 220~6 920	5 200~5 750	1 020~1 170
		地上建筑	4 360~4 850	3 270~3 610	1 090~1 240
		室外附属工程	540~670		
10	台州市	地下建筑	6 600~7 300	5 580~6 130	1 020~1 170
		地上建筑	4 340~4 830	3 250~3 590	1 090~1 240
		室外附属工程	540~670		
11	丽水市	地下建筑	5 420~6 120	4 400~4 950	1 020~1 170
		地上建筑	4 240~4 720	3 150~3 480	1 090~1 240
		室外附属工程	540~670		

2. 单项造价指标表（地下建筑）见表 1-1-13。

表 1-1-13　单项造价指标表（地下建筑）

项目类型		综合医院				
功能规模		800~2 000 床位				
序号	地区	特征	造价指标 /(元 /m²)			备注
			合计	建筑与装饰	通用安装	
1	杭州市	一层地下室	6 050~6 640	4 900~5 340	1 150~1 300	1. 桩基形式：灌注桩；2. 围护形式：型钢水泥土墙
		二层地下室	6 170~6 870	5 120~5 670	1 050~1 200	
2	宁波市	一层地下室	6 640~7 230	5 490~5 930	1 150~1 300	1. 桩基形式：灌注桩；2. 围护形式：排桩墙
		二层地下室	6 760~7 460	5 710~6 260	1 050~1 200	
3	温州市	一层地下室	6 420~7 010	5 300~5 740	1 120~1 270	1. 桩基形式：灌注桩；2. 围护形式：型钢水泥土墙
		二层地下室	6 540~7 240	5 520~6 070	1 020~1 170	
4	湖州市	一层地下室	5 790~6 380	4 670~5 110	1 120~1 270	1. 桩基形式：灌注桩；2. 围护形式：型钢水泥土墙
		二层地下室	5 910~6 610	4 890~5 440	1 020~1 170	
5	嘉兴市	一层地下室	5 790~6 380	4 670~5 110	1 120~1 270	1. 桩基形式：预制桩；2. 围护形式：型钢水泥土墙
		二层地下室	5 910~6 610	4 890~5 440	1 020~1 170	1. 桩基形式：灌注桩；2. 围护形式：型钢水泥土墙
6	绍兴市	一层地下室	5 800~6 390	4 680~5 120	1 120~1 270	1. 桩基形式：灌注桩；2. 围护形式：型钢水泥土墙
		二层地下室	5 920~6 620	4 900~5 450	1 020~1 170	

续表 1-1-13

序号	地区	特征	造价指标 /(元 /m²)			备注
			合计	建筑与装饰	通用安装	
7	金华市	一层地下室	5 280~5 870	4 160~4 600	1 120~1 270	1. 桩基形式:灌注桩; 2. 围护形式:土钉墙
		二层地下室	5 400~6 100	4 380~4 930	1 020~1 170	1. 桩基形式:灌注桩; 2. 围护形式:型钢水泥土墙
8	衢州市	一层地下室	5 280~5 870	4 160~4 600	1 120~1 270	1. 桩基形式:灌注桩; 2. 围护形式:土钉墙
		二层地下室	5 400~6 100	4 380~4 930	1 020~1 170	1. 桩基形式:灌注桩; 2. 围护形式:型钢水泥土墙
9	舟山市	一层地下室	6 100~6 690	4 980~5 420	1 120~1 270	1. 桩基形式:机械成孔灌注桩; 2. 围护形式:排桩墙
		二层地下室	6 220~6 920	5 200~5 750	1 020~1 170	
10	台州市	一层地下室	6 480~7 070	5 360~5 800	1 120~1 270	1. 桩基形式:灌注桩; 2. 围护形式:排桩墙
		二层地下室	6 600~7 300	5 580~6 130	1 020~1 170	
11	丽水市	一层地下室	5 300~5 890	4 180~4 620	1 120~1 270	1. 桩基形式:灌注桩; 2. 围护形式:土钉墙
		二层地下室	5 420~6 120	4 400~4 950	1 020~1 170	1. 桩基形式:灌注桩; 2. 围护形式:型钢水泥土墙

3. 单项造价指标表(地上建筑)见表 1-1-14。

表 1-1-14 单项造价指标表(地上建筑)

项目类型		综合医院			
功能规模		800~2 000 床位			
序号	地区	单项名称	造价指标 /(元 /m²)		
			合计	建筑与装饰	通用安装
1	杭州市	住院楼	5 000~5 550	3 750~4 150	1 250~1 400
		门诊楼	4 620~5 130	3 550~3 900	1 070~1 230
		医技楼	4 880~5 390	3 650~4 000	1 230~1 390
		办公用房	3 600~4 090	2 850~3 200	750~890

续表 1-1-14

序号	地区	单项名称	造价指标/(元/m²)		
			合计	建筑与装饰	通用安装
2	宁波市	住院楼	4 810~5 340	3 560~3 940	1 250~1 400
		门诊楼	4 440~4 930	3 370~3 700	1 070~1 230
		医技楼	4 690~5 180	3 460~3 790	1 230~1 390
		办公用房	3 450~3 920	2 700~3 030	750~890
3	温州市	住院楼	4 790~5 320	3 570~3 950	1 220~1 370
		门诊楼	4 420~4 910	3 380~3 710	1 040~1 200
		医技楼	4 670~5 160	3 470~3 800	1 200~1 360
		办公用房	3 440~3 910	2 710~3 040	730~870
4	湖州市	住院楼	4 630~5 150	3 410~3 780	1 220~1 370
		门诊楼	4 270~4 750	3 230~3 550	1 040~1 200
		医技楼	4 520~5 000	3 320~3 640	1 200~1 360
		办公用房	3 320~3 780	2 590~2 910	730~870
5	嘉兴市	住院楼	4 630~5 150	3 410~3 780	1 220~1 370
		门诊楼	4 270~4 750	3 230~3 550	1 040~1 200
		医技楼	4 520~5 000	3 320~3 640	1 200~1 360
		办公用房	3 320~3 780	2 590~2 910	730~870
6	绍兴市	住院楼	4 640~5 160	3 420~3 790	1 220~1 370
		门诊楼	4 280~4 760	3 240~3 560	1 040~1 200
		医技楼	4 530~5 010	3 330~3 650	1 200~1 360
		办公用房	3 330~3 790	2 600~2 920	730~870
7	金华市	住院楼	4 500~5 000	3 280~3 630	1 220~1 370
		门诊楼	4 140~4 610	3 100~3 410	1 040~1 200
		医技楼	4 390~4 860	3 190~3 500	1 200~1 360
		办公用房	3 210~3 660	2 480~2 790	730~870
8	衢州市	住院楼	4 500~5 000	3 280~3 630	1 220~1 370
		门诊楼	4 140~4 610	3 100~3 410	1 040~1 200
		医技楼	4 390~4 860	3 190~3 500	1 200~1 360
		办公用房	3 210~3 660	2 480~2 790	730~870

续表 1-1-14

序号	地区	单项名称	造价指标 /(元 /m²)		
			合计	建筑与装饰	通用安装
9	舟山市	住院楼	4 640~5 160	3 420~3 790	1 220~1 370
		门诊楼	4 280~4 760	3 240~3 560	1 040~1 200
		医技楼	4 530~5 010	3 330~3 650	1 200~1 360
		办公用房	3 330~3 790	2 600~2 920	730~870
10	台州市	住院楼	4 620~5 140	3 400~3 770	1 220~1 370
		门诊楼	4 260~4 740	3 220~3 540	1 040~1 200
		医技楼	4 510~4 990	3 310~3 630	1 200~1 360
		办公用房	3 310~3 770	2 580~2 900	730~870
11	丽水市	住院楼	4 520~5 020	3 300~3 650	1 220~1 370
		门诊楼	4 160~4 630	3 120~3 430	1 040~1 200
		医技楼	4 410~4 880	3 210~3 520	1 200~1 360
		办公用房	3 230~3 680	2 500~2 810	730~870

四、装修做法参考

1. 保障性住房项目装修做法参考表见表 1-1-15。

表 1-1-15 保障性住房项目装修做法参考表

序号	功能区域	楼地面	内墙面	顶棚	其他
1	客厅	地砖 / 地板	涂料 / 集成墙板 / 墙纸 / 木饰面 / 瓷砖	涂料 / 石膏板吊顶	成品门；窗台板；门槛石；成品踢脚线；操作台、橱柜；设施设备：灶具、排油烟机、洗涤池、热水器、淋浴器(淋浴房)、洗脸盆、坐便器等
2	卧室	地板	涂料 / 集成墙板 / 墙纸 / 木饰面	涂料 / 石膏板吊顶	
3	餐厅	防滑地砖 / 地板	涂料 / 集成墙板 / 墙纸 / 木饰面 / 瓷砖	涂料 / 石膏板吊顶	
4	厨房	防滑地砖	瓷砖	集成吊顶	
5	卫生间	防滑地砖	瓷砖	集成吊顶	
6	阳台	防滑地砖	涂料 / 瓷砖	涂料	
7	电梯厅	地砖 / 石材	涂料 / 集成墙板 / 石材 / 瓷砖	涂料 / 石膏板吊顶	
8	走廊、连廊	地砖 / 石材	涂料 / 瓷砖 / 石材	涂料	
9	单元出入口、门厅	地砖 / 石材	涂料 / 瓷砖 / 石材	涂料 / 石膏板吊顶	电梯门套
10	楼梯间	地坪漆 / 水泥砂浆面层	涂料	涂料	—

注：本表装修做法未考虑采用高档材料或设备。

2. 学校项目装修做法参考表见表 1–1–16。

表 1–1–16　学校项目装修做法参考表

序号	项目类别	功能区域	楼地面	内墙面	顶棚
1	幼儿园	普通教室及办公室	地胶板 / 地砖	涂料 / 复合板材	涂料
		多功能教室	木地板 / 地胶板	涂料	石膏板吊顶 / 涂料
		公共区域	地胶板 / 地砖	涂料 / 墙纸 / 复合板材	石膏板吊顶 / 涂料
		附属用房	地砖	涂料 / 瓷砖	铝扣板 / 石膏板吊顶 / 涂料
2	中小学	普通教室	环氧磨石 / 地砖	涂料 / 瓷砖	涂料
		办公室	环氧磨石 / 地砖	涂料	石膏板吊顶 / 涂料
		宿舍	复合地板 / 地砖	涂料 / 瓷砖	涂料
		公共区域	环氧磨石 / 地砖	涂料 / 瓷砖	格栅吊顶 / 涂料
		专业教室	复合地板	吸音板 / 涂料	吸音板 / 涂料
		室内运动场地	运动地板	吸音板 / 涂料	涂料
		机房	防静电地板	涂料	石膏板吊顶 / 矿棉板吊顶
		附属用房	环氧磨石 / 地砖	涂料	涂料

注：1. 本表装修做法未考虑采用高档材料或设备。
2. 装修内容包括固定家具。

3. 医院项目装修做法参考表见表 1–1–17。

表 1–1–17　医院项目装修做法参考表

序号	功能区域	楼地面	内墙面	顶棚
1	门诊区	地砖 / 石材	涂料 / 复合板材 / 集成墙板	石膏板吊顶 / 涂料
2	办公区	地砖 / 地胶板	涂料 / 集成墙板	石膏板吊顶 / 涂料
3	住院区	地砖 / 地胶板	涂料 / 复合板材 / 瓷砖 / 集成墙板	涂料 / 板材吊顶
4	公共区	地砖 / 石材	涂料 / 复合板材 / 瓷砖 / 集成墙板	石膏板吊顶 / 涂料

注：本表装修做法未考虑采用高档材料或设备。

第二节　市政工程整体项目造价指标和单项造价指标

一、道路工程

（1）道路工程造价指标内容包括土石方、道路（基层、面层、侧平石及树池、路基防护等）、路灯、交通管理及附属设施（标志、标线、隔离护栏、公交车站等）、智能交通、景观绿化、零星拆除等，其中车道面

层按沥青混凝土面层考虑;

(2)道路工程单项造价指标不包括路床以下的路基处理费用。

单项造价指标表见表 1–2–1。

表 1–2–1 单项造价指标表

序号	地区	项目类型	造价指标 /(元 /m^2)	说明
1	杭州市	快速路	1 200~1 500	土石方中综合考虑了高差 2m 以内的路基挖填等
		主干路	1 000~1 400	
		次干路	900~1 300	
		支路	700~1 100	
2	宁波市	快速路	1 200~1 500	土石方中综合考虑了高差 2m 以内的路基挖填等
		主干路	1 000~1 400	
		次干路	900~1 300	
		支路	700~1 100	
3	温州市	快速路	1 200~1 500	土石方中综合考虑了高差 2m 以内的路基挖填等
		主干路	1 000~1 400	
		次干路	900~1 300	
		支路	700~1 100	
4	湖州市	快速路	1 100~1 500	土石方中综合考虑了高差 1.5m 以内的路基挖填等
		主干路	900~1 400	
		次干路	800~1 300	
		支路	600~1 100	
5	嘉兴市	快速路	1 100~1 500	土石方中综合考虑了高差 1.5m 以内的路基挖填等
		主干路	900~1 400	
		次干路	800~1 300	
		支路	600~1 100	
6	绍兴市	快速路	1 100~1 500	土石方中综合考虑了高差 1.5m 以内的路基挖填等
		主干路	900~1 400	
		次干路	800~1 300	
		支路	600~1 100	

续表 1–2–1

序号	地区	项目类型	造价指标 /（元 /m²）	说明
7	金华市	快速路	1 050~1 500	土石方中综合考虑了高差 1.0m 以内的路基挖填等
		主干路	850~1 400	
		次干路	750~1 300	
		支路	550~1 100	
8	衢州市	快速路	1 050~1 500	土石方中综合考虑了高差 1.0m 以内的路基挖填等
		主干路	850~1 400	
		次干路	750~1 300	
		支路	550~1 100	
9	舟山市	快速路	1 200~1 500	土石方中综合考虑了高差 2m 以内的路基挖填等
		主干路	1 000~1 400	
		次干路	900~1 300	
		支路	700~1 100	
10	台州市	快速路	1 200~1 500	土石方中综合考虑了高差 2m 以内的路基挖填等
		主干路	1 000~1 400	
		次干路	900~1 300	
		支路	700~1 100	
11	丽水市	快速路	1 050~1 500	土石方中综合考虑了高差 1.0m 以内路基挖填等
		主干路	850~1 400	
		次干路	750~1 300	
		支路	550~1 100	

二、桥涵工程（跨河简支梁桥）

跨河简支梁桥的造价指标内容包括土石方（含桥梁台背回填）、地基处理、基坑围护、桩基、桥梁结构、机电安装、交通管理及附属设施（标志、标线、隔离护栏等）、智能交通、景观绿化、拆除等。

单项造价指标表见表 1–2–2。

表 1-2-2　单项造价指标表

序号	地区	项目类型	造价指标 /（元 /m²）	说明
1	杭州市	跨河桥（5m ≤单孔最大跨径 <15m，面积≤ 800m²）	6 500~14 000	桩基考虑钻孔灌注桩，设计平均有效桩长为 40m 以内
		跨河桥（10m ≤单孔最大跨径 <20m，800m²< 面积≤ 3 500m²）	5 500~12 000	
2	宁波市	跨河桥（5m ≤单孔最大跨径 <15m，面积≤ 800m²）	7 000~14 000	桩基考虑钻孔灌注桩，设计平均有效桩长为 60m 以内
		跨河桥（10m ≤单孔最大跨径 <20m，800m²< 面积≤ 3 500m²）	6 000~12 000	
3	温州市	跨河桥（5m ≤单孔最大跨径 <15m，面积≤ 800m²）	7 000~14 000	桩基考虑钻孔灌注桩，设计平均有效桩长为 60m 以内
		跨河桥（10m ≤单孔最大跨径 <20m，800m²< 面积≤ 3 500m²）	6 000~12 000	
4	湖州市	跨河桥（5m ≤单孔最大跨径 <15m，面积≤ 800m²）	6 500~14 000	桩基考虑钻孔灌注桩，设计平均有效桩长为 40m 以内
		跨河桥（10m ≤单孔最大跨径 <20m，800m²< 面积≤ 3 500m²）	5 500~12 000	
5	嘉兴市	跨河桥（5m ≤单孔最大跨径 <15m，面积≤ 800m²）	6 500~14 000	桩基考虑钻孔灌注桩，设计平均有效桩长为 40m 以内
		跨河桥（10m ≤单孔最大跨径 <20m，800m²< 面积≤ 3 500m²）	5 500~12 000	
6	绍兴市	跨河桥（5m ≤单孔最大跨径 <15m，面积≤ 800m²）	6 500~14 000	桩基考虑钻孔灌注桩，设计平均有效桩长为 40m 以内
		跨河桥（10m ≤单孔最大跨径 <20m，800m²< 面积≤ 3 500m²）	5 500~12 000	
7	金华市	跨河桥（5m ≤单孔最大跨径 <15m，面积≤ 800m²）	6 000~14 000	桩基考虑钻孔灌注桩，设计平均有效桩长为 20m 以内
		跨河桥（10m ≤单孔最大跨径 <20m，800m²< 面积≤ 3 500m²）	5 000~12 000	
8	衢州市	跨河桥（5m ≤单孔最大跨径 <15m，面积≤ 800m²）	6 000~14 000	桩基考虑钻孔灌注桩，设计平均有效桩长为 20m 以内
		跨河桥（10m ≤单孔最大跨径 <20m，800m²< 面积≤ 3 500m²）	5 000~12 000	
9	舟山市	跨河桥（5m ≤单孔最大跨径 <15m，面积≤ 800m²）	7 000~14 000	桩基考虑钻孔灌注桩，设计平均有效桩长为 60m 以内
		跨河桥（10m ≤单孔最大跨径 <20m，800m²< 面积≤ 3 500m²）	6 000~12 000	

续表 1-2-2

序号	地区	项目类型	造价指标/(元/m^2)	说明
10	台州市	跨河桥(5m ≤单孔最大跨径 <15m,面积≤ 800m^2)	7 000~14 000	桩基考虑钻孔灌注桩,设计平均有效桩长为 60m 以内
		跨河桥(10m ≤单孔最大跨径 <20m,800m^2< 面积≤ 3 500m^2)	6 000~12 000	
11	丽水市	跨河桥(5m ≤单孔最大跨径 <15m,面积≤ 800m^2)	6 000~14 000	桩基考虑钻孔灌注桩,设计平均有效桩长为 20m 以内
		跨河桥(10m ≤单孔最大跨径 <20m,800m^2< 面积≤ 3 500m^2)	5 000~12 000	

三、管网工程(排水)

(1)排水管网工程造价指标内容包括土石方、基坑围护(钢板桩等简单基坑围护)、管道、附属构筑物(工作井、检查井、出水口、雨水口等)、修复及改造、零星拆除等;

(2)管道敷设中非开挖管道长度不超过道路里程的 5%。

单项造价指标表见表 1-2-3。

表 1-2-3　单项造价指标表

序号	地区	项目类型	造价指标/(元/m^2)
1	杭州市	排水工程(直径大于 600mm 管道长度工程量比例 10%~50%)	150~340
		排水工程(直径大于 600mm 管道长度工程量比例 50%~90%)	260~430
2	宁波市	排水工程(直径大于 600mm 管道长度工程量比例 10%~50%)	150~340
		排水工程(直径大于 600mm 管道长度工程量比例 50%~90%)	260~430
3	温州市	排水工程(直径大于 600mm 管道长度工程量比例 10%~50%)	140~340
		排水工程(直径大于 600mm 管道长度工程量比例 50%~90%)	250~430
4	湖州市	排水工程(直径大于 600mm 管道长度工程量比例 10%~50%)	140~340
		排水工程(直径大于 600mm 管道长度工程量比例 50%~90%)	250~430
5	嘉兴市	排水工程(直径大于 600mm 管道长度工程量比例 10%~50%)	140~340
		排水工程(直径大于 600mm 管道长度工程量比例 50%~90%)	250~430
6	绍兴市	排水工程(直径大于 600mm 管道长度工程量比例 10%~50%)	140~340
		排水工程(直径大于 600mm 管道长度工程量比例 50%~90%)	250~430
7	金华市	排水工程(直径大于 600mm 管道长度工程量比例 10%~50%)	140~340
		排水工程(直径大于 600mm 管道长度工程量比例 50%~90%)	250~430

续表 1-2-3

序号	地区	项目类型	造价指标 /（元 /m^2）
8	衢州市	排水工程（直径大于 600mm 管道长度工程量比例 10%~50%）	140~340
		排水工程（直径大于 600mm 管道长度工程量比例 50%~90%）	250~430
9	舟山市	排水工程（直径大于 600mm 管道长度工程量比例 10%~50%）	140~340
		排水工程（直径大于 600mm 管道长度工程量比例 50%~90%）	250~430
10	台州市	排水工程（直径大于 600mm 管道长度工程量比例 10%~50%）	140~340
		排水工程（直径大于 600mm 管道长度工程量比例 50%~90%）	250~430
11	丽水市	排水工程（直径大于 600mm 管道长度工程量比例 10%~50%）	140~340
		排水工程（直径大于 600mm 管道长度工程量比例 50%~90%）	250~430

第二章

专项造价指标

说　明

一、本章内容包括房屋建筑工程专项造价指标、市政工程专项造价指标、绿色建筑增量专项造价指标。

二、房屋建筑工程专项造价指标包括建筑与装饰工程专项造价指标、通用安装工程专项造价指标，其中建筑与装饰工程专项造价指标包括基坑围护专项造价指标和工具式脚手架专项增量造价指标；通用安装工程专项造价指标包括变配电系统专项造价指标、电梯专项造价指标、充电桩专项造价指标、建筑智能化专项造价指标。

三、市政工程专项造价指标包括市政道路路基处理专项造价指标、市政智能交通系统专项造价指标。

四、绿色建筑增量专项造价指标包括节能与能源综合利用、雨水回收利用、光导照明、海绵城市、预制装配式构件等绿色技术专项造价指标。

五、房屋建筑工程的盘扣外墙脚手架专项增量造价指标依据浙江省建设工程造价管理总站《关于同意印发〈浙江省房屋建筑与装饰工程预算定额(2018版)〉(杭州市补充定额)的批复》,按照《杭州市工具式外墙脚手架补充定额》(杭建招造〔2023〕54号)编制，该专项指标仅适用于钢筋混凝土结构工程。

六、电梯、充电桩专项造价指标包含配电箱出线、控制箱及相应线缆、成套设备及安装。

七、市政工程的市政智能交通分系统专项造价指标包括违法变道自动抓拍系统、不按规定让行抓拍系统、高空瞭望系统、即时回放(鹰眼)系统、道路预警系统、鸣笛抓拍系统、物联网感知系统。

八、第一章“整体项目造价指标和单项造价指标”可依据实际工程项目特征结合专项造价指标进行调整。

第一节　房屋建筑工程专项造价指标

一、建筑与装饰工程专项造价指标

（一）基坑围护工程专项造价指标

基坑围护工程专项造价指标表见表 2–1–1。

表 2–1–1　基坑围护工程专项造价指标表

序号	类别	方案名称	造价指标 /（元 /m^2）	计量单位说明	备注
1	基坑围护	土钉墙	50~100	地下建筑面积	—
		型钢桩、拉森钢板桩	300~700	地下建筑面积	含支撑、局部灌注桩等
		型钢水泥土墙（SMW 工法）	500~900	地下建筑面积	含支撑等
		排桩墙	600~1 200	地下建筑面积	含支撑等

注：1. 本专项造价指标不含渣土消纳处置费。

2. 本专项造价指标不含建筑物邻近地铁等需要做特殊保护措施的费用。

（二）工具式脚手架专项增量造价指标

盘扣支撑架及外墙脚手架专项增量造价指标表见表 2–1–2。

表 2–1–2　盘扣支撑架及外墙脚手架专项增量造价指标表

序号	名称	工程类别		增量造价指标 /（元 /m^2）	计量单位说明	备注
1	盘扣支撑架及模板	保障性住房项目		45~75	建筑面积	—
		幼儿园及中小学校项目		50~80	建筑面积	
		综合医院项目		60~90	建筑面积	
2	盘扣外墙脚手架	保障性住房项目	建筑高度 24m 以下	10~25	地上建筑面积	外墙脚手架面积 / 地上建筑面积 =（0.7~1.0）
			建筑高度 24~100m（悬挑脚手架）	25~45	地上建筑面积	
		幼儿园及中小学校项目	建筑高度 24m 以下	15~25	地上建筑面积	外墙脚手架面积 / 地上建筑面积 =（0.7~1.0）
		综合医院项目	建筑高度 24m 以下	10~30	地上建筑面积	外墙脚手架面积 / 地上建筑面积 =（0.4~0.7）
			建筑高度 24~100m（悬挑脚手架）	20~40	地上建筑面积	
				10~30	地上建筑面积	围护性幕墙占比 80% 以上；外墙脚手架面积 / 地上建筑面积 =（0.4~0.7）

注：盘扣支撑架及外墙脚手架专项造价指标测算基期为 2023 年 7 月。

二、通用安装工程专项造价指标

(一)变配电系统专项造价指标

变配电系统专项造价指标表见表 2–1–3。

表 2–1–3 变配电系统专项造价指标表

序号	项目类别	造价指标 /(元 /m²)	计量单位说明	备注
1	幼儿园	100~200	总建筑面积	包括高压进线电缆至低压配电柜(含)的变配电系统安装
2	中小学校	80~150		
3	保障性住房	80~150		
4	综合医院	100~200		

(二)电梯专项造价指标

电梯专项造价指标表见表 2–1–4。

表 2–1–4 电梯专项造价指标表

序号	项目类别	造价指标 /(元 /m²)	计量单位说明	备注
1	保障性住房	65~120	地上建筑面积	包括成套电梯的设备费和安装费
2	综合医院	100~200	总建筑面积	

(三)充电桩专项造价指标

充电桩专项造价指标表见表 2–1–5。

表 2–1–5 充电桩专项造价指标表

序号	方案名称	造价指标 /(元 / 台)	计量单位说明	备注
1	慢充 7kW	3 500~5 000	充电桩台数	包括充电桩配电箱至充电桩的桥架及管线(缆)的安装
	快充 60kW	20 000~40 000		

(四)建筑智能化专项造价指标

建筑智能化专项造价指标表见表 2–1–6。

表 2–1–6 建筑智能化专项造价指标表

序号	项目类别	系统名称	造价指标 /(元 /m²)	计量单位说明
1	综合医院(三甲医院)	信息网络系统	50~60	总建筑面积
2		综合布线系统	40~55	
3		建筑设备监控系统	10~15	
4		建筑能耗监测系统	1~2	
5		公共广播系统	4~6	
6		安全防范系统	30~40	

续表 2-1-6

序号	项目类别	系统名称	造价指标 /(元 /m²)	计量单位说明
7	综合医院（三甲医院）	信息引导及发布系统	10~15	总建筑面积
8		排队叫号系统	10~15	
9		会议系统	20~30	
10		病房探视系统	3~5	
11		护理呼应信号系统	15~25	
12		综合管路系统	35~45	
13		机房工程（信息网络机房）	30~40	

注：建筑智能化专项造价指标未考虑采用高档材料或设备。

第二节　市政工程专项造价指标

一、市政道路路基处理专项造价指标

市政道路路基处理专项造价指标表见表 2–2–1。

表 2–2–1　市政道路路基处理专项造价指标表

序号	方案名称	单位	造价指标 / 元	计量单位说明	备注
1	三轴水泥搅拌桩（ϕ600）	m	90~120	有效桩长	水泥掺量 20%
2	塘渣回填	m^3	100~160	回填体积	—
3	高压旋喷桩（ϕ600）	m	130~150	有效桩长	水泥掺量 25%

二、市政智能交通系统专项造价指标

市政智能交通系统专项造价指标表见表 2–2–2。

表 2–2–2　市政智能交通系统专项造价指标表

序号	方案名称	单位	造价指标 / 万元	计量单位说明
1	违法变道自动抓拍系统	路口	25~30	设置该系统的交叉路口数量
2	不按规定让行抓拍系统	处	12~15	系统设置数量
3	高空瞭望系统	处	5~9	
4	即时回放（鹰眼）系统	处	6~10	
5	道路预警系统	处	8~12	
6	鸣笛抓拍系统	处	80~90	
7	物联网感知系统	处	25~35	

第三节 绿色建筑增量专项造价指标

绿色建筑增量专项造价指标表见表 2-3-1。

表 2-3-1 绿色建筑增量专项造价指标表

序号	绿色技术措施	绿色技术工艺主要技术特征		传统技术工艺主要技术特征	单位	增量造价指标 / 元	备注
1	节能与能源综合利用	太阳能光伏发电系统	平屋面	—	Wp	3~6	按并网发电考虑
			坡屋面	—	Wp	4~8	
		空气源热泵系统（生活热水）	居住建筑	—	户	2 000~4 000	与空气源热水器的功率及品牌有关
		热回收新风机组	公共建筑	普通新风机组	m^3/h	2~3	热回收效率不低于 60%
		蓄冷蓄热系统		普通水冷空调系统	m^2	80~200	1. 30% 蓄能； 2. 含冷热源及末端的整套系统； 3. 本处的“m^2”指制冷（热）面积
		地源热泵系统		普通水冷空调系统	m^2	80~150	1. 含冷热源及末端的整套系统； 2. 本处的“m^2”指制冷（热）面积
		水源热泵系统		普通水冷空调系统	m^2	40~80	1. 含冷热源及末端的整套系统； 2. 本处的“m^2”指制冷（热）面积
2	雨水回收利用	模块蓄水池		—	套	250 000~400 000	1. 与蓄水池做法、设备品牌、管线长度等有关； 2. 本处每套按蓄水池容积 $100m^3$ 以内考虑
	光导照明	平均采光系数大于 0.5%、地下室面积大于 5%		—	套	1 500~5 000	与品牌、导光管管道长度有关
3	海绵城市	彩色透水混凝土（120mm 厚混凝土）		普通混凝土（120mm 厚混凝土）	m^2	70~90	1. 与品牌、透水率有关； 2. 本处的“m^2”指的是透水混凝土铺装面积
		透水沥青（50mm 厚沥青面层）		普通混凝土（50mm 厚混凝土）	m^2	40~50	1. 与品牌、透水率有关； 2. 本处的“m^2”指的是透水沥青铺装面积

续表 2-3-1

序号	绿色技术措施	绿色技术工艺主要技术特征	传统技术工艺主要技术特征	单位	增量造价指标 / 元	备注
3	海绵城市	透水砖（车载）（300mm × 300mm × 55mm）	普通砖	m^2	60~80	1. 与品牌、透水率有关； 2. 本处的“m^2”指的是透水砖铺装面积
		透水砖（人行）（60mm 厚水泥砖）	普通砖	m^2	10~20	
4	预制装配式构件	装配率为 60%~75%（A 级装配式建筑）	现浇混凝土构件	m^2	70~110	1. 评价标准参照《装配式建筑评价标准》（DB33/T 1165—2019）； 2. 地上建筑造价指标装配率满足条件时增加相应增量造价指标； 3. 本处的“m^2”指的是地上建筑面积
		装配率为 76%~90%（AA 级装配式建筑）	现浇混凝土构件	m^2	125~160	
		装配率为 91% 及以上（AAA 级装配式建筑）	现浇混凝土构件	m^2	210~240	

注：绿色建筑增量专项造价指标未考虑原有建筑结构改造费用。

第三章
造价指标单元

说　　明

一、本章内容包括房屋建筑工程与市政工程的造价指标单元归集范围与划分界限。

二、造价指标单元是指建设工程整体或局部按主要构件或要素进行划分,用于造价指标统计分析的单元,是构建多层级造价指标体系的基础。

三、房屋建筑工程造价指标单元按专业分为建筑与装饰工程、通用安装工程。

四、市政工程造价指标单元按专业分为道路工程、桥涵工程、隧道工程、河道护岸工程、管网工程、管廊工程、厂站工程、市政临时工程。

第一节　房屋建筑工程造价指标单元

一、建筑与装饰工程

建筑与装饰工程造价指标单元归集范围见表 3-1-1。

表 3-1-1　建筑与装饰工程造价指标单元归集范围

序号	一级造价指标单元		归集范围
	编码	名称	
1	JZ01	土石方工程	1. 归集范围：平整场地、土石方开挖、土石方回填、余方弃置、渣土消纳处置等； 2. 划分界限：不包括软基换填相应的土石方工程
2	JZ02	地基处理工程	1. 归集范围：换填垫层、铺设土工合成材料、预压地基褥垫层、深层搅拌桩、粉喷桩、填料桩、注浆地基、强夯地基等； 2. 划分界限：包括泥浆处理及渣土外运
3	JZ03	基坑围护工程	1. 归集范围：锚杆、锚索、土钉、喷射混凝土、灌注桩、木桩、预制桩、地下连续墙、型钢水泥土墙、钢筋混凝土支撑、钢支撑、钢格构柱、围檩、传力带、栈桥板、排水沟等； 2. 划分界限：包括混凝土结构模板、钢筋，泥浆处理及渣土外运，基坑监测，不包括基坑降排水
4	JZ04	桩基工程	1. 归集范围：混凝土预制桩、钢管桩、型钢桩、锚杆桩、灌注桩等； 2. 划分界限：包括桩基钢筋笼、凿桩头、泥浆处理及渣土外运
5	JZ05	砌筑工程	1. 归集范围：基础垫层、砖石基础、防水防潮层、砌块墙、多孔砖墙、石墙、装配式隔墙、烟道、烟帽等； 2. 划分界限：包括砌体构造钢筋，不包括砖胎膜及抹灰
6	JZ06	混凝土结构工程	1. 归集范围：基础垫层、钢筋混凝土基础、现浇钢筋混凝土构件、装配式钢筋混凝土构件、组合构件等； 2. 划分界限：包括模板（含砖胎膜、木模板、预制模板等）及支撑架，不包括楼地面垫层
7	JZ07	金属结构工程	1. 归集范围：钢构件、金属屋面板、金属墙面板、钢板楼板等； 2. 划分界限：包括地脚螺栓、高强螺栓、剪力栓钉、金属面油漆及防火涂料、钢结构用配件，不包括幕墙钢骨架、装修反向支撑等
8	JZ08	木结构工程	1. 归集范围：木屋架、钢木屋架、屋面木基层、封檐板、木构件等； 2. 划分界限：包括木材面油漆、防火涂料
9	JZ09	门窗工程	1. 归集范围：木门窗、金属门窗、成品套装门、卷帘门、厂库房大门、防火门窗、电动伸缩门、特种门（窗）等； 2. 划分界限：包括轨道、电动装置、门锁及五金配件等，门窗油漆及防火涂料，不包括纳入幕墙工程的门窗

续表 3-1-1

序号	一级造价指标单元		归集范围
	编码	名称	
10	JZ10	屋面工程	1. 归集范围:刚性屋面、瓦屋面及其他屋面; 2. 划分界限:包括隔离层、找平层、找坡层、防水层、保温层,不包括金属结构工程的屋面板
11	JZ11	防水工程	1. 归集范围:楼地面防水、墙柱面防水、天棚防水、地下建筑防水、止水带等; 2. 划分界限:地下建筑防水包括找平层及防水保护层,地上建筑防水不包括找平层及屋面防水层
12	JZ12	防腐、隔热、保温工程	1. 归集范围:基础、楼地面、内外墙柱面、天棚面的防腐隔热保温; 2. 划分界限:不包括屋面保温层
13	JZ13	外墙装饰及幕墙工程	1. 归集范围:外墙面抹灰、块料面层、涂料面层、幕墙及钢骨架等; 2. 划分界限:包括幕墙工程相关的门窗、后置埋件、防火隔离带,不包括外墙保温层
14	JZ14	楼地面装饰工程	1. 归集范围:楼地面垫层、整体面层、块料面层、石材面层、板材面层、其他面层等; 2. 划分界限:包括找平层、踢脚线
15	JZ15	内墙及柱面装饰工程	1. 归集范围:内墙及柱面抹灰、块料面层、石材面层、涂料、裱糊、板材面层等; 2. 划分界限:包括线条、门窗套及窗台板、油漆及防火涂料、龙骨、粘结层等
16	JZ16	天棚工程	1. 归集范围:天棚抹灰、天棚涂料、天棚吊顶等; 2. 划分界限:包括楼梯、阳台、雨篷、檐沟等底面抹灰,灯槽、窗帘盒、送风口、回风口、检修孔、龙骨及粘结层等
17	JZ17	其他装饰工程	1. 归集范围:柜台、货架、扶手、栏杆、栏板、浴厕配件、招牌、灯箱、美术字、隔断及隔墙等; 2. 划分界限:不包括成品购置的家具
18	JZ18	附属工程	1. 归集范围:墙脚护坡、台阶、坡道、电缆沟、排水沟及盖板等; 2. 划分界限:不包括土石方与地基处理工程
19	JZ19	拆除工程	1. 归集范围:基础拆除、结构拆除、饰面拆除、安装拆除、建筑垃圾场内外运输等; 2. 划分界限:不包括建筑物整体拆除
20	JZ20	室外工程	1. 归集范围:道路、景观、绿化、操场球场、花坛、旗杆、隔油池、化粪池等; 2. 划分界限:不包括地基处理工程
21	JZ21	施工技术措施	1. 归集范围:脚手架、整体提升架、外装饰吊篮、垂直运输、超高施工增加、非夜间施工照明费、大型机械设备进出场及安拆、固定基础、施工降排水等其他技术措施; 2. 划分界限:不包括模板及支撑架

二、通用安装工程

通用安装工程造价指标单元归集范围见表 3–1–2。

表 3–1–2　通用安装工程造价指标单元归集范围

序号	一级造价指标单元		归集范围
	编码	名称	
1	AZ01	电气设备安装工程	1. 归集范围： （1）变配电系统：高压进线电缆、高低压配电柜、变压器、发电机组等变配电设备及设备间连接线缆（母线、母线槽）、桥架、配电智能设备等； （2）动力系统：动力配电箱（柜）、控制箱（柜）、母线槽、桥架、电缆、配管配线等； （3）照明系统：照明配电箱（柜）、智能照明设备、灯具、开关、插座、桥架、电缆、配管配线等； （4）防雷接地系统：接闪带（避雷网）、引下线、均压环、接地极、接地母线和接地跨接等； （5）光伏发电系统：设备、线缆等； （6）楼宇亮化系统：设备、灯具、桥架、电缆、配管配线等； （7）其他电气设备安装。 2. 划分界限：应急照明及疏散指示系统纳入消防工程
2	AZ02	建筑智能化工程	1. 归集范围： （1）信息网络系统：设备、软件、线缆等； （2）综合布线系统：机柜（箱）、信息点、线缆、配线架等； （3）用户电话交换系统：设备、软件、线缆等； （4）移动通信室内信号覆盖系统：设备、软件、线缆等； （5）建筑设备监控系统：设备、软件、线缆等； （6）建筑能耗检测系统：设备、软件、线缆等； （7）有线电视系统：设备、软件、线缆等； （8）卫星电视接收系统：设备、软件、线缆等； （9）公共广播系统：设备、软件、线缆等； （10）安全防范系统：入侵报警系统、出入口控制系统、电子巡查系统、视频安防监控系统、安全检查系统、停车库（场）管理系统、反向寻车系统、访客对讲系统、访客管理系统、安全防范综合管理（平台）； （11）无线对讲系统：设备、软件、线缆等； （12）信息引导及发布系统：设备、软件、线缆等； （13）智能一卡通管理系统：设备、软件、线缆等； （14）时钟系统：设备、软件、线缆等； （15）排队叫号系统：设备、软件、线缆等； （16）会议系统：设备、软件、线缆等； （17）多媒体教学系统：设备、软件、线缆等； （18）电源与电子设备防雷接地系统：设备、软件、线缆等； （19）综合管路系统：桥架、配管等；

续表 3-1-2

序号	一级造价指标单元		归集范围
	编码	名称	
2	AZ02	建筑智能化工程	（20）智慧化集成系统：设备、软件、线缆等； （21）机房工程（信息网络机房）：机房装饰装修、机房电磁屏蔽、机房供配电系统、机房照明系统、机房 UPS 系统、机房防雷接地系统、机房消防系统、机房空气调节系统等； （22）智能照明系统：设备、软件、线缆等； （23）客房集控系统：设备、软件、线缆等； （24）智能家居控制系统：设备、软件、线缆等； （25）护理呼叫信号系统：设备、软件、线缆等； （26）病房探视系统：设备、软件、线缆等； （27）视频示教系统：设备、软件、线缆等； （28）婴儿防盗系统：设备、软件、线缆等； （29）热水管理系统：设备、软件、线缆等； （30）计时记分系统：设备、软件、线缆等； （31）现场成绩处理系统：设备、软件、线缆等； （32）票务管理系统：设备、软件、线缆等； （33）电视转播及现场评论系统：设备、软件、线缆等； （34）升旗控制系统：设备、软件、线缆等； （35）影像采集及回放系统：设备、软件、线缆等； （36）竞赛信息发布系统：设备、软件、线缆等； （37）比赛设备集成管理系统：设备、软件、线缆等； （38）场地显示屏及控制系统：设备、软件、线缆等； （39）场地扩音系统：设备、软件、线缆等； （40）其他建筑智能化工程：设备、软件、线缆等。 2. 划分界限：冷水机组群控系统纳入通风空调工程
3	AZ03	消防工程	1. 归集范围： （1）自动喷水灭火系统：设备、管网、附件等； （2）消火栓系统：设备、管网、附件等； （3）消防水炮系统：设备、管网、附件等； （4）气体灭火系统：设备、管网、附件等； （5）泡沫灭火系统：设备、管网、附件等； （6）火灾自动报警系统：设备、管缆（线）等； （7）电气火灾监控系统：设备、管缆（线）等； （8）消防电源监控系统：设备、管缆（线）等； （9）防火门监控系统：设备、管缆（线）等； （10）余压监控系统：设备、管缆（线）等； （11）应急照明及疏散指示系统：设备、灯具、桥架、电缆、配管配线等； （12）其他消防工程。 2. 划分界限：防排烟系统纳入通风空调工程

续表 3-1-2

序号	一级造价指标单元		归集范围
	编码	名称	
4	AZ04	通风空调工程	1. 归集范围： （1）空调风系统： 舒适性空调：设备、风管、防腐绝热等； 恒温恒湿空调：设备、管网、防腐绝热等； 净化空调：设备、管网、防腐绝热等。 （2）空调水系统：设备、管网、防腐绝热等。 （3）多联机（热泵）空调系统：设备、风管、管网、防腐绝热等。 （4）热泵换热系统：设备、管网、防腐绝热等。 （5）蓄能系统：设备、管网、防腐绝热等。 （6）通风系统：设备、风管、防腐绝热等。 （7）防排烟系统：设备、风管、防腐绝热等。 （8）人防通风系统：设备、风管、防腐绝热等。 （9）设备自控系统：设备、配管、线（缆）、软件等。 （10）其他通风空调系统。 2. 划分界限：冷凝水系统、冷却水系统纳入空调水系统
5	AZ05	给排水、采暖工程	1. 归集范围： （1）供暖（冷）系统：设备、管路、防腐绝热等； （2）给水系统：设备、管路、防腐绝热等； （3）排水系统：设备、管路、防腐绝热等； （4）热水供应系统：设备、管路、防腐绝热等； （5）再生水系统：设备、管路、防腐绝热等； （6）卫生器具安装； （7）直饮水系统：设备、管路、防腐绝热等； （8）其他给排水、采暖工程。 2. 划分界限：热泵供热（地暖）系统纳入通风空调工程
6	AZ06	燃气工程	1. 归集范围： （1）室内燃气系统安装； （2）其他燃气工程； 2. 划分界限：地下引入室内的燃气管道以室内第一个阀门为界。室内管道部分无阀门的有引入管以引入管为界，无引入管以建筑物外墙皮 1.5m 为界
7	AZ07	工业管道及设备安装工程	1. 归集范围： （1）工业管道及附件安装； （2）工艺设备安装； （3）其他工业管道及设备安装。 2. 划分界限：厂区第一个连接点以内的生产用（包括生产与生活共用）介质输送管道及设备安装
8	AZ08	电梯	归集范围：电梯安装

续表 3-1-2

序号	一级造价指标单元		归集范围
	编码	名称	
9	AZ09	充电桩	归集范围:快充、慢充安装
10	AZ10	其他工程	归集范围:其他安装系统
11	AZ11	施工技术措施	归集范围: (1)脚手架搭拆费; (2)建筑物超高增加费; (3)操作高度增加费; (4)其他施工技术措施费

第二节　市政工程造价指标单元

一、道路工程

道路工程造价指标单元归集范围见表 3-2-1。

表 3-2-1　道路工程造价指标单元归集范围

序号	一级造价指标单元		归集范围
	编码	名称	
1	DL01	土石方	1. 归集范围:挖土石方、挖淤泥流砂、土石方回填、场内平衡、余方弃置、渣土消纳处置等; 2. 划分界限:不包括路基处理换填部分的土石方、淤泥,路基换填部分的计入路基处理
2	DL02	道路	1. 归集范围:路基处理(含路基处理换填部分的土石方、淤泥等)、基层、面层、侧平石及树池、路基防护等,同时包含上述内容所涉及的钢筋、模板、预埋铁件等; 2. 划分界限:不包括桥涵台背回填
3	DL03	路灯	1. 归集范围:设备基础土石方、设备基础、变配电设备、配管及线缆、照明器具等,同时包含上述内容所涉及的钢筋、模板、预埋铁件等; 2. 划分界限:不包括桥涵与隧道范围内的路灯
4	DL04	交通管理及附属设施	1. 归集范围:道路范围内的交通管理设施、花箱、公交车站、基础开挖土石方、基础等,同时包含上述内容所涉及的钢筋、模板、预埋铁件等; 2. 划分界限:不包括桥涵与隧道范围内的交通管理附属设施
5	DL05	智能交通	1. 归集范围:道路范围内的交通信号控制系统、交通监视系统、电子警察系统、交通诱导系统、物联网感知系统、基础开挖土石方、基础等,同时包含上述内容所涉及的钢筋、模板、预埋铁件等; 2. 划分界限:不包括桥涵与隧道范围内的智能交通系统

续表 3-2-1

序号	一级造价指标单元		归集范围
	编码	名称	
6	DL06	景观绿化	归集范围：道路范围内的景观、绿化、花箱等，同时包含上述内容所涉及的钢筋、模板、预埋铁件等
7	DL07	拆除	归集范围：道路范围内的拆除、改造等
8	DL08	施工技术措施	1. 归集范围：围堰、脚手架、大型机械设备进出场及安拆、湿土排水、抽水、草绳绕树干、树木支撑架等施工技术措施； 2. 划分界限：不包括模板、施工便道及便桥、施工围挡、施工期交通组织等

二、桥涵工程

桥涵工程造价指标单元归集范围见表 3-2-2。

表 3-2-2 桥涵工程造价指标单元归集范围

序号	一级造价指标单元		归集范围
	编码	名称	
1	QH01	土石方	1. 归集范围：挖土石方、挖淤泥流砂、土石方回填、场内平衡、余方弃置、渣土消纳处置等； 2. 划分界限：不包括地基处理换填部分的土石方、淤泥，地基换填部分的计入路基处理
2	QH02	地基处理	归集范围：包括地基处理换填部分的土石方与淤泥处理、台背回填等各种地基处理内容
3	QH03	基坑围护	归集范围：包括钢板桩、圆木桩、预制钢筋混凝土板桩、地下连续墙、灌注桩及止水帷幕、型钢水泥土搅拌墙、锚杆（索）、土钉、喷射混凝土、钢板桩、临时支撑等，同时包含上述内容所涉及的钢筋、模板、预埋铁件等
4	QH04	桩基	归集范围：包括圆木桩、预制桩、灌注桩、钢管桩等，同时包含上述内容所涉及的钢筋、模板、预埋铁件等
5	QH05	桥梁结构	归集范围：桥梁下部结构、上部结构、桥面铺装、桥梁附属结构及桥梁装饰等，同时包含上述内容所涉及的钢筋、模板、预埋铁件等
6	QH06	涵洞结构	归集范围：涵洞洞身结构、洞口结构、附属结构、涵洞装饰等，同时包含上述内容所涉及的钢筋、模板、预埋铁件等
7	QH07	机电安装	归集范围：桥涵范围内的机电设备基础土石方、设备基础、电气系统、照明器具、电梯等，同时包含上述内容所涉及的钢筋、模板、预埋铁件等
8	QH08	交通管理及附属设施	归集范围：桥涵范围内的交通管理设施、花箱、公交车站、基础开挖土石方、基础等，同时包含上述内容所涉及的钢筋、模板、预埋铁件等

续表 3-2-2

序号	一级造价指标单元		归集范围
	编码	名称	
9	QH09	智能交通	归集范围：桥涵范围内的交通信号控制系统、交通监视系统、电子警察系统、交通诱导系统、物联网感知系统、基础开挖土石方、基础等，同时包含上述内容所涉及的钢筋、模板、预埋铁件等
10	QH10	景观绿化	归集范围：桥涵范围内的景观、绿化、花箱等，同时包含上述内容所涉及的钢筋、模板、预埋铁件等
11	QH11	拆除	归集范围：桥涵范围内的拆除、改造等
12	QH12	施工技术措施	1. 归集范围：围堰、桥梁支架、堆载预压、地面硬化、脚手架、大型机械设备进出场及安拆、湿土排水、抽水等； 2. 划分界限：不包括模板、施工便道及便桥、施工围挡、施工期交通组织等

三、隧道工程

隧道工程造价指标单元归集范围见表 3-2-3。

表 3-2-3 隧道工程造价指标单元归集范围

序号	一级造价指标单元		归集范围
	编码	名称	
1	SD01	土石方	1. 归集范围：挖土石方、挖淤泥流砂、土石方回填、场内平衡、余方弃置、渣土消纳处置等； 2. 划分界限：不包括暗挖段的洞门及洞身开挖、盾构段及顶管段泥浆处理
2	SD02	地基处理	归集范围：包括地基处理换填部分的土石方与淤泥处理、水泥搅拌桩、地基注浆等各种地基处理内容
3	SD03	基坑围护	归集范围：包括钢板桩、圆木桩、预制钢筋混凝土板桩、地下连续墙、灌注桩及止水帷幕、型钢水泥土搅拌墙、锚杆（索）、土钉、喷射混凝土、钢板桩、临时支撑等，同时包含上述内容所涉及的钢筋、模板、预埋铁件等
4	SD04	桩基	归集范围：包括预制桩、灌注桩、钢管桩等桩基内容，同时包含上述内容所涉及的钢筋、模板、预埋铁件等
5	SD05	明挖段土建	1. 归集范围：钢筋混凝土结构、防水及其他内容，同时包含上述内容所涉及的钢筋、模板、预埋铁件等； 2. 划分界限：不包括除隧道主体结构外的内部混凝土构件
6	SD06	盾构段土建	1. 归集范围：盾构掘进、管片拼装、衬砌壁后压浆、渣土消纳处置、管片拼装、管片防水等，同时包含上述内容所涉及的钢筋、模板、预埋铁件等； 2. 划分界限：不包括盾构机进出场
7	SD07	暗挖段土建	归集范围：洞口防护、洞身开挖、洞身预支护、洞身衬砌、防水及排水等，同时包含上述内容所涉及的钢筋、模板、预埋铁件等

续表 3-2-3

序号	一级造价指标单元		归集范围
	编码	名称	
8	SD08	顶管段土建	1. 归集范围：顶管机吊装吊拆、安拆顶管设备及附属设施、顶管顶进、管节吊装、触变泥浆减阻、浆液置换、渣土消纳处置、管节安装、管节防水等，同时包含上述内容所涉及的钢筋、模板、预埋铁件等； 2. 划分界限：不包括顶管机进出场
9	SD09	沉管段土建	1. 归集范围：管节舾装、管片防水等，同时包含上述内容所涉及的钢筋、模板、预埋铁件等； 2. 划分界限：不包括施工设备进出场
10	SD10	内部构件	归集范围：内部混凝土结构浇筑、预制构件安装、混凝土电缆沟、混凝土排水沟及检查井等，同时包含上述内容所涉及的钢筋、模板、预埋铁件等
11	SD11	隧道路面	归集范围：水泥混凝土路面、沥青混凝土路面、人行道铺装、交通管理及附属设施安装等，同时包含上述内容所涉及的钢筋、模板、预埋铁件等
12	SD12	隧道装饰	归集范围：洞口装饰，洞内地面、墙面及天棚装饰，防火门安装等，同时包含上述内容所涉及的钢筋、模板、预埋铁件等
13	SD13	机电安装	1. 归集范围：电气系统、通风系统、消防系统、排水系统、安全防范系统等； 2. 划分界限：不包括管理用房内相应机电安装内容
14	SD14	景观绿化	归集范围：景观铺装、景观小品、景石、栽植乔木、栽植灌木、栽植色带、栽植地被、坡面绿化防护、绿化养护等，同时包含上述内容所涉及的钢筋、模板、预埋铁件等
15	SD15	拆除	归集范围：隧道范围内的拆除、改造等
16	SD16	施工技术措施	1. 归集范围：围堰、支架、堆载预压、地面硬化、脚手架、大型机械设备进出场及安拆、湿土排水、抽水等； 2. 划分界限：不包括模板、施工便道及便桥、施工围挡、施工期交通组织等

四、河道护岸工程

河道护岸工程造价指标单元归集范围见 3-2-4。

表 3-2-4　河道护岸工程造价指标单元归集范围

序号	一级造价指标单元		归集范围
	编码	名称	
1	HD01	土石方	1. 归集范围：挖土石方、挖淤泥流砂、土石方回填、场内平衡、余方弃置、渣土消纳处置等； 2. 划分界限：不包括地基处理换填部分的土石方、淤泥，地基换填部分的计入路基处理

续表 3-2-4

序号	一级造价指标单元		归集范围
	编码	名称	
2	HD02	地基处理	归集范围:包括地基处理换填部分的土石方与淤泥处理、桩基处理等各种地基处理内容
3	HD03	基坑围护	归集范围:包括钢板桩、圆木桩、预制钢筋混凝土板桩、地下连续墙、灌注桩及止水帷幕、型钢水泥土搅拌墙、锚杆(索)、土钉、喷射混凝土、钢板桩、临时支撑等,同时包含上述内容所涉及的钢筋、模板、预埋铁件等
4	HD04	桩基	归集范围:包括圆木桩、预制桩、灌注桩、钢管桩等,同时包含上述内容所涉及的钢筋、模板、预埋铁件等
5	HD05	河道护岸主体	归集范围:渠道、堤身、护坡及挡墙、堰坝等,同时包含上述内容所涉及的钢筋、模板、预埋铁件等
6	HD06	机电安装	归集范围:河道护岸范围内的机电设备基础土石方、设备基础、电气系统、照明器具、闸门、设备等,同时包含上述内容所涉及的钢筋、模板、预埋铁件等
7	HD07	景观绿化	归集范围:河道护岸范围内的景观、绿化、花箱等,同时包含上述内容所涉及的钢筋、模板、预埋铁件等
8	HD08	拆除	归集范围:河道护岸范围内的拆除、改造等
9	HD09	施工技术措施	1. 归集范围:围堰、脚手架、大型机械设备进出场及安拆、湿土排水、抽水等; 2. 划分界限:不包括模板、施工便道及便桥、施工围挡、施工期交通组织等

五、管网工程

管网工程造价指标单元归集范围见表 3-2-5。

表 3-2-5 管网工程造价指标单元归集范围

序号	一级造价指标单元		归集范围
	编码	名称	
1	GW01	土石方	1. 归集范围:挖土石方、挖淤泥流砂、土石方回填、场内平衡、余方弃置、渣土消纳处置等; 2. 划分界限:不包括地基处理换填部分的土石方、淤泥,地基换填部分的计入路基处理
2	GW02	地基处理	归集范围:包括地基处理换填部分的土石方与淤泥处理、桩基处理等各种地基处理内容
3	GW03	基坑围护	归集范围:包括钢板桩、圆木桩、预制钢筋混凝土板桩、地下连续墙、灌注桩及止水帷幕、型钢水泥土搅拌墙、锚杆(索)、土钉、喷射混凝土、钢板桩、临时支撑等,同时包含上述内容所涉及的钢筋、模板、预埋铁件等

续表 3-2-5

序号	一级造价指标单元		归集范围
	编码	名称	
4	GW04	管道	归集范围：包括管道基础、开槽埋管、水平定向钻进管、顶管、架空管、管道附件安装、闭水试验、压力试验、冲洗消毒、防腐等，同时包含上述内容所涉及的钢筋、模板、预埋铁件等
5	GW05	附属构筑物	归集范围：包括工作井、检查井、阀门井、出水口、雨水口等，同时包含上述内容所涉及的钢筋、模板、预埋铁件等
6	GW06	管网修复	归集范围：管网修复及附属构筑物修复等，同时包含上述内容所涉及的钢筋、模板、预埋铁件等
7	GW07	拆除	归集范围：管网范围内的拆除、改造等
8	GW08	施工技术措施	1. 归集范围：围堰、井字架、脚手架、大型机械设备进出场及安拆、湿土排水、抽水等； 2. 划分界限：不包括模板、施工便道及便桥、施工围挡、施工期交通组织等

六、综合管廊工程

综合管廊工程造价指标单元归集范围见表 3-2-6。

表 3-2-6　综合管廊工程造价指标单元归集范围

序号	一级造价指标单元		归集范围
	编码	名称	
1	GL01	土石方	1. 归集范围：挖土石方、挖淤泥流砂、土石方回填、场内平衡、余方弃置、渣土消纳处置等； 2. 划分界限：不包括暗挖段洞身开挖、盾构段及顶管段泥浆处理
2	GL02	地基处理	归集范围：包括地基处理换填部分的土石方与淤泥处理、水泥搅拌桩、地基注浆等各种地基处理内容
3	GL03	基坑围护	归集范围：包括钢板桩、圆木桩、预制钢筋混凝土板桩、地下连续墙、灌注桩及止水帷幕、型钢水泥土搅拌墙、锚杆（索）、土钉、喷射混凝土、钢板桩、临时支撑等，同时包含上述内容所涉及的钢筋、模板、预埋铁件等
4	GL04	桩基	归集范围：包括预制桩、灌注桩、钢管桩等桩基内容，同时包含上述内容所涉及的钢筋、模板、预埋铁件等
5	GL05	明挖段土建	1. 归集范围：钢筋混凝土结构、防水及其他内容，同时包含上述内容所涉及的钢筋、模板、预埋铁件等； 2. 划分界限：不包括除隧道主体结构外的内部混凝土构件
6	GL06	盾构段土建	1. 归集范围：盾构掘进、管片拼装、衬砌壁后压浆、渣土消纳处置、管片拼装、管片防水等，同时包含上述内容所涉及的钢筋、模板、预埋铁件等； 2. 划分界限：不包括盾构机进出场

续表 3-2-6

序号	一级造价指标单元		归集范围
	编码	名称	
7	GL07	顶管段土建	1. 归集范围：顶管机吊装吊拆、安拆顶管设备及附属设施、顶管顶进、管节吊装、触变泥浆减阻、浆液置换、渣土消纳处置、管节安装、管节防水等，同时包含上述内容所涉及的钢筋、模板、预埋铁件等； 2. 划分界限：不包括顶管机进出场
8	GL08	暗挖段土建	归集范围：洞口防护、洞身开挖、洞身预支护、洞身衬砌、防水及排水等，同时包含上述内容所涉及的钢筋、模板、预埋铁件等
9	GL09	内部构件	归集范围：内部混凝土结构浇筑、预制构件安装、混凝土电缆沟、混凝土排水沟及检查井等，同时包含上述内容所涉及的钢筋、模板、预埋铁件等
10	GL10	管廊装饰	归集范围：管廊内地面、墙面及天棚装饰、防火门安装等，同时包含上述内容所涉及的钢筋、模板、预埋铁件等
11	GL11	机电安装	1. 归集范围：消防系统、通风系统、电气系统、安全防范系统、排水系统、标识系统、支吊架等； 2. 划分界限：不包括管理用房内相应机电安装内容
12	GL12	景观绿化	归集范围：景观铺装、景观小品、景石、栽植乔木、栽植灌木、栽植色带、栽植地被、坡面绿化防护、绿化养护等，同时包含上述内容所涉及的钢筋、模板、预埋铁件等
13	GL13	拆除	归集范围：管廊范围内的拆除、改造等
14	GL14	施工技术措施	1. 归集范围：围堰、支架、堆载预压、地面硬化、脚手架、大型机械设备进出场及安拆、湿土排水、抽水等； 2. 划分界限：不包括模板、施工便道及便桥、施工围挡、施工期交通组织等

七、厂站工程

厂站工程造价指标单元归集范围见表 3-2-7。

表 3-2-7 厂站工程造价指标单元归集范围

序号	一级造价指标单元		归集范围
	编码	名称	
1	CZ01	土石方	1. 归集范围：挖土石方、挖淤泥流砂、土石方回填、土石方场内平衡、余方弃置、渣土消纳处置； 2. 划分界限：不包括地基处理换填部分的土石方、淤泥，地基换填部分的计入路基处理
2	CZ02	地基处理	归集范围：包括地基处理换填部分的土石方与淤泥处理、水泥搅拌桩、地基注浆、强夯等各种地基处理内容

续表 3-2-7

序号	一级造价指标单元		归集范围
	编码	名称	
3	CZ03	基坑围护	归集范围：包括钢板桩、圆木桩、预制钢筋混凝土板桩、地下连续墙、灌注桩及止水帷幕、型钢水泥土搅拌墙、锚杆（索）、土钉、喷射混凝土、钢板桩、临时支撑等，同时包含上述内容所涉及的钢筋、模板、预埋铁件等
4	CZ04	桩基	归集范围：包括预制桩、灌注桩、钢管桩等桩基内容，同时包含上述内容所涉及的钢筋、模板、预埋铁件等
5	CZ05	构筑物	归集范围：砌筑基础及砌体、现浇构件、预制构件、金属构件、防水及防腐、装饰等，同时包含上述内容所涉及的钢筋、模板、预埋铁件等
6	CZ06	机电安装	归集范围：工艺设备安装、工艺管道及附件安装、电气系统、自控系统、通风系统、消防系统、给排水系统、安全防范系统等
7	CZ07	拆除	归集范围：厂站范围内的拆除、改造等
8	CZ08	施工技术措施	1. 归集范围：围堰、支架、地面硬化、脚手架、大型机械设备进出场及安拆、湿土排水、抽水等； 2. 划分界限：不包括模板、施工便道及便桥、施工围挡、施工期交通组织等

八、市政临时工程

市政临时工程造价指标单元归集范围见表 3-2-8。

表 3-2-8　市政临时工程造价指标单元归集范围

序号	一级造价指标单元		归集范围
	编码	名称	
1	LS01	施工便道及便桥	归集范围：施工便道基层及面层、便道拆除及恢复、施工便桥搭设及拆除，同时包含上述内容所涉及的钢筋、模板、预埋铁件等
2	LS02	施工围挡	归集范围：基础、施工围挡搭拆等，同时包含上述内容所涉及的钢筋、模板、预埋铁件等
3	LS03	施工期交通组织	归集范围：施工期交通导改路基路面、交通附属设施、拆除及恢复，同时包含上述内容所涉及的钢筋、模板、预埋铁件等
4	LS04	其他临时工程	归集范围：除施工便道、便桥、围挡、施工期交通组织以外的其他临时工程

第四章
典型工程造价指标

说　　明

一、本章典型工程造价指标是基于近年来浙江省具有代表性的房屋建筑工程和市政工程的造价成果文件综合分析而成的。房屋建筑工程包括保障性住房项目(住宅型)、学校项目(幼儿园、中小学)、综合医院项目,市政工程包括道路工程以及随道路同步建设的桥梁、管网(排水)工程。

二、本章典型工程造价指标包括整体项目造价指标、单项造价指标及造价指标单元的指标。

三、典型工程造价指标中:房屋建筑工程设置地下建筑、地上建筑、室外附属工程的参考指标,市政工程设置道路工程、桥梁工程、管网(排水)工程的参考指标。

四、房屋建筑工程与市政工程的指标划分界限和计算基数与本指标第一章一致。

五、市场各方主体在依据浙江省工程建设标准《建设工程造价指标采集分析标准》采集造价指标相关信息以及建立造价数据库时可参考本章格式。

第一节　房屋建筑工程造价指标

一、保障性住房项目

(一)某住宅型保障性住房项目(一)

某住宅型保障性住房项目(一)概况和造价指标见表 4-1-1~ 表 4-1-19。

表 4-1-1　项目概况

项目名称	某保障性住房小区项目		
建设地点	某市某区	质量要求	合格
资金来源	国有资金投资	承发包模式	施工总承包
项目性质	新建项目	绿色建筑等级	二星级
用地面积 /m^2	30 181.00	建筑占地面积 /m^2	7 847.00
建筑面积 /m^2	133 422.64	其中 地上建筑面积 /m^2	78 894.89
		其中 地下建筑面积 /m^2	54 527.75
抗震设防烈度	7 度	功能规模 / 户	768
用电容量 /(kV·A)	5 600	计价方式	国标清单计价
造价类别	招标控制价	计价依据	2018 版计价依据
编制基期	2022 年 7 月	工程造价 / 万元	57 316.439 2
造价指标 /(元 /m^2)	4 295.86		
其他说明	1. 本项目配备 6 台自升式塔式起重机; 2. 本项目室内按全装修考虑; 3. 本项目信息网络机房设置在 1# 楼; 4. 本工程不包含变配电系统、电表箱及低压配电柜至电表箱的供电回路; 5. 本项目不包含生活泵房及泵房至水表的给水管道		

注:1. 国标清单计价是指以现行国家标准《建设工程工程量清单计价规范》GB 50500 及相关专业工程工程量计算规范、浙江省补充要求为主要依据的工程量清单计价方式,后均同。

2. 2018 版计价依据包括《浙江省建设工程计价规则》(2018 版)、浙江省各专业工程概预算定额等,后均同。

表 4-1-2　地下建筑概况

综合概况	工程名称	某保障性住房小区项目(地下室)				
	采集类别编码	FJ010101	地下层数	2	建筑面积 /m^2	54 527.75
	抗震设防类别	丙类	人防等级	核 6 常 6	人防面积 /m^2	18 120.50
	结构类型	框架 – 剪力墙结构	桩基类型	灌注桩	基坑围护形式	排桩墙
	建筑功能	停车库	防火分区数量 / 个	12	机动车位数量 / 辆	1 023
	抗震等级	地下一层框架三级、地下二层框架四级,主楼范围内剪力墙三级				
	其他特征	—				
一、建筑与装饰工程概况						
1	土石方工程	土石方类别:二类土; 开挖深度:7.75m; 外运距离:20km; 渣土消纳处置方式:陆运				

续表 4-1-2

2	基坑围护工程	基坑围护长度:706m(按地下室外墙结构长度计算); 基坑围护类型:ϕ900mm 泥浆护壁成孔灌注桩、ϕ850mm 三轴水泥搅拌桩、ϕ800mm 泥浆护壁成孔灌注桩、ϕ700mm 高压旋喷桩
3	桩基工程	ϕ600mm 泥浆护壁成孔灌注桩(平均桩长 31m)、ϕ700mm 泥浆护壁成孔灌注桩(平均桩长 34m)
4	砌筑工程	混凝土实心砖、混凝土多孔砖
5	混凝土结构工程	基础类型:筏板基础; 结构形式:现浇钢筋混凝土结构,混凝土含量 0.96m^3/m^2,钢筋含量 119.74kg/m^2; 模板及支撑架:复合模板、扣件式钢管支撑架
6	门窗工程	门:木质防火门、人防门、双轨双帘无机特级防火卷帘(耐火极限 3.00h); 窗:断桥隔热铝合金窗[(6Low-E+12A+6)mm 中空钢化玻璃]
7	屋面工程	机动车坡道顶盖:(10+1.52PVB+10)mm 钢化夹胶玻璃、3.0mm 氟碳喷涂铝板; 自行车坡道顶盖:(8+1.52PVB+8)mm 钢化夹胶玻璃(顶面)、(6+1.14PVB+6)mm 钢化夹胶玻璃(侧面)
8	防水工程	底板:1.2mm 厚自粘型高分子防水卷材、30.0mm 厚 C20 细石混凝土; 侧墙:1.5mm 厚聚合物防水涂料、1.5mm 厚自粘型高分子防水卷材、25.0mm 厚挤塑聚苯板; 顶板:70.0mm 厚 C20 细石混凝土、无纺布、4.0mm 厚耐根穿刺改性沥青防水卷材、油毡布隔离层、2.0mm 厚非固化橡胶沥青防水涂料、CL5.0 轻质混凝土找坡
9	楼地面装饰工程	汽车库:0.8mm 厚环氧树脂耐磨漆、自流平砂浆、C25 细石混凝土; 自行车库:50.0mm 厚 C25 细石混凝土; 电梯厅:600mm × 600mm 地砖; 楼梯:耐磨漆
10	内墙及柱面装饰工程	汽车库:防霉腻子、防霉涂料; 自行车库:防霉腻子、防霉涂料; 电梯厅:300mm × 600mm 瓷砖; 楼梯间:防霉腻子、防霉涂料
11	天棚工程	汽车库:防霉腻子、防霉涂料; 自行车库:防霉腻子、防霉涂料; 电梯厅:T 形铝合金龙骨、600mm × 1 200mm 铝扣板; 楼梯间:防霉腻子、防霉涂料
12	其他装饰工程	楼梯:不锈钢栏杆(H=1 100mm); 坡道栏杆:不锈钢栏杆(H=500mm); 交通标志标牌
13	其他特征	大型机械:三轴水泥搅拌桩机 1 台、转盘式桩机 12 台、履带式挖掘机 6 台; 施工降排水:自流深井降水 61 座(使用期 120d)、自流深井降水 110 座(使用期 210d)

续表 4-1-2

二、通用安装工程概况		
1	电气设备安装工程	动力系统：配电柜、热浸镀锌槽式电缆桥架、热浸镀锌防火塑粉槽式电缆桥架、焊接钢管、低烟无卤电力电缆 WDZB-YJY-0.6/1kV、低烟无卤电力电缆 WDZBN-YJY-0.6/1kV、矿物绝缘电力电缆 BBTRZ 0.6/1kV； 照明系统：配电箱、套接紧定式镀锌钢导管、节能灯、开关、插座、热浸镀锌槽式电缆桥架、低烟无卤电力电缆 WDZB-YJY-0.6/1kV、铜芯塑料绝缘线 BV； 防雷接地系统：引下线、接地跨接、接地母线
2	建筑智能化工程	安全防范系统 - 视频安防监控系统：彩色红外枪式网络摄像机、铜芯聚氯乙烯护套屏蔽软线 ZR-RVVP； 综合管路系统：热浸镀锌槽式电缆桥架、套接紧定式镀锌钢导管、焊接钢管
3	消防工程	水灭火系统 - 自动喷水灭火系统：喷淋泵、热浸镀锌钢管； 水灭火系统 - 消火栓系统：消火栓泵、稳压设备、消火栓箱、热浸镀锌钢管； 火灾自动报警系统：感烟探测器、感温探测器、热浸镀锌防火塑粉槽式电缆桥架、焊接钢管、套接紧定式镀锌钢导管、铜芯低烟无卤聚氯乙烯护套控制电缆 WDZBN-KYJY、铜芯低烟无卤聚氯乙烯绞型软线 WDZCN-RVS； 电气火灾监控系统：剩余电流监控模块、焊接钢管、铜芯低烟无卤聚氯乙烯绞型软线 WDZCN-RYJS、铜芯低烟无卤电线 WDZCN-BYJ； 消防电源监控系统：消防电源监控模块、焊接钢管、铜芯低烟无卤聚氯乙烯绞型软线 WDZCN-RYJS、铜芯低烟无卤电线 WDZCN-BYJ； 应急照明及疏散指示系统：应急照明电源配电箱、应急吸顶灯、疏散标志灯、安全出口标志灯、焊接钢管、铜芯低烟无卤电线 WDZCN-BYJ
4	通风空调工程	通风系统：风机、镀锌薄钢板风管； 防排烟系统：风机、MFK5 镁质彩钢排烟复合风管； 人防通风系统：风机、薄钢板风管、MFK5 镁质彩钢排烟复合风管
5	给排水工程	给水系统：涂塑复合管； 排水系统：潜水排污泵、热浸镀锌钢管
6	其他特征	抗震支架； 充电桩：快充 13 个、慢充 136 个

注：核 6 是指防核武器抗力级别为 6 级；常 6 是指防常规武器抗力级别为 6 级，后均同。

表 4-1-3 1# 楼地上建筑概况

综合概况	工程名称	某保障性住房小区项目 1# 楼				
	采集类别编码	FJ010202	建筑物层数	24	建筑面积 /m^2	13 364.15
	抗震设防类别	丙类	结构类型	剪力墙结构	装配率 /%	50
	建筑高度 /m	70.44	标准层层高 /m	2.90	基本风压 /（kN/m^2）	0.45
	抗震等级	剪力墙三级				
	其他特征	—				

续表 4-1-3

一、建筑与装饰工程概况		
1	砌筑工程	蒸压加气混凝土砌块、蒸压加气混凝土砌块隔墙板(ALC)
2	混凝土结构工程	结构形式:现浇钢筋混凝土结构、装配式构件; 混凝土含量 0.30m^3/m^2,钢筋含量 39.16kg/m^2,预制构件含量 0.048m^3/m^2; 模板及支撑架:复合模板、扣件式钢管支撑架
3	门窗工程	门:木质胶合板门、木质防火门、钢制防火门; 窗:断桥隔热铝合金门窗[(6Low-E+12A+6)mm 中空钢化玻璃]
4	屋面工程	刚性屋面:50.0mm 厚 C20 细石混凝土、耐碱玻纤网格布、85.0mm 厚挤塑聚苯板、3.0mm 厚自粘型改性沥青防水卷材、1.5mm 厚聚氨酯防水涂料、C20 细石混凝土找坡; 采光屋面:(8+1.52PVB+8)mm 超白夹胶钢化玻璃
5	防水工程	楼地面(卫生间、阳台):1.5mm 厚聚氨酯防水涂料; 内墙面(卫生间):1.5mm 厚聚氨酯防水涂料
6	防腐、隔热、保温工程	外墙内保温:无机轻集料保温砂浆; 楼地面保温:挤塑聚苯板
7	外墙装饰及幕墙工程	外墙装饰:涂料; 幕墙(一层):25.0mm 厚花岗岩干挂、3.0mm 厚氟碳喷涂铝板
8	楼地面装饰工程	户内:自流平砂浆、C25 细石混凝土; 厨卫:600mm × 600mm 地砖; 电梯厅:600mm × 600mm 地砖; 楼梯:耐磨漆
9	内墙及柱面装饰工程	户内:腻子、涂料; 厨卫:300mm × 600mm 瓷砖; 电梯厅:600mm × 600mm 瓷砖; 楼梯间:腻子、涂料
10	天棚工程	户内:腻子、涂料; 厨卫:集成吊顶; 电梯厅:U38 轻钢龙骨、12.0mm 厚石膏板、涂料; 楼梯间:腻子、涂料
11	其他装饰工程	楼梯:不锈钢管栏杆(H=1 100mm); 阳台:(6+1.14PVB+6)mm 夹胶钢化玻璃栏杆(H=1 100mm); 平台:铝合金栏杆(H=600mm); 厨房台柜:600mm × 800mm × 2 400mm(宽度 × 高度 × 长度)
二、通用安装工程概况		
1	电气设备安装工程	动力系统:配电箱、热浸镀锌槽式电缆桥架、热浸镀锌防火塑粉槽式电缆桥架、焊接钢管、低烟无卤电力电缆 WDZB-YJY-0.6/1kV、低烟无卤电力电缆 WDZBN-YJY-0.6/1kV、柔性矿物绝缘电缆 BBTRZ-0.6/1kV; 照明系统:配电箱、套接紧定式镀锌钢导管、刚性阻燃电线管、节能灯、防水防尘灯、开关、插座、铜芯塑料绝缘线 BV; 防雷接地系统:接闪带(避雷网)、引下线、均压环、接地跨接、接地母线

续表 4-1-3

2	建筑智能化工程	信息网络系统：AP 无线外网点、单模光纤； 综合布线系统：42U 机柜、楼层信息箱、户内智能箱、单模光纤； 有线电视系统：楼层电视箱、单元电视箱； 安全防范系统 – 入侵报警系统：探测器、报警按钮、铜芯聚氯乙烯护套屏蔽软线 ZR-RVVP； 安全防范系统 – 视频安防监控系统：电梯摄像机、铜芯聚氯乙烯护套屏蔽软线 ZR-RVVP； 安全防范系统 – 访客对讲系统：可视对讲室外机、门禁控制器、可视对讲室内机、铜芯聚氯乙烯护套屏蔽软线 ZR-RVVP； 综合管路系统：热浸镀锌槽式电缆桥架、刚性阻燃塑料管； 机房工程：交换机、广播控制主机、42U 广播机柜、防区模块、控制键盘、人脸对比平台服务器、安防平台服务器、安防平台软件、视频综合管理平台、18 路高清解码器、43 英寸液晶监视器、24 盘位控制器磁盘阵列、硬盘、标准机架式服务器、可视对讲系统中心管理机、UPS 主机 25kV·A、电池柜、蓄电池、监控信号防雷器、广播信号防雷器、静电地板、格栅吊顶
3	消防工程	水灭火系统 – 自动喷水灭火系统：热浸镀锌钢管； 水灭火系统 – 消火栓系统：消火栓箱、热浸镀锌钢管； 火灾自动报警系统：感烟探测器、感温探测器、热浸镀锌防火塑粉槽式电缆桥架、套接紧定式镀锌钢导管、铜芯低烟无卤聚氯乙烯护套控制电缆 WDZBN-KYJY、铜芯低烟无卤聚氯乙烯绞型软线 WDZCN-RVS； 电气火灾监控系统：剩余电流监控模块、套接紧定式镀锌钢导管、铜芯低烟无卤聚氯乙烯绞型软线 WDZCN-RYJS、铜芯低烟无卤电线 WDZCN-BYJ； 消防电源监控系统：消防电源监控模块、套接紧定式镀锌钢导管、铜芯低烟无卤聚氯乙烯绞型软线 WDZCN-RYJS、铜芯低烟无卤电线 WDZCN-BYJ； 应急照明及疏散指示系统：应急照明电源配电箱、应急吸顶灯、疏散标志灯、安全出口标志灯、套接紧定式镀锌钢导管、铜芯低烟无卤电线 WDZCN-BYJ
4	通风空调工程	通风系统：风机、镀锌薄钢板风管
5	给排水工程	给水系统：无规共聚聚丙烯管（PP-R 管）； 排水系统：硬聚氯乙烯塑料排水管（UPVC 管）； 热水供应系统：空气源热泵、无规共聚聚丙烯管（PP-R 管）； 卫生器具安装：洗脸盆、坐便器、淋浴器
6	燃气工程	燃气灶具、燃气管道
7	其他特征	电梯：垂直电梯

表 4-1-4 2# 楼地上建筑概况

综合概况	工程名称	某保障性住房小区项目 2# 楼				
	采集类别编码	FJ010202	建筑物层数	15	建筑面积 /m²	6 933.69
	抗震设防类别	丙类	结构类型	剪力墙结构	装配率 /%	50
	建筑高度 /m	44.34	标准层层高 /m	2.90	基本风压 /（kN/m²）	0.45
	抗震等级	剪力墙三级				
	其他特征	—				

续表 4–1–4

一、建筑与装饰工程概况		
1	砌筑工程	蒸压加气混凝土砌块、蒸压加气混凝土砌块隔墙板(ALC)
2	混凝土结构工程	结构形式:现浇钢筋混凝土结构、装配式构件; 混凝土含量 $0.34m^3/m^2$,钢筋含量 $38.65kg/m^2$,预制构件含量 $0.049m^3/m^2$; 模板及支撑架:复合模板、扣件式钢管支撑架
3	门窗工程	门:木质胶合板门、木质防火门、钢制防火门、断桥隔热铝合金门[(6Low-E+12A+6)mm 中空钢化玻璃]; 窗:断桥隔热铝合金窗(6Low-E+12A+6mm 中空钢化玻璃)
4	屋面工程	刚性屋面:50.0mm 厚 C20 细石混凝土、耐碱玻纤网格布、85.0mm 厚挤塑聚苯板、3.0mm 厚自粘型改性沥青防水卷材、1.5mm 厚聚氨酯防水涂料、C20 细石混凝土找坡; 采光屋面:(8+1.52PVB+8)mm 超白夹胶钢化玻璃
5	防水工程	楼地面(卫生间、阳台):1.5mm 厚聚氨酯防水涂料; 内墙面(卫生间):1.5mm 厚聚氨酯防水涂料
6	防腐、隔热、保温工程	外墙内保温:无机轻集料保温砂浆; 楼地面保温:挤塑聚苯板
7	外墙装饰及幕墙工程	外墙装饰:涂料; 幕墙(一层):25.0mm 厚花岗岩干挂、3.0mm 厚氟碳喷涂铝板
8	楼地面装饰工程	户内:自流平砂浆、C25 细石混凝土; 厨卫:600mm × 600mm 地砖; 电梯厅:600mm × 600mm 地砖; 楼梯:耐磨漆
9	内墙及柱面装饰工程	户内:腻子、涂料; 厨卫:300mm × 600mm 瓷砖; 电梯厅:600mm × 600mm 瓷砖; 楼梯间:腻子、涂料
10	天棚工程	户内:腻子、涂料; 厨卫:集成吊顶; 电梯厅:U38 轻钢龙骨、12.0mm 厚石膏板、涂料; 楼梯间:腻子、涂料
11	其他装饰工程	楼梯:不锈钢管栏杆(H=1 100mm); 阳台:(6+1.14PVB+6)mm 夹胶钢化玻璃栏杆(H=1 100mm); 平台:铝合金栏杆(H=600mm); 厨房台柜:600mm × 800mm × 2 400mm(宽度 × 高度 × 长度)
	二、通用安装工程概况	
1	电气设备安装工程	动力系统:配电箱、热浸镀锌槽式电缆桥架、热浸镀锌防火塑粉槽式电缆桥架、焊接钢管、低烟无卤电力电缆 WDZB-YJY-0.6/1kV、低烟无卤电力电缆 WDZBN-YJY-0.6/1kV、柔性矿物绝缘电缆 BBTRZ-0.6/1kV; 照明系统:配电箱、套接紧定式镀锌钢导管、刚性阻燃电线管、节能灯、防水防尘灯、开关、插座、铜芯塑料绝缘线 BV; 防雷接地系统:接闪带(避雷网)、引下线、均压环、接地跨接、接地母线

续表 4-1-4

2	建筑智能化工程	综合布线系统：楼层信息箱、户内智能箱、单模光纤； 有线电视系统：楼层电视箱、单元电视箱； 安全防范系统 - 入侵报警系统：探测器、报警按钮、铜芯聚氯乙烯护套屏蔽软线 ZR-RVVP； 安全防范系统 - 视频安防监控系统：电梯摄像机探测器、报警按钮、铜芯聚氯乙烯护套屏蔽软线 ZR-RVVP； 安全防范系统 - 访客对讲系统：可视对讲室外机、门禁控制器、可视对讲室内机、铜芯聚氯乙烯护套屏蔽软线 ZR-RVVP； 综合管路系统：热浸镀锌槽式电缆桥架、刚性阻燃塑料管
3	消防工程	水灭火系统 - 自动喷水灭火系统：热浸镀锌钢管； 水灭火系统 - 消火栓系统：消火栓箱、热浸镀锌钢管； 火灾自动报警系统：感烟探测器、感温探测器、热浸镀锌防火塑粉槽式电缆桥架、套接紧定式镀锌钢导管、铜芯低烟无卤聚氯乙烯护套控制电缆 WDZBN-KYJY、铜芯低烟无卤聚氯乙烯绞型软线 WDZCN-RVS； 电气火灾监控系统：剩余电流监控模块、套接紧定式镀锌钢导管、铜芯低烟无卤聚氯乙烯绞型软线 WDZCN-RYJS、铜芯低烟无卤电线 WDZCN-BYJ； 消防电源监控系统：消防电源监控模块、套接紧定式镀锌钢导管、铜芯低烟无卤聚氯乙烯绞型软线 WDZCN-RYJS、铜芯低烟无卤电线 WDZCN-BYJ； 应急照明及疏散指示系统：应急照明电源配电箱、应急吸顶灯、疏散标志灯、安全出口标志灯、套接紧定式镀锌钢导管、铜芯低烟无卤电线 WDZCN-BYJ
4	通风空调工程	通风系统：风机、镀锌薄钢板风管
5	给排水工程	给水系统：无规共聚聚丙烯管（PP-R 管）； 排水系统：硬聚氯乙烯塑料排水管（UPVC 管）； 热水供应系统：空气源热泵、无规共聚聚丙烯管（PP-R 管）； 卫生器具安装：洗脸盆、坐便器、淋浴器
6	燃气工程	燃气灶具、燃气管道
7	其他特征	电梯：垂直电梯

表 4-1-5　3# 楼地上建筑概况

综合概况	工程名称	某保障性住房小区项目 3# 楼				
	采集类别编码	FJ010202	建筑物层数	19	建筑面积 /m²	9 896.96
	抗震设防类别	丙类	结构类型	剪力墙结构	装配率 /%	50
	建筑高度 /m	55.90	标准层层高 /m	2.90	基本风压 /（kN/m²）	0.45
	抗震等级	剪力墙三级				
	其他特征	—				
一、建筑与装饰工程概况						
1	砌筑工程	蒸压加气混凝土砌块、蒸压加气混凝土砌块隔墙板（ALC）				

续表 4-1-5

2	混凝土结构工程	结构形式:现浇钢筋混凝土结构、装配式构件; 混凝土含量 0.31m³/m²,钢筋含量 38.9kg/m²,预制构件含量 0.046m³/m²; 模板及支撑架:复合模板、扣件式钢管支撑架
3	门窗工程	门:木质胶合板门、木质防火门、钢制防火门; 窗:断桥隔热铝合金门窗[(6Low-E+12A+6)mm 中空钢化玻璃]
4	屋面工程	刚性屋面:50.0mm 厚 C20 细石混凝土、耐碱玻纤网格布、85.0mm 厚挤塑聚苯板、3.0mm 厚自粘型改性沥青防水卷材、1.5mm 厚聚氨酯防水涂料、C20 细石混凝土找坡; 采光屋面:(8+1.52PVB+8)mm 超白夹胶钢化玻璃
5	防水工程	楼地面(卫生间、阳台):1.5mm 厚聚氨酯防水涂料; 内墙面(卫生间):1.5mm 厚聚氨酯防水涂料
6	防腐、隔热、保温工程	外墙内保温:无机轻集料保温砂浆; 楼地面保温:挤塑聚苯板
7	外墙装饰及幕墙工程	外墙装饰:涂料; 幕墙(一层):25.0mm 厚花岗岩干挂、3.0mm 厚氟碳喷涂铝板
8	楼地面装饰工程	户内:自流平砂浆、C25 细石混凝土; 厨卫:600mm × 600mm 地砖; 电梯厅:600mm × 600mm 地砖; 楼梯:耐磨漆
9	内墙及柱面装饰工程	户内:腻子、涂料; 厨卫:300mm × 600mm 瓷砖; 电梯厅:600mm × 600mm 瓷砖; 楼梯间:腻子、涂料
10	天棚工程	户内:腻子、涂料; 厨卫:集成吊顶; 电梯厅:U38 轻钢龙骨、12.0mm 厚石膏板、涂料; 楼梯间:腻子、涂料
11	其他装饰工程	楼梯:不锈钢管栏杆(H=1 100mm); 阳台:(6+1.14PVB+6)mm 夹胶钢化玻璃栏杆(H=1 100mm); 平台:铝合金栏杆(H=600mm); 厨房台柜:600mm × 800mm × 2 400mm(宽度 × 高度 × 长度)
二、通用安装工程概况		
1	电气设备安装工程	动力系统:配电箱、热浸镀锌槽式电缆桥架、热浸镀锌防火塑粉槽式电缆桥架、焊接钢管、低烟无卤电力电缆 WDZB-YJY-0.6/1kV、低烟无卤电力电缆 WDZBN-YJY-0.6/1kV、柔性矿物绝缘电缆 BBTRZ-0.6/1kV; 照明系统:配电箱、套接紧定式镀锌钢导管、刚性阻燃电线管、节能灯、防水防尘灯、开关、插座、铜芯塑料绝缘线 BV; 防雷接地系统:接闪带(避雷网)、引下线、均压环、接地跨接、接地母线

续表 4–1–5

2	建筑智能化工程	综合布线系统：楼层信息箱、户内智能箱、单模光纤； 有线电视系统：楼层电视箱、单元电视箱； 安全防范系统 – 入侵报警系统：探测器、报警按钮、铜芯聚氯乙烯护套屏蔽软线 ZR–RVVP； 安全防范系统 – 视频安防监控系统：电梯摄像机探测器、报警按钮、铜芯聚氯乙烯护套屏蔽软线 ZR–RVVP； 安全防范系统 – 访客对讲系统：可视对讲室外机、门禁控制器、可视对讲室内机、铜芯聚氯乙烯护套屏蔽软线 ZR–RVVP； 综合管路系统：热浸镀锌槽式电缆桥架、刚性阻燃塑料管
3	消防工程	水灭火系统 – 自动喷水灭火系统：热浸镀锌钢管； 水灭火系统 – 消火栓系统：消火栓箱、热浸镀锌钢管； 火灾自动报警系统：感烟探测器、感温探测器、热浸镀锌防火塑粉槽式电缆桥架、套接紧定式镀锌钢导管、铜芯低烟无卤聚氯乙烯护套控制电缆 WDZBN–KYJY、铜芯低烟无卤聚氯乙烯绞型软线 WDZCN–RVS； 电气火灾监控系统：剩余电流监控模块、套接紧定式镀锌钢导管、铜芯低烟无卤聚氯乙烯绞型软线 WDZCN–RYJS、铜芯低烟无卤电线 WDZCN–BYJ； 消防电源监控系统：消防电源监控模块、套接紧定式镀锌钢导管、铜芯低烟无卤聚氯乙烯绞型软线 WDZCN–RYJS、铜芯低烟无卤电线 WDZCN–BYJ； 应急照明及疏散指示系统：应急照明电源配电箱、应急吸顶灯、疏散标志灯、安全出口标志灯、套接紧定式镀锌钢导管、铜芯低烟无卤电线 WDZCN–BYJ
4	通风空调工程	通风系统：风机、镀锌薄钢板风管
5	给排水工程	给水系统：无规共聚聚丙烯管（PP–R 管）； 排水系统：硬聚氯乙烯塑料排水管（UPVC 管）； 热水供应系统：空气源热泵、无规共聚聚丙烯管（PP–R 管）； 卫生器具安装：洗脸盆、坐便器、淋浴器
6	燃气工程	燃气灶具、燃气管道
7	其他特征	电梯：垂直电梯

表 4–1–6　4# 楼地上建筑概况

综合概况	工程名称	某保障性住房小区项目 4# 楼				
	采集类别编码	FJ010202	建筑物层数	22	建筑面积 /m^2	12 407.61
	抗震设防类别	丙类	结构类型	剪力墙结构	装配率 /%	50
	建筑高度 /m	64.64	标准层层高 /m	2.90	基本风压 /（kN/m^2）	0.45
	抗震等级	剪力墙三级				
	其他特征	—				

续表 4-1-6

一、建筑与装饰工程概况		
1	砌筑工程	蒸压加气混凝土砌块、蒸压加气混凝土砌块隔墙板(ALC)
2	混凝土结构工程	结构形式:现浇钢筋混凝土结构、装配式构件; 混凝土含量 $0.30m^3/m^2$,钢筋含量 $37.99kg/m^2$,预制构件含量 $0.049m^3/m^2$; 模板及支撑架:复合模板、扣件式钢管支撑架
3	门窗工程	门:木质胶合板门、木质防火门、钢制防火门、断桥隔热铝合金门[(6Low-E+12A+6)mm 中空钢化玻璃]; 窗:断桥隔热铝合金窗[(6Low-E+12A+6)mm 中空钢化玻璃]
4	屋面工程	刚性屋面:50.0mm 厚 C20 细石混凝土、耐碱玻纤网格布、85.0mm 厚挤塑聚苯板、3.0mm 厚自粘型改性沥青防水卷材、1.5mm 厚聚氨酯防水涂料、C20 细石混凝土找坡; 采光屋面:(8+1.52PVB+8)mm 超白夹胶钢化玻璃
5	防水工程	楼地面(卫生间、阳台):1.5mm 厚聚氨酯防水涂料; 内墙面(卫生间):1.5mm 厚聚氨酯防水涂料
6	防腐、隔热、保温工程	外墙内保温:无机轻集料保温砂浆; 楼地面保温:挤塑聚苯板
7	外墙装饰及幕墙工程	外墙装饰:涂料; 幕墙(一层):25.0mm 厚花岗岩干挂、3.0mm 厚氟碳喷涂铝板
8	楼地面装饰工程	户内:自流平砂浆、C25 细石混凝土; 厨卫:600mm × 600mm 地砖; 电梯厅:600mm × 600mm 地砖; 楼梯:耐磨漆
9	内墙及柱面装饰工程	户内:腻子、涂料; 厨卫:300mm × 600mm 瓷砖; 电梯厅:600mm × 600mm 瓷砖; 楼梯间:腻子、涂料
10	天棚工程	户内:腻子、涂料; 厨卫:集成吊顶; 电梯厅:U38 轻钢龙骨、12.0mm 厚石膏板、涂料; 楼梯间:腻子、涂料
11	其他装饰工程	楼梯:不锈钢管栏杆(H=1 100mm); 阳台:(6+1.14PVB+6)mm 夹胶钢化玻璃栏杆(H=1 100mm); 平台:铝合金栏杆(H=600mm); 厨房台柜:600mm × 800mm × 2 400mm(宽度 × 高度 × 长度)
二、通用安装工程概况		
1	电气设备安装工程	动力系统:配电箱、热浸镀锌槽式电缆桥架、热浸镀锌防火塑粉槽式电缆桥架、焊接钢管、低烟无卤电力电缆 WDZB-YJY-0.6/1kV、低烟无卤电力电缆 WDZBN-YJY-0.6/1kV、柔性矿物绝缘电缆 BBTRZ-0.6/1kV; 照明系统:配电箱、套接紧定式镀锌钢导管、刚性阻燃电线管、节能灯、防水防尘灯、开关、插座、铜芯塑料绝缘线 BV; 防雷接地系统:接闪带(避雷网)、引下线、均压环、接地跨接、接地母线

续表 4-1-6

2	建筑智能化工程	综合布线系统：楼层信息箱、户内智能箱、单模光纤； 有线电视系统：楼层电视箱、单元电视箱； 安全防范系统 - 入侵报警系统：探测器、报警按钮、铜芯聚氯乙烯护套屏蔽软线 ZR-RVVP； 安全防范系统 - 视频安防监控系统：电梯摄像机探测器、报警按钮、铜芯聚氯乙烯护套屏蔽软线 ZR-RVVP； 安全防范系统 - 访客对讲系统：可视对讲室外机、门禁控制器、可视对讲室内机、铜芯聚氯乙烯护套屏蔽软线 ZR-RVVP； 综合管路系统：热浸镀锌槽式电缆桥架、刚性阻燃塑料管
3	消防工程	水灭火系统 - 自动喷水灭火系统：热浸镀锌钢管； 水灭火系统 - 消火栓系统：消火栓箱、热浸镀锌钢管； 火灾自动报警系统：感烟探测器、感温探测器、热浸镀锌防火塑粉槽式电缆桥架、套接紧定式镀锌钢导管、铜芯低烟无卤聚氯乙烯护套控制电缆 WDZBN-KYJY、铜芯低烟无卤聚氯乙烯绞型软线 WDZCN-RVS； 电气火灾监控系统：剩余电流监控模块、套接紧定式镀锌钢导管、铜芯低烟无卤聚氯乙烯绞型软线 WDZCN-RYJS、铜芯低烟无卤电线 WDZCN-BYJ； 消防电源监控系统：消防电源监控模块、套接紧定式镀锌钢导管、铜芯低烟无卤聚氯乙烯绞型软线 WDZCN-RYJS、铜芯低烟无卤电线 WDZCN-BYJ； 应急照明及疏散指示系统：应急照明电源配电箱、应急吸顶灯、疏散标志灯、安全出口标志灯、套接紧定式镀锌钢导管、铜芯低烟无卤电线 WDZCN-BYJ
4	通风空调工程	通风系统：风机、镀锌薄钢板风管
5	给排水工程	给水系统：无规共聚聚丙烯管（PP-R 管）； 排水系统：硬聚氯乙烯塑料排水管（UPVC 管）； 热水供应系统：空气源热泵、无规共聚聚丙烯管（PP-R 管）； 卫生器具安装：洗脸盆、坐便器、淋浴器
6	燃气工程	燃气灶具、燃气管道
7	其他特征	电梯：垂直电梯

表 4-1-7 5# 楼地上建筑概况

<table>
<tr><td rowspan="6">综合概况</td><td>工程名称</td><td colspan="5">某保障性住房小区项目 5# 楼</td></tr>
<tr><td>采集类别编码</td><td>FJ010202</td><td>建筑物层数</td><td>16</td><td>建筑面积 /m²</td><td>7 529.07</td></tr>
<tr><td>抗震设防类别</td><td>丙类</td><td>结构类型</td><td>剪力墙结构</td><td>装配率 /%</td><td>50</td></tr>
<tr><td>建筑高度 /m</td><td>47.24</td><td>标准层层高 /m</td><td>2.90</td><td>基本风压 /（kN/m²）</td><td>0.45</td></tr>
<tr><td>抗震等级</td><td colspan="5">剪力墙三级</td></tr>
<tr><td>其他特征</td><td colspan="5">—</td></tr>
<tr><td colspan="7">一、建筑与装饰工程概况</td></tr>
<tr><td>1</td><td>砌筑工程</td><td colspan="5">蒸压加气混凝土砌块、蒸压加气混凝土砌块隔墙板（ALC）</td></tr>
</table>

续表 4-1-7

2	混凝土结构工程	结构形式:现浇钢筋混凝土结构、装配式构件; 混凝土含量 0.34m³/m²,钢筋含量 39.49kg/m²,预制构件含量 0.052m³/m²; 模板及支撑架:复合模板、扣件式钢管支撑架
3	门窗工程	门:木质胶合板门、木质防火门、钢制防火门、断桥隔热铝合金门[(6Low-E+12A+6)mm 中空钢化玻璃]; 窗:断桥隔热铝合金窗[(6Low-E+12A+6)mm 中空钢化玻璃]
4	屋面工程	刚性屋面:50.0mm 厚 C20 细石混凝土、耐碱玻纤网格布、85.0mm 厚挤塑聚苯板、3.0mm 厚自粘型改性沥青防水卷材、1.5mm 厚聚氨酯防水涂料、C20 细石混凝土找坡; 采光屋面:(8+1.52PVB+8)mm 超白夹胶钢化玻璃
5	防水工程	楼地面(卫生间、阳台):1.5mm 厚聚氨酯防水涂料; 内墙面(卫生间):1.5mm 厚聚氨酯防水涂料
6	防腐、隔热、保温工程	外墙内保温:无机轻集料保温砂浆; 楼地面保温:挤塑聚苯板
7	外墙装饰及幕墙工程	外墙装饰:涂料; 幕墙(一层):25.0mm 厚花岗岩干挂、3.0mm 厚氟碳喷涂铝板
8	楼地面装饰工程	户内:自流平砂浆、C25 细石混凝土; 厨卫:600mm × 600mm 地砖; 电梯厅:600mm × 600mm 地砖; 楼梯:耐磨漆
9	内墙及柱面装饰工程	户内:腻子、涂料; 厨卫:300mm × 600mm 瓷砖; 电梯厅:600mm × 600mm 瓷砖; 楼梯间:腻子、涂料
10	天棚工程	户内:腻子、涂料; 厨卫:集成吊顶; 电梯厅:U38 轻钢龙骨、12.0mm 厚石膏板、涂料; 楼梯间:腻子、涂料
11	其他装饰工程	楼梯:不锈钢管栏杆(H=1 100mm); 阳台:(6+1.14PVB+6)mm 夹胶钢化玻璃栏杆(H=1 100mm); 平台:铝合金栏杆(H=600mm); 厨房台柜:600mm × 800mm × 2 400mm(宽度 × 高度 × 长度)
二、通用安装工程概况		
1	电气设备安装工程	动力系统:配电箱、热浸镀锌槽式电缆桥架、热浸镀锌防火塑粉槽式电缆桥架、焊接钢管、低烟无卤电力电缆 WDZB-YJY-0.6/1kV、低烟无卤电力电缆 WDZBN-YJY-0.6/1kV、柔性矿物绝缘电缆 BBTRZ-0.6/1kV; 照明系统:配电箱、套接紧定式镀锌钢导管、刚性阻燃电线管、节能灯、防水防尘灯、开关、插座、铜芯塑料绝缘线 BV; 防雷接地系统:接闪带(避雷网)、引下线、均压环、接地跨接、接地母线

续表 4-1-7

2	建筑智能化工程	综合布线系统：楼层信息箱、户内智能箱、单模光纤； 有线电视系统：楼层电视箱、单元电视箱； 安全防范系统 – 入侵报警系统：探测器、报警按钮、铜芯聚氯乙烯护套屏蔽软线 ZR–RVVP； 安全防范系统 – 视频安防监控系统：电梯摄像机探测器、报警按钮、铜芯聚氯乙烯护套屏蔽软线 ZR–RVVP； 安全防范系统 – 访客对讲系统：可视对讲室外机、门禁控制器、可视对讲室内机、铜芯聚氯乙烯护套屏蔽软线 ZR–RVVP； 综合管路系统：热浸镀锌槽式电缆桥架、刚性阻燃塑料管
3	消防工程	水灭火系统 – 自动喷水灭火系统：热浸镀锌钢管； 水灭火系统 – 消火栓系统：消火栓箱、热浸镀锌钢管； 火灾自动报警系统：感烟探测器、感温探测器、热浸镀锌防火塑粉槽式电缆桥架、套接紧定式镀锌钢导管、铜芯低烟无卤聚氯乙烯护套控制电缆 WDZBN–KYJY、铜芯低烟无卤聚氯乙烯绞型软线 WDZCN–RVS； 电气火灾监控系统：剩余电流监控模块、套接紧定式镀锌钢导管、铜芯低烟无卤聚氯乙烯绞型软线 WDZCN–RYJS、铜芯低烟无卤电线 WDZCN–BYJ； 消防电源监控系统：消防电源监控模块、套接紧定式镀锌钢导管、铜芯低烟无卤聚氯乙烯绞型软线 WDZCN–RYJS、铜芯低烟无卤电线 WDZCN–BYJ； 应急照明及疏散指示系统：应急照明电源配电箱、应急吸顶灯、疏散标志灯、安全出口标志灯、套接紧定式镀锌钢导管、铜芯低烟无卤电线 WDZCN–BYJ
4	通风空调工程	通风系统：风机、镀锌薄钢板风管
5	给排水工程	给水系统：无规共聚聚丙烯管（PP–R 管）； 排水系统：硬聚氯乙烯塑料排水管（UPVC 管）； 热水供应系统：空气源热泵、无规共聚聚丙烯管（PP–R 管）； 卫生器具安装：洗脸盆、坐便器、淋浴器
6	燃气工程	燃气灶具、燃气管道
7	其他特征	电梯：垂直电梯

表 4-1-8　6# 楼地上建筑概况

<table>
<tr><td rowspan="7">综合概况</td><td>工程名称</td><td colspan="6">某保障性住房小区项目 6# 楼</td></tr>
<tr><td>采集类别编码</td><td>FJ010202</td><td>建筑物层数</td><td>16</td><td>建筑面积 /m²</td><td>10 177.50</td></tr>
<tr><td>抗震设防类别</td><td>丙类</td><td>结构类型</td><td>剪力墙结构</td><td>装配率 /%</td><td>50</td></tr>
<tr><td>建筑高度 /m</td><td>47.24</td><td>标准层层高 /m</td><td>2.90</td><td>基本风压 /（kN/m²）</td><td>0.45</td></tr>
<tr><td>抗震等级</td><td colspan="5">框架四级、剪力墙三级</td></tr>
<tr><td>其他特征</td><td colspan="5">—</td></tr>
<tr><td colspan="7">一、建筑与装饰工程概况信息</td></tr>
<tr><td>1</td><td>砌筑工程</td><td colspan="5">蒸压加气混凝土砌块、蒸压加气混凝土砌块隔墙板（ALC）</td></tr>
</table>

续表 4-1-8

2	混凝土结构工程	结构形式:现浇钢筋混凝土结构、装配式构件; 混凝土含量 $0.29m^3/m^2$,钢筋含量 $37.37kg/m^2$,预制构件含量 $0.047m^3/m^2$; 模板及支撑架:复合模板、扣件式钢管支撑架
3	门窗工程	门:木质胶合板门、木质防火门、钢制防火门、断桥隔热铝合金门[(6Low-E+12A+6)mm 中空钢化玻璃]; 窗:断桥隔热铝合金窗[(6Low-E+12A+6)mm 中空钢化玻璃]
4	屋面工程	刚性屋面:50.0mm 厚 C20 细石混凝土、耐碱玻纤网格布、85.0mm 厚挤塑聚苯板、3.0mm 厚自粘型改性沥青防水卷材、1.5mm 厚聚氨酯防水涂料、C20 细石混凝土找坡; 采光屋面:(8+1.52PVB+8)mm 超白夹胶钢化玻璃
5	防水工程	楼地面(卫生间、阳台):1.5mm 厚聚氨酯防水涂料; 内墙面(卫生间):1.5mm 厚聚氨酯防水涂料
6	防腐、隔热、保温工程	外墙内保温:无机轻集料保温砂浆; 楼地面保温:挤塑聚苯板
7	外墙装饰及幕墙工程	外墙装饰:涂料; 幕墙(一层):25.0mm 厚花岗岩干挂、3.0mm 厚氟碳喷涂铝板
8	楼地面装饰工程	户内:自流平砂浆、C25 细石混凝土; 厨卫:600mm×600mm 地砖; 电梯厅:600mm×600mm 地砖; 楼梯:耐磨漆
9	内墙及柱面装饰工程	户内:腻子、涂料; 厨卫:300mm×600mm 瓷砖; 电梯厅:600mm×600mm 瓷砖; 楼梯间:腻子、涂料
10	天棚工程	户内:腻子、涂料; 厨卫:集成吊顶; 电梯厅:U38 轻钢龙骨、12.0mm 厚石膏板、涂料; 楼梯间:腻子、涂料
11	其他装饰工程	楼梯:不锈钢管栏杆(H=1 100mm); 阳台:(6+1.14PVB+6)mm 夹胶钢化玻璃栏杆(H=1 100mm); 平台:铝合金栏杆(H=600mm); 厨房台柜:600mm×800mm×2 400mm(宽度 × 高度 × 长度)
二、通用安装工程概况		
1	电气设备安装工程	动力系统:配电箱、热浸镀锌槽式电缆桥架、热浸镀锌防火塑粉槽式电缆桥架、焊接钢管、低烟无卤电力电缆 WDZB-YJY-0.6/1kV、低烟无卤电力电缆 WDZBN-YJY-0.6/1kV、柔性矿物绝缘电缆 BBTRZ-0.6/1kV; 照明系统:配电箱、套接紧定式镀锌钢导管、刚性阻燃电线管、节能灯、防水防尘灯、开关、插座、铜芯塑料绝缘线 BV; 防雷接地系统:接闪带(避雷网)、引下线、均压环、接地跨接、接地母线

续表 4-1-8

2	建筑智能化工程	综合布线系统：楼层信息箱、户内智能箱、单模光纤； 有线电视系统：楼层电视箱、单元电视箱； 安全防范系统 - 入侵报警系统：探测器、报警按钮、铜芯聚氯乙烯护套屏蔽软线 ZR-RVVP； 安全防范系统 - 视频安防监控系统：电梯摄像机探测器、报警按钮、铜芯聚氯乙烯护套屏蔽软线 ZR-RVVP； 安全防范系统 - 访客对讲系统：可视对讲室外机、门禁控制器、可视对讲室内机、铜芯聚氯乙烯护套屏蔽软线 ZR-RVVP； 综合管路系统：热浸镀锌槽式电缆桥架、刚性阻燃塑料管
3	消防工程	水灭火系统 - 自动喷水灭火系统：热浸镀锌钢管； 水灭火系统 - 消火栓系统：消火栓箱、热浸镀锌钢管； 火灾自动报警系统：感烟探测器、感温探测器、热浸镀锌防火塑粉槽式电缆桥架、套接紧定式镀锌钢导管、铜芯低烟无卤聚氯乙烯护套控制电缆 WDZBN-KYJY、铜芯低烟无卤聚氯乙烯绞型软线 WDZCN-RVS； 电气火灾监控系统：剩余电流监控模块、套接紧定式镀锌钢导管、铜芯低烟无卤聚氯乙烯绞型软线 WDZCN-RYJS、铜芯低烟无卤电线 WDZCN-BYJ； 消防电源监控系统：消防电源监控模块、套接紧定式镀锌钢导管、铜芯低烟无卤聚氯乙烯绞型软线 WDZCN-RYJS、铜芯低烟无卤电线 WDZCN-BYJ； 应急照明及疏散指示系统：应急照明电源配电箱、应急吸顶灯、疏散标志灯、安全出口标志灯、套接紧定式镀锌钢导管、铜芯低烟无卤电线 WDZCN-BYJ
4	通风空调工程	通风系统：风机、镀锌薄钢板风管
5	给排水工程	给水系统：无规共聚聚丙烯管（PP-R 管）； 排水系统：硬聚氯乙烯塑料排水管（UPVC 管）； 热水供应系统：空气源热泵、无规共聚聚丙烯管（PP-R 管）； 卫生器具安装：洗脸盆、坐便器、淋浴器
6	燃气工程	燃气灶具、燃气管道
7	其他特征	电梯：垂直电梯

表 4-1-9 7# 楼地上建筑概况

综合概况	工程名称	某保障性住房小区项目 7# 楼				
	采集类别编码	FJ010202	建筑物层数	19	建筑面积 /m^2	6 612.86
	抗震设防类别	丙类	结构类型	剪力墙结构	装配率 /%	50
	建筑高度 /m	55.90	标准层层高 /m	2.90	基本风压 /（kN/m^2）	0.45
	抗震等级	框架四级、剪力墙三级				
	其他特征	—				

续表 4-1-9

一、建筑与装饰工程概况		
1	砌筑工程	蒸压加气混凝土砌块、蒸压加气混凝土砌块隔墙板(ALC)
2	混凝土结构工程	结构形式:现浇钢筋混凝土结构、装配式构件; 混凝土含量 0.29m^3/m^2,钢筋含量 37.37kg/m^2,预制构件含量 0.047m^3/m^2; 模板及支撑架:复合模板、扣件式钢管支撑架
3	门窗工程	门:木质胶合板门、木质防火门、钢制防火门、断桥隔热铝合金门[(6Low-E+12A+6)mm 中空钢化玻璃]; 窗:断桥隔热铝合金窗[(6Low-E+12A+6)mm 中空钢化玻璃]
4	屋面工程	刚性屋面:50.0mm 厚 C20 细石混凝土、耐碱玻纤网格布、85.0mm 厚挤塑聚苯板、3.0mm 厚自粘型改性沥青防水卷材、1.5mm 厚聚氨酯防水涂料、C20 细石混凝土找坡; 采光屋面:(8+1.52PVB+8)mm 超白夹胶钢化玻璃
5	防水工程	楼地面(卫生间、阳台):1.5mm 厚聚氨酯防水涂料; 内墙面(卫生间):1.5mm 厚聚氨酯防水涂料
6	防腐、隔热、保温工程	外墙内保温:无机轻集料保温砂浆; 楼地面保温:挤塑聚苯板
7	外墙装饰及幕墙工程	外墙装饰:涂料; 幕墙(一层):25.0mm 厚花岗岩干挂、3.0mm 厚氟碳喷涂铝板
8	楼地面装饰工程	户内:自流平砂浆、C25 细石混凝土; 厨卫:600mm × 600mm 地砖; 电梯厅:600mm × 600mm 地砖; 楼梯:耐磨漆
9	内墙及柱面装饰工程	户内:腻子、涂料; 厨卫:300mm × 600mm 瓷砖; 电梯厅:600mm × 600mm 瓷砖; 楼梯间:腻子、涂料
10	天棚工程	户内:腻子、涂料; 厨卫:集成吊顶; 电梯厅:U38 轻钢龙骨、12.0mm 厚石膏板、涂料; 楼梯间:腻子、涂料
11	其他装饰工程	楼梯:不锈钢管栏杆(H=1 100mm); 阳台:(6+1.14PVB+6)mm 夹胶钢化玻璃栏杆(H=1 100mm); 平台:铝合金栏杆(H=600mm); 厨房台柜:600mm × 800mm × 2 400mm(宽度 × 高度 × 长度)
二、通用安装工程概况		
1	电气设备安装工程	动力系统:配电箱、热浸镀锌槽式电缆桥架、热浸镀锌防火塑粉槽式电缆桥架、焊接钢管、低烟无卤电力电缆 WDZB-YJY-0.6/1kV、低烟无卤电力电缆 WDZBN-YJY-0.6/1kV、柔性矿物绝缘电缆 BBTRZ-0.6/1kV; 照明系统:配电箱、套接紧定式镀锌钢导管、刚性阻燃电线管、节能灯、防水防尘灯、开关、插座、铜芯塑料绝缘线 BV; 防雷接地系统:接闪带(避雷网)、引下线、均压环、接地跨接、接地母线

续表 4-1-9

2	建筑智能化工程	综合布线系统：楼层信息箱、户内智能箱、单模光纤； 有线电视系统：楼层电视箱、单元电视箱； 安全防范系统－入侵报警系统：探测器、报警按钮、铜芯聚氯乙烯护套屏蔽软线 ZR-RVVP； 安全防范系统－视频安防监控系统：电梯摄像机探测器、报警按钮、铜芯聚氯乙烯护套屏蔽软线 ZR-RVVP； 安全防范系统－访客对讲系统：可视对讲室外机、门禁控制器、可视对讲室内机、铜芯聚氯乙烯护套屏蔽软线 ZR-RVVP； 综合管路系统：热浸镀锌槽式电缆桥架、刚性阻燃塑料管
3	消防工程	水灭火系统－自动喷水灭火系统：热浸镀锌钢管； 水灭火系统－消火栓系统：消火栓箱、热浸镀锌钢管； 火灾自动报警系统：感烟探测器、感温探测器、热浸镀锌防火塑粉槽式电缆桥架、套接紧定式镀锌钢导管、铜芯低烟无卤聚氯乙烯护套控制电缆 WDZBN-KYJY、铜芯低烟无卤聚氯乙烯绞型软线 WDZCN-RVS； 电气火灾监控系统：剩余电流监控模块、套接紧定式镀锌钢导管、铜芯低烟无卤聚氯乙烯绞型软线 WDZCN-RYJS、铜芯低烟无卤电线 WDZCN-BYJ； 消防电源监控系统：消防电源监控模块、套接紧定式镀锌钢导管、铜芯低烟无卤聚氯乙烯绞型软线 WDZCN-RYJS、铜芯低烟无卤电线 WDZCN-BYJ； 应急照明及疏散指示系统：应急照明电源配电箱、应急吸顶灯、疏散标志灯、安全出口标志灯、套接紧定式镀锌钢导管、铜芯低烟无卤电线 WDZCN-BYJ
4	通风空调工程	通风系统：风机、镀锌薄钢板风管
5	给排水工程	给水系统：无规共聚聚丙烯管（PP-R 管）； 排水系统：硬聚氯乙烯塑料排水管（UPVC 管）； 热水供应系统：空气源热泵、无规共聚聚丙烯管（PP-R 管）； 卫生器具安装：洗脸盆、坐便器、淋浴器
6	燃气工程	燃气灶具、燃气管道
7	其他特征	电梯：垂直电梯

表 4-1-10 8# 楼地上建筑概况

综合概况	工程名称	某保障性住房小区项目 8# 楼				
	采集类别编码	FJ010202	建筑物层数	19	建筑面积 /m^2	10 919.88
	抗震设防类别	丙类	结构类型	剪力墙结构	装配率	50%
	建筑高度 /m	55.94	标准层层高 /m	2.90	基本风压 /（kN/m^2）	0.45
	抗震等级	剪力墙三级				
	其他特征	—				
一、建筑与装饰工程概况信息						
1	砌筑工程	蒸压加气混凝土砌块、蒸压加气混凝土砌块隔墙板（ALC）				

续表 4-1-10

2	混凝土结构工程	结构形式:现浇钢筋混凝土结构、装配式构件; 混凝土含量 0.30m³/m²、钢筋含量 37.97kg/m²、预制构件含量 0.043m³/m²; 模板及支撑架:复合模板、扣件式钢管支撑架
3	门窗工程	门:木质胶合板门、木质防火门、钢制防火门、断桥隔热铝合金门[(6Low-E+12A+6)mm 中空钢化玻璃]; 窗:断桥隔热铝合金窗[(6Low-E+12A+6)mm 中空钢化玻璃]
4	屋面工程	刚性屋面:50.0mm 厚 C20 细石混凝土、耐碱玻纤网格布、85.0mm 厚挤塑聚苯板、3.0mm 厚自粘型改性沥青防水卷材、1.5mm 厚聚氨酯防水涂料、C20 细石混凝土找坡; 采光屋面:(8+1.52PVB+8)mm 超白夹胶钢化玻璃
5	防水工程	楼地面(卫生间、阳台):1.5mm 厚聚氨酯防水涂料; 内墙面(卫生间):1.5mm 厚聚氨酯防水涂料
6	防腐、隔热、保温工程	外墙内保温:无机轻集料保温砂浆; 楼地面保温:挤塑聚苯板
7	外墙装饰及幕墙工程	外墙装饰:涂料; 幕墙(一层):25.0mm 厚花岗岩干挂、3.0mm 厚氟碳喷涂铝板
8	楼地面装饰工程	户内:自流平砂浆、C25 细石混凝土; 厨卫:600mm × 600mm 地砖; 电梯厅:600mm × 600mm 地砖; 楼梯间:耐磨漆
9	内墙及柱面装饰工程	户内:腻子、涂料 ; 厨卫:300mm × 600mm 瓷砖; 电梯厅:600mm × 600mm 瓷砖; 楼梯间:腻子、涂料
10	天棚工程	户内:腻子、涂料; 厨卫:集成吊顶; 电梯厅:U38 轻钢龙骨、12.0mm 厚石膏板、涂料; 楼梯间:腻子、涂料
11	其他装饰工程	楼梯:不锈钢管栏杆(H=1 100mm); 阳台:(6+1.14PVB+6)mm 夹胶钢化玻璃栏杆(H=1 100mm); 平台:铝合金栏杆(H=600mm); 厨房台柜:600mm × 800mm × 2 400mm(宽度 × 高度 × 长度)
二、通用安装工程概况		
1	电气设备安装工程	动力系统:配电柜、热浸镀锌槽式电缆桥架、热浸镀锌防火塑粉槽式电缆桥架、焊接钢管、低烟无卤电力电缆 WDZB-YJY-0.6/1kV、低烟无卤电力电缆 WDZBN-YJY-0.6/1kV、矿物绝缘电力电缆 BBTRZ 0.6/1kV; 照明系统:配电箱、套接紧定式镀锌钢导管、节能灯、开关、插座、热浸镀锌槽式电缆桥架、低烟无卤电力电缆 WDZB-YJY-0.6/1kV、铜芯塑料绝缘线 BV; 防雷接地系统:接闪带(避雷网)、引下线、均压环、接地跨接、接地母线

续表 4-1-10

2	建筑智能化工程	综合布线系统：42U 机柜、楼层信息箱、户内智能箱、单模光纤； 有线电视系统：楼层电视箱、单元电视箱； 安全防范系统－入侵报警系统：探测器、报警按钮、铜芯聚氯乙烯护套屏蔽软线 ZR-RVVP； 安全防范系统－视频安防监控系统：电梯摄像机、铜芯聚氯乙烯护套屏蔽软线 ZR-RVVP； 安全防范系统－访客对讲系统：可视对讲室外机、门禁控制器、可视对讲室内机、铜芯聚氯乙烯护套屏蔽软线 ZR-RVVP； 综合管路系统：热浸镀锌槽式电缆桥架、刚性阻燃塑料管
3	消防工程	水灭火系统－自动喷水灭火系统：热浸镀锌钢管； 水灭火系统－消火栓系统：消火栓箱、热浸镀锌钢管； 火灾自动报警系统：感烟探测器、感温探测器、热浸镀锌防火塑粉槽式电缆桥架、套接紧定式镀锌钢导管、铜芯低烟无卤聚氯乙烯护套控制电缆 WDZBN-KYJY、铜芯低烟无卤聚氯乙烯绞型软线 WDZCN-RVS； 电气火灾监控系统：剩余电流监控模块、套接紧定式镀锌钢导管、铜芯低烟无卤聚氯乙烯绞型软线 WDZCN-RYJS、铜芯低烟无卤电线 WDZCN-BYJ； 消防电源监控系统：消防电源监控模块、套接紧定式镀锌钢导管、铜芯低烟无卤聚氯乙烯绞型软线 WDZCN-RYJS、铜芯低烟无卤电线 WDZCN-BYJ； 应急照明及疏散指示系统：应急照明电源配电箱、应急吸顶灯、疏散标志灯、安全出口标志灯、套接紧定式镀锌钢导管、铜芯低烟无卤电线 WDZCN-BYJ
4	通风空调工程	通风系统：风机、镀锌薄钢板风管
5	给排水工程	给水系统：无规共聚聚丙烯管（PP-R 管）； 排水系统：硬聚氯乙烯塑料排水管（UPVC 管）； 热水供应系统：空气源热泵、无规共聚聚丙烯管（PP-R 管）； 卫生器具安装：洗脸盆、坐便器、淋浴器
6	燃气工程	燃气灶具、燃气管道
7	其他特征	电梯：垂直电梯

表 4-1-11 开闭所地上建筑概况

<table>
<tr><td rowspan="6">综合概况</td><td>工程名称</td><td colspan="5">某保障性住房小区项目 开闭所</td></tr>
<tr><td>采集类别编码</td><td>FJ021501</td><td>建筑物层数</td><td>2</td><td>建筑面积 /m²</td><td>82.56</td></tr>
<tr><td>抗震设防类别</td><td>丙类</td><td>结构类型</td><td>框架结构</td><td>装配率</td><td>—</td></tr>
<tr><td>建筑高度 /m</td><td>7.60</td><td>标准层层高 /m</td><td>—</td><td>基本风压 /（kN/m²）</td><td>0.45</td></tr>
<tr><td>抗震等级</td><td colspan="5">框架四级</td></tr>
<tr><td>其他特征</td><td colspan="5">—</td></tr>
<tr><td colspan="7">一、建筑与装饰工程概况</td></tr>
<tr><td>1</td><td>砌筑工程</td><td colspan="5">蒸压加气混凝土砌块</td></tr>
</table>

续表 4-1-11

2	混凝土结构工程	结构形式：现浇钢筋混凝土结构； 混凝土含量 0.69m^3/m^2，钢筋含量 70.62kg/m^2； 模板及支撑架：复合模板、扣件式钢管支撑架
3	门窗工程	门：木质防火门； 窗：铝合金窗（5.0mm 厚钢化玻璃）
4	屋面工程	刚性屋面：40.0mm 厚 C20 细石混凝土、1.5mm 厚 SBC 聚乙烯丙纶复合防水卷材、1.5mm 厚聚氨酯防水涂料、25.0mm 厚挤塑聚苯板、20.0mm 厚水泥砂浆
5	防水工程	楼地面：1.5mm 厚聚氨酯防水涂料
6	外墙装饰及幕墙工程	外墙装饰：涂料
7	楼地面装饰工程	电缆层：细石混凝土
8	内墙及柱面装饰工程	内墙面：耐水腻子、涂料
9	天棚工程	天棚面：耐水腻子、涂料
10	其他装饰工程	台阶：铝合金方管栏杆（H=1 100mm）
二、通用安装工程概况信息		
1	电气设备安装工程	照明系统：配电箱、套接紧定式镀锌钢导管、节能灯、开关、插座、铜芯低烟无卤电线 WDZB-BYJ； 防雷接地系统：接地跨接、引下线、接地母线
2	消防工程	消火栓系统：灭火器箱
3	给排水工程	排水系统：硬聚氯乙烯塑料排水管（UPVC 管）

表 4-1-12 门厅连廊地上建筑概况

综合概况	工程名称	某保障性住房小区项目 门厅连廊				
	采集类别编码	FJ010299	建筑物层数	1	建筑面积 /m^2	383.06
	抗震设防类别	丙类	结构类型	框架结构	装配率	—
	建筑高度 /m	6.00	标准层层高 /m	—	基本风压 /（kN/m^2）	0.45
	抗震等级	框架四级				
	其他特征	—				
一、建筑与装饰工程概况						
1	砌筑工程	蒸压加气混凝土砌块、蒸压加气混凝土砌块隔墙板（ALC）				
2	混凝土结构工程	结构形式：现浇钢筋混凝土结构； 混凝土含量 0.39m^3/m^2，钢筋含量 46.21kg/m^2； 模板及支撑架：复合模板、扣件式钢管支撑架				

续表 4-1-12

3	门窗工程	门：木质防火门、木质胶合板门、铝合金地弹门[（6Low-E+12A+6）mm 中空钢化玻璃]； 窗：断桥隔热铝合金窗[（6Low-E+12A+6）mm 中空钢化玻璃]
4	屋面工程	刚性屋面：50.0mm 厚 C20 细石混凝土、85.0mm 厚挤塑聚苯板、3.0mm 厚自粘型改性沥青防水卷材、1.5mm 厚聚氨酯防水涂料、20.0mm 厚 1∶3 水泥砂浆
5	防水工程	楼地面（阳台）：1.5mm 厚聚氨酯防水涂料； 内墙面（阳台）：1.5mm 厚聚氨酯防水涂料
6	外墙装饰及幕墙工程	外墙装饰：涂料； 幕墙：25.0mm 厚白麻花岗岩干挂、3.0mm 厚氟碳喷涂铝板干挂、2.0mm 厚 60mm × 60mm 铝合金方管格栅
7	楼地面装饰工程	电梯厅：600mm × 600mm 地砖； 楼梯：耐磨漆
8	内墙及柱面装饰工程	电梯厅：600mm × 600mm 瓷砖； 楼梯间：腻子、涂料
9	天棚工程	电梯厅：U38 轻钢龙骨、12.0mm 厚石膏板、涂料； 楼梯间：腻子、涂料
10	其他装饰工程	楼梯：不锈钢栏杆（H=1 100mm）； 阳台：（6+1.14PVB+6）mm 夹胶钢化玻璃栏杆（H=1 100mm）
二、通用安装工程概况信息		
1	电气设备安装工程	照明系统：配电箱、套接紧定式镀锌钢导管、节能灯、开关、插座、铜芯低烟无卤电线 WDZB-BYJ； 防雷接地系统：接地跨接、引下线、接地母线
2	消防工程	消火栓系统：灭火器箱
3	给排水工程	排水系统：硬聚氯乙烯塑料排水管（UPVC 管）

表 4-1-13 室外附属工程概况

综合概况	工程名称	某保障性住房小区项目室外附属工程		
	采集类别编码	FJ010501	室外总面积 /m²	22 334.00
	道路面积 /m²	2 494.50	绿化面积 /m²	10 564.35
	围墙长度 /m	640.00		
	其他特征	—		
室外附属工程概况				
1	道路	人行道：50.0mm 厚仿芝麻黑透水砖、50.0mm 厚芝麻灰透水砖； 车行道：40.0mm 厚高粘度改性沥青混凝土（OGFC13）、60.0mm 厚中粒式沥青混凝土（AC16）		

续表 4-1-13

2	景观	商业广场：300mm × 600mm × 50mm 芝麻灰透水砖、150mm × 600mm × 50mm 芝麻黑透水砖； 公共自行车停车位：600mm × 200mm × 30mm 芝麻黑花岗岩； 老年、儿童活动场地：600mm × 200mm × 30mm 芝麻灰花岗岩； 文化活动场地：8.0mm 环保型塑胶、5.0mmEPDM 塑胶颗粒面层； 景观亭：200mm × 200mm × 10mm 镀锌方钢柱、300mm × 200mm × 8mm 镀锌钢主梁、150mm × 100mm × 5mm 镀锌钢次梁、3.0mm 氟碳喷涂铝单板、（8+0.76PVB+8）mm 夹胶钢化玻璃、210mm × 50mm × 2mm 不锈钢格栅
3	绿化	乔木 642 株、灌木 261 株、草坪 4 833m^2、色带 6 250m^2
4	围墙	围墙高度：2.45m； 围墙形式：氟碳漆方管金属栏杆（H=1 600mm）； 围墙饰面：涂料、芝麻灰花岗岩； 型钢铁艺大门：1 樘
5	通用安装工程	照明系统：配电箱、庭院路灯（立杆高 4.5m）、草坪灯、焊接钢管、铜芯电力电缆 YJV-0.6/1kV； 公共广播系统：音箱、铜芯低烟无卤屏蔽软线 WDZ-RVVP； 安全防范系统－入侵报警系统：电子围栏、铜芯聚氯乙烯护套屏蔽软线 ZR-RVVP 安全防范系统－出入口控制系统：道闸、车检器、抓拍显示一体机、出入口控制机、人行通道控制器； 安全防范系统－电子巡查系统：手持离线式巡更棒、巡更钮； 安全防范系统－视频安防监控系统：红外枪式网络摄像机、红外快球摄像机、铜芯聚氯乙烯护套屏蔽软线 ZR-RVVP； 信息引导及发布系统：全彩 LED 屏； 综合管路系统：聚乙烯电缆保护管 PE 管； 给水系统：高密度聚乙烯 HDPE 塑料给水管、快速取水栓； 排水系统：高密度聚乙烯 HDPE 双壁波纹管、硬聚氯乙烯塑料排水管（UPVC 管）、雨水 PP 模块收集系统、雨污水井
6	其他	化粪池：4 座

表 4-1-14　整体项目造价指标表

项目类型	功能规模	指标内容				
保障性住房项目	768 户	1. 整体项目造价指标分为地上建筑、地下建筑及室外附属工程； 2. 地上建筑包括 8 幢高层住宅楼、开闭所、门厅连廊等				
序号	**整体项目造价指标 /（元 /m^2）**	**单项工程造价指标 /（元 /m^2）**				**备注**
		指标组成	**基期指标**			
			合计	**建筑与装饰**	**通用安装**	
1	4 295.86	地下建筑	5 669.31	5 157.42	511.89	
2		地上建筑	3 162.17	2 568.81	593.36	
3		室外附属工程	651.49			

表 4–1–15　单项造价指标表

项目类型	指标内容
住宅型保障性住房项目	1. 建筑与装饰工程包括土石方工程，基坑围护工程，桩基工程，砌筑工程，混凝土结构工程，金属结构工程，屋面工程，防水工程，防腐、隔热、保温工程，外墙装饰及幕墙工程，楼地面装饰工程，内墙及柱面装饰工程，天棚工程，其他装饰工程，附属工程，施工技术措施等； 2. 通用安装工程包括电气设备安装工程、建筑智能化工程、消防工程、通风空调工程、给排水工程、燃气工程、电梯、充电桩、施工技术措施等； 3. 室外附属工程主要包括道路、景观、绿化、围墙、电气设备安装、建筑智能化、消防、给排水等

序号	单项名称	造价指标 /(元 /m^2)			备注
		建筑与装饰	通用安装	合计	
一、地下建筑					
1	地下室	5 157.42	511.89	5 669.31	
二、地上建筑					
1	1$^\#$ 楼（带商业）	2 650.73	721.83	3 372.56	
2	2$^\#$ 楼（带商业）	2 576.99	573.21	3 150.20	
3	3$^\#$ 楼（带商业）	2 535.36	590.76	3 126.12	
4	4$^\#$ 楼（带商业）	2 542.92	607.82	3 150.74	
5	5$^\#$ 楼（带商业）	2 601.92	564.75	3 166.67	
6	6$^\#$ 楼	2 575.97	553.78	3 129.75	
7	7$^\#$ 楼	2 548.33	559.30	3 107.63	
8	8$^\#$ 楼（带架空层及商业）	2 639.88	567.13	3 207.01	
9	开闭所	2 678.08	68.97	2 747.04	
10	连廊	2 668.42	47.95	2 716.37	
三、室外附属工程					
1	道路	85.51			
2	景观	152.22			
3	绿化	143.53			
4	围墙	42.38			
5	通用安装工程	213.06			
6	其他	14.79			

表 4–1–16 地下室、1# 楼、2# 楼造价指标单元分析表

序号	一级造价指标单元	造价指标 /(元 /m^2)			备注
		地下室	1# 楼	2# 楼	
一	建筑与装饰工程	5 157.42	2 650.73	2 576.99	
1	土石方工程	804.86	—	—	
2	基坑围护工程	878.31	—	—	
3	桩基工程	989.00	—	—	
4	砌筑工程	28.17	168.75	179.35	
5	混凝土结构工程	1 540.64	803.39	812.83	
6	门窗工程	56.32	242.55	232.37	
7	屋面工程	54.91	32.63	40.95	
8	防水工程	160.12	37.56	31.28	
9	防腐、隔热、保温工程	—	63.67	72.40	
10	外墙装饰及幕墙工程	—	301.13	300.66	
11	楼地面装饰工程	161.88	175.00	185.40	
12	内墙及柱面装饰工程	143.24	288.18	300.66	
13	天棚工程	95.36	92.08	94.04	
14	其他装饰工程	16.41	91.07	81.85	
15	附属工程	4.01	11.21	12.25	
16	施工技术措施	224.20	343.51	232.94	
二	通用安装工程	511.89	721.83	573.21	
1	电气设备安装工程	117.10	121.13	124.20	
2	建筑智能化工程	42.84	156.86	68.87	
3	消防工程	154.18	92.26	71.20	
4	通风空调工程	141.42	2.01	3.64	
5	给排水工程	22.87	231.32	200.67	
6	燃气工程	—	11.66	10.50	
7	电梯	—	87.36	81.97	
8	充电桩	31.04	—	—	
9	施工技术措施	2.44	19.23	12.16	

表 4-1-17 $3^{\#}$ 楼、$4^{\#}$ 楼、$5^{\#}$ 楼造价指标单元分析表

序号	一级造价指标单元	造价指标 /(元 /m^2)			备注
		$3^{\#}$ 楼	$4^{\#}$ 楼	$5^{\#}$ 楼	
一	建筑与装饰工程	2 535.37	2 542.93	2 601.92	
1	砌筑工程	165.66	160.51	186.88	
2	混凝土结构工程	758.58	804.09	806.77	
3	门窗工程	225.52	231.14	237.89	
4	屋面工程	31.73	35.39	37.17	
5	防水工程	46.35	34.53	33.88	
6	防腐、隔热、保温工程	65.31	57.54	71.54	
7	外墙装饰及幕墙工程	292.43	298.20	308.45	
8	楼地面装饰工程	192.28	185.38	196.59	
9	内墙及柱面装饰工程	269.60	257.21	302.81	
10	天棚工程	90.87	94.69	95.65	
11	其他装饰工程	88.89	84.36	79.36	
12	附属工程	9.88	5.53	7.37	
13	施工技术措施	298.27	294.36	237.56	
二	通用安装工程	590.74	607.83	564.76	
1	电气设备安装工程	116.50	113.73	118.57	
2	建筑智能化工程	69.90	67.55	67.37	
3	消防工程	87.32	102.85	68.42	
4	通风空调工程	3.07	2.74	2.45	
5	给排水工程	221.59	238.01	207.94	
6	燃气工程	11.33	10.62	9.15	
7	电梯	62.64	52.82	78.18	
8	施工技术措施	18.39	19.51	12.68	

表 4-1-18 $6^{\#}$ 楼、$7^{\#}$ 楼、$8^{\#}$ 楼造价指标单元分析表

序号	级造价指标单元	造价指标 /(元 /m^2)			备注
		$6^{\#}$ 楼	$7^{\#}$ 楼	$8^{\#}$ 楼	
一	建筑与装饰工程	2 575.96	2 548.32	2 639.89	
1	砌筑工程	186.88	179.35	162.04	
2	混凝土结构工程	806.77	802.83	807.80	
3	门窗工程	237.89	232.37	269.22	

续表 4-1-18

序号	一级造价指标单元	造价指标 /(元 /m²)			备注
		6# 楼	7# 楼	8# 楼	
4	屋面工程	37.17	40.95	40.39	
5	防水工程	33.88	31.28	34.75	
6	防腐、隔热、保温工程	71.54	72.40	58.44	
7	外墙装饰及幕墙工程	295.33	300.66	303.98	
8	楼地面装饰工程	182.18	173.02	194.24	
9	内墙及柱面装饰工程	302.81	300.66	282.32	
10	天棚工程	94.39	95.51	91.52	
11	其他装饰工程	82.19	74.10	82.18	
12	附属工程	7.37	12.25	15.29	
13	施工技术措施	237.56	232.94	297.72	
二	通用安装工程	553.79	559.29	567.13	
1	电气设备安装工程	118.63	114.61	120.20	
2	建筑智能化工程	82.82	83.87	83.56	
3	消防工程	71.20	71.20	86.10	
4	通风空调工程	3.64	3.64	1.64	
5	给排水工程	200.67	200.67	188.55	
6	燃气工程	5.23	7.90	10.67	
7	电梯	59.68	58.88	57.91	
8	施工技术措施	11.92	18.52	18.50	

表 4-1-19 开闭所、门厅连廊造价指标单元分析表

序号	一级造价指标单元	造价指标 /(元 /m²)		备注
		开闭所	门厅连廊	
一	建筑与装饰工程	2 678.07	2 668.41	
1	砌筑工程	247.78	71.47	
2	混凝土结构工程	1 233.49	711.57	
3	门窗工程	101.21	294.60	
4	屋面工程	178.74	111.00	
5	防水工程	11.12	5.91	
6	外墙装饰及幕墙工程	360.50	844.10	
7	楼地面装饰工程	211.29	213.19	

续表 4–1–19

序号	一级造价指标单元	造价指标 /（元 /m²）		备注
		开闭所	门厅连廊	
8	内墙及柱面装饰工程	50.28	162.47	
9	天棚工程	44.88	156.75	
10	其他装饰工程	42.05	7.46	
11	附属工程	60.28	0.91	
12	施工技术措施	136.45	88.98	
二	通用安装工程	68.96	47.95	
1	电气设备安装工程	54.77	33.38	
2	消防工程	8.21	8.50	
3	给排水工程	5.64	5.85	
4	施工技术措施	0.34	0.22	

（二）某住宅型保障性住房项目（二）

某住宅型保障性住房项目（二）概况和造价指标见表 4–1–20~ 表 4–1–39。

表 4–1–20　项目概况

项目名称	某保障性住房小区项目			
建设地点	某市某区	质量要求		合格
资金来源	国有资金投资	承发包模式		施工总承包
项目性质	新建项目	绿色建筑等级		一星级
用地面积 /m²	22 078.63	建筑占地面积 /m²		7 680.92
建筑面积 /m²	72 832.73	其中	地上建筑面积 /m²	50 236.60
			地下建筑面积 /m²	22 596.13
抗震设防烈度	6 度	功能规模 / 户		372
用电容量 /（kV·A）	4700	计价方式		国标清单计价
造价类别	招标控制价	计价依据		2018 版计价依据
编制基期	2022 年 7 月	工程造价 / 万元		22 927.306 1
造价指标 /（元 /m²）	3 147.94			
其他说明	1. 本项目配备 7 台自升式塔式起重机； 2. 本项目室内按公共区域装修考虑； 3. 本项目信息网络机房设置在 5# 楼； 4. 本项目不包括变配电系统、电表箱及低压配电柜至电表箱的供电回路； 5. 本项目给水管道与市政管道界限以水表为界（含水表）			

表 4–1–21　1# 地下室概况

综合概况	工程名称	某保障性住房小区项目　1# 地下室				
	采集类别编码	FJ010101	地下层数	1	建筑面积 /m²	9 806.64
	抗震设防类别	丙类	人防等级	—	人防面积 /m²	—
	结构类型	框架－剪力墙结构	桩基类型	灌注桩	基坑围护形式	土钉墙
	建筑功能	停车库	防火分区数量 / 个	4	机动车位数量 / 辆	125
	抗震等级	地下一层框架四级,主楼范围内框架剪力墙四级				
	其他特征	—				

一、建筑与装饰工程概况		
1	土石方工程	土石方类别:三类土、较软岩; 开挖深度:3.45m 外运距离:10km
2	基坑围护工程	基坑围护长度:383m(按地下室外墙结构长度计算); 基坑围护类型:100mm 厚喷射 C20 混凝土护坡、ϕ 18 钢筋锚杆
3	桩基工程	ϕ 600mm 干作业成孔灌注桩(平均桩长 12.77m)、ϕ 700mm 干作业成孔灌注桩(平均桩长 12.87m);
4	砌筑工程	混凝土实心砖、非黏土烧结多孔砖
5	混凝土结构工程	基础类型:筏板基础; 结构形式:现浇钢筋混凝土结构,混凝土含量 1.21m³/m²,钢筋含量 117.23kg/m²; 模板及支撑架:复合模板、扣件式钢管支撑架
6	门窗工程	门:木质防火门、钢质门、双轨双帘无机特级防火卷帘(耐火极限 3.00h)
7	屋面工程	采光井:(6+0.76PVB+6)mm 夹层钢化玻璃
8	防水工程	底板:1.5mm 厚聚氯乙烯防水卷材、50.0mm 厚 C20 细石混凝土; 侧墙:1.5mm 厚聚氯乙烯防水卷材、1.5mm 厚聚氨酯防水涂料; 顶板:土工布、100.0mm 厚粒径 ϕ(15~20)卵石、70.0mm 厚 C20 细石混凝土、CL7.5 轻集料混凝土、耐碱玻纤网格布、4.0mm 厚耐根穿刺改性沥青防水卷材、1.5mm 厚聚氯乙烯防水卷材、20.0mm 厚 1∶3 水泥砂浆
9	楼地面装饰工程	机动车库:2.5mm 厚金刚砂耐磨地坪(掺量 5kg/m²)、100.0mm 厚 C25 细石混凝土; 自行车库:100.0mm 厚 C25 细石混凝土; 楼梯:20.0mm 厚芝麻灰花岗岩
10	内墙及柱面装饰工程	机动车库:防霉腻子、防霉涂料; 自行车库:防霉腻子、防霉涂料; 楼梯间:防霉腻子、防霉涂料
11	天棚工程	机动车库:防霉腻子、防霉涂料; 自行车库:防霉腻子、防霉涂料; 楼梯间:防霉腻子、防霉涂料

续表 4-1-21

12	其他装饰工程	楼梯：不锈钢栏杆（H=1 100mm）；
13	其他特征	大型机械：旋挖桩机 2 台、履带式推土机 2 台、履带式挖掘机 2 台； 施工降排水：湿土排水
二、通用安装工程概况		
1	电气设备安装工程	动力系统：配电柜、配电箱、热镀锌板喷塑托盘式电缆桥架、焊接钢管、铜芯电力电缆 YJY-0.6/1kV、铜芯电力电缆 NH-YJY-0.6/1kV、矿物绝缘电缆 BTTZ； 照明系统：配电箱、焊接钢管、刚性阻燃电线管、荧光灯、开关、插座、热浸镀锌槽式电缆桥架、低烟无卤电力电缆 WDZC-YJY-0.6/1kV、铜芯塑料绝缘线 BV； 防雷接地系统：引下线、接地跨接、接地母线
2	建筑智能化工程	安全防范系统 - 视频安防监控系统：枪型网络摄像机、铜芯聚氯乙烯护套屏蔽软线 ZR-RVVP； 安全防范系统 - 访客对讲系统：可视对讲室外机、门禁控制器、可视对讲室内机、铜芯聚氯乙烯护套屏蔽软线 ZR-RVVP； 综合管路：热浸镀锌槽式电缆桥架、焊接钢管、刚性阻燃电线管
3	消防工程	水灭火系统 - 自动喷水灭火系统：喷淋泵 2 台、水泵接合器 2 套、热浸镀锌钢管； 水灭火系统 - 消火栓系统：消火栓泵 2 台、稳压设备 1 套、水泵接合器 3 套、消火栓箱、灭火器箱、热浸镀锌钢管； 火灾自动报警系统：感烟探测器、感温探测器、热浸镀锌防火塑粉槽式电缆桥架、套接紧定式镀锌钢导管、铜芯低烟无卤聚氯乙烯护套控制电缆 WDZBN-KYJY、铜芯低烟无卤聚氯乙烯绞型软线 WDZCN-RVS； 电气火灾监控系统：剩余电流监控模块、套接紧定式镀锌钢导管、铜芯低烟无卤聚氯乙烯绞型软线 WDZCN-RYJS、铜芯低烟无卤电线 WDZCN-BYJ； 消防电源监控系统：消防电源监控模块、套接紧定式镀锌钢导管、铜芯低烟无卤聚氯乙烯绞型软线 WDZCN-RYJS、铜芯低烟无卤电线 WDZCN-BYJ； 应急照明及疏散指示系统：应急照明电源配电箱、应急吸顶灯、疏散标志灯、安全出口标志灯、套接紧定式镀锌钢导管、铜芯低烟无卤电线 WDZCN-BYJ
4	通风空调工程	通风系统：风机、镀锌薄钢板风管； 防排烟系统：风机、镀锌薄钢板风管
5	给排水工程	给水系统：无负压供水设备、衬塑复合钢管； 排水系统：潜水排污泵、热浸镀锌钢管
6	其他特征	抗震支架

表 4-1-22　2# 地下室概况

综合概况	工程名称	某保障性住房小区项目　2# 地下室					
	采集类别编码	FJ010101	地下层数	1	建筑面积 /m²	12 789.49
	抗震设防类别	丙类	人防等级	核 6 常 6	人防面积 /m²	3 900.53
	结构类型	框架 - 剪力墙结构	桩基类型	灌注桩	基坑围护形式	土钉墙
	建筑功能	停车库	防火分区数量 / 个	8	机动车位数量 / 辆	194
	抗震等级	地下一层框架四级，主楼范围内框架 - 剪力墙四级					
	其他特征	—					

续表 4-1-22

一、建筑与装饰工程概况		
1	土石方工程	土石方类别：三类土、较软岩； 开挖深度：3.85m； 外运距离：10km
2	基坑围护工程	基坑围护长度：428m（按地下室外墙结构长度计算）； 基坑围护类型：100.0mm 厚喷射 C20 混凝土护坡、ϕ18 钢筋锚杆
3	桩基工程	ϕ800mm 干作业成孔灌注桩（平均桩长 9.1m）、ϕ700mm 干作业成孔灌注桩（平均桩长 9.2m）、ϕ800mm 干作业成孔灌注桩（平均桩长 9.3m）
4	砌筑工程	混凝土实心砖、非黏土烧结多孔砖
5	混凝土结构工程	基础类型：筏板基础； 结构形式：现浇钢筋混凝土结构； 混凝土含量 1.29m^3/m^2，钢筋含量 154.74kg/m^2； 模板及支撑架：复合模板、扣件式钢管支撑架
6	门窗工程	门：木质防火门、钢质门、双轨双帘无机特级防火卷帘（耐火极限 3.00h）
7	屋面工程	采光井：（6+0.76PVB+6）mm 钢化夹层玻璃
8	防水工程	底板：1.5mm 厚聚氯乙烯防水卷材、50.0mm 厚 C20 细石混凝土； 侧墙：1.5mm 厚聚氯乙烯防水卷材、1.5mm 厚聚氨酯防水涂料； 顶板：土工布、100.0mm 厚粒径 ϕ（15～20）卵石、70.0mm 厚 C20 细石混凝土、耐碱玻纤网格布、4.0mm 厚耐根穿刺改性沥青防水卷材、1.5mm 厚聚氯乙烯防水卷材、20.0mm 厚 1：3 水泥砂浆、CL7.5 轻集料混凝土找坡
9	楼地面装饰工程	机动车库：2.5mm 厚金刚砂耐磨地坪（掺量 5kg/m^2）、100.0mm 厚 C25 细石混凝土； 自行车库：100.0mm 厚 C25 细石混凝土； 楼梯：20.0mm 厚芝麻灰花岗岩
10	内墙及柱面装饰工程	机动车库：封底漆、防霉腻子、防霉涂料； 自行车库：防霉腻子、防霉涂料； 楼梯间：防霉腻子、防霉涂料
11	天棚工程	机动车库：防霉腻子、防霉涂料； 自行车库：防霉腻子、防霉涂料； 楼梯间：防霉腻子、防霉涂料
12	其他装饰工程	楼梯：不锈钢栏杆（H=1 100mm）
13	其他特征	大型机械：旋挖桩机 2 台、履带式推土机 2 台、履带式挖掘机 2 台； 施工降排水：湿土排水

续表 4-1-22

二、通用安装工程概况		
1	电气设备安装工程	动力系统：配电柜、配电箱、热镀锌板喷塑托盘式电缆桥架、焊接钢管、铜芯电力电缆 YJY-0.6/1kV、铜芯电力电缆 NH-YJY-0.6/1kV、矿物绝缘电缆 BTTZ； 照明系统：配电箱、刚性阻燃电线管、荧光灯、开关、插座、热浸镀锌槽式电缆桥架、低烟无卤电力电缆 WDZC-YJY-0.6/1kV、铜芯塑料绝缘线 BV； 防雷接地系统：引下线、接地跨接、接地母线
2	建筑智能化工程	安全防范系统－视频安防监控系统：枪型网络摄像机、铜芯聚氯乙烯护套屏蔽软线 ZR-RVVP； 安全防范系统－访客对讲系统：可视对讲室外机、门禁控制器、可视对讲室内机、铜芯聚氯乙烯护套屏蔽软线 ZR-RVVP； 综合管路：热浸镀锌槽式电缆桥架、焊接钢管、刚性阻燃电线管
3	消防工程	水灭火系统－自动喷水灭火系统：热浸镀锌钢管； 水灭火系统－消火栓系统：消火栓箱、灭火器箱、热浸镀锌钢管； 火灾自动报警系统：感烟探测器、感温探测器、热浸镀锌防火塑粉槽式电缆桥架、套接紧定式镀锌钢导管、铜芯低烟无卤聚氯乙烯护套控制电缆 WDZBN-KYJY、铜芯低烟无卤聚氯乙烯绞型软线 WDZCN-RVS； 应急照明及疏散指示系统：应急照明电源配电箱、应急吸顶灯、疏散标志灯、安全出口标志灯、套接紧定式镀锌钢导管、铜芯低烟无卤电线 WDZCN-BYJ
4	通风空调工程	通风系统：风机、镀锌薄钢板风管； 防排烟系统：风机、镀锌薄钢板风管； 人防通风系统：风机、薄钢板风管、镀锌薄钢板风管
5	给排水工程	给水系统：衬塑复合钢管； 排水系统：潜水排污泵、热浸镀锌钢管
6	其他特征	抗震支架； 充电桩：快充 6 个、慢充 58 个

表 4-1-23　1# 楼地上建筑概况

综合概况	工程名称	某保障性住房小区项目　1# 楼				
	采集类别编码	FJ010202	建筑物层数	11	建筑面积 /m^2	5 004.32
	抗震设防类别	丙类	结构类型	剪力墙结构	装配率 /%	50
	建筑高度 /m	32.50	标准层层高 /m	2.90	基本风压 /（kN/m^2）	0.45
	抗震等级	剪力墙四级				
	其他特征	—				
一、建筑与装饰工程概况						
1	砌筑工程	非黏土烧结多孔砖				
2	混凝土结构工程	结构形式：现浇钢筋混凝土结构； 混凝土含量 0.41m^3/m^2，钢筋含量 47.55kg/m^2； 模板及支撑架：复合模板、扣件式钢管支撑架				

续表 4-1-23

3	门窗工程	门:木质防火门、钢质门; 窗:断热铝合金门窗[(6Low-E+12A+6)mm 中空钢化玻璃]
4	屋面工程	刚性屋面:40.0mm 厚 C30 细石混凝土、无纺布、55.0mm 厚挤塑聚苯板、1.5mm 厚聚氨酯防水涂料、20.0mm 厚 1:3 水泥砂浆、CL5.0 泡沫混凝土找坡; 瓦屋面:400mm × 300mm 彩色陶瓷瓦、40.0mm 厚 C30 细石混凝土、4.0mm 厚耐根穿刺改性沥青防水卷材、1.5mm 厚自粘型改性沥青防水卷材、20.0mm 厚 1:3 水泥砂浆; 种植土屋面:无纺布、20.0mm 高凹凸型塑料排水板、40.0mm 厚 C30 细石混凝土、50.0mm 厚挤塑聚苯板、15.0mm 厚 1:3 水泥砂浆、4.0mm 厚耐根穿刺改性沥青防水卷材、1.5mm 厚聚氨酯防水涂料、20.0mm 厚 1:3 水泥砂浆、CL5.0 泡沫混凝土找坡
5	防水工程	外墙:1.5mm 厚聚氨酯防水涂料; 内墙(卫生间):1.5mm 厚聚合物防水涂料; 楼面(卫生间、阳台):1.5mm 厚聚氨酯防水涂料
6	防腐、隔热、保温工程	外墙内保温,无机轻集料保温砂浆; 楼面保温:无机轻集料保温砂浆
7	外墙装饰及幕墙工程	外墙装饰:涂料; 幕墙(一层单元入口处):25.0mm 厚花岗岩干挂
8	楼地面装饰工程	户内:C25 细石混凝土; 电梯厅:20.0mm 厚芝麻灰花岗岩; 楼梯:20.0mm 厚芝麻灰花岗岩
9	内墙及柱面装饰工程	户内:腻子; 电梯厅:腻子、涂料; 楼梯间:腻子、涂料
10	天棚工程	户内:腻子; 电梯厅:腻子、涂料; 楼梯间:腻子、涂料
11	其他装饰工程	楼梯:不锈钢管栏杆(H=900mm); 护窗:不锈钢管栏杆(H=300mm); 平台:镀锌钢管型钢栏杆(H=600mm)
二、通用安装工程概况		
1	电气设备安装工程	动力系统:配电箱、热镀锌板喷塑托盘式电缆桥架、焊接钢管、套接紧定式镀锌钢导管、刚性阻燃电线管、铜芯电力电缆 YJY-0.6/1kV、铜芯电力电缆 NH-YJY-0.6/1kV、矿物绝缘电缆 BTTZ 0.6/1kV; 照明系统:配电箱、刚性阻燃电线管、节能灯、开关、插座、铜芯塑料绝缘线 BV; 防雷接地系统:接闪带(避雷网)、引下线、均压环、接地跨接、接地母线; 楼宇亮化系统:配电箱、焊接钢管、套接紧定式镀锌钢导管、洗墙灯、线条灯、铜芯聚氯乙烯绝缘护套软线 ZR-RVV
2	建筑智能化工程	信息网络系统:交换机、光纤收发器、单模光纤; 安全防范系统 - 视频安防监控系统:网络红外球型摄像机、枪型网络摄像机、铜芯聚氯乙烯护套屏蔽软线 ZR-RVVP;

续表 4-1-23

2	建筑智能化工程	安全防范系统 - 访客对讲系统:可视对讲室外机、门禁控制器、可视对讲室内机、铜芯聚氯乙烯护套屏蔽软线 ZR-RVVP; 综合管路系统:热镀锌板喷塑槽式电缆桥架、刚性阻燃电线管
3	消防工程	水灭火系统 - 自动喷水灭火系统:热浸镀锌钢管; 水灭火系统 - 消火栓系统:消火栓箱、灭火器箱、热浸镀锌钢管; 火灾自动报警系统:感烟探测器、热浸镀锌防火塑粉槽式电缆桥架、焊接钢管、套接紧定式镀锌钢导管、铜芯低烟无卤聚氯乙烯护套控制电缆 WDZBN-KYJY、铜芯低烟无卤聚氯乙烯绞型软线 WDZCN-RVS; 应急照明及疏散指示系统:应急照明电源配电箱、应急吸顶灯、疏散标志灯、安全出口标志灯、焊接钢管、铜芯低烟无卤电线 WDZCN-BYJ
4	通风空调工程	通风系统:风机、镀锌薄钢板风管
5	给排水工程	给水系统:衬塑复合钢管、无规共聚聚丙烯管(PP-R 管)、智能水表; 排水系统:消音硬聚氯乙烯塑料排水管、硬聚氯乙烯塑料排水管(UPVC 管)
6	其他特征	电梯:垂直电梯

表 4-1-24 2# 楼地上建筑概况

综合概况	工程名称	某保障性住房小区项目 2# 楼				
	采集类别编码	FJ010202	建筑物层数	11	建筑面积 /m^2	4 882.81
	抗震设防类别	丙类	结构类型	剪力墙结构	装配率 /%	50
	建筑高度 /m	32.50	标准层层高 /m	2.90	基本风压 /(kN/m^2)	0.45
	抗震等级	剪力墙四级				
	其他特征	—				
一、建筑与装饰工程概况						
1	砌筑工程	非黏土烧结多孔砖				
2	混凝土结构工程	结构形式:现浇钢筋混凝土结构; 混凝土含量 0.41m^3/m^2,钢筋含量 47.91kg/m^2; 模板及支撑架:复合模板、扣件式钢管支撑架				
3	门窗工程	门:木质防火门、钢质门; 窗:断热铝合金门窗[(6Low-E+12A+6)mm 中空钢化玻璃]				
4	屋面工程	刚性屋面:40.0mm 厚 C30 细石混凝土、无纺布、55.0mm 厚挤塑聚苯板、1.5mm 厚聚氨酯防水涂料、20.0mm 厚 1∶3 水泥砂浆、CL5.0 泡沫混凝土找坡; 瓦屋面:400mm×300mm 彩色陶瓷瓦、40.0mm 厚 C30 细石混凝土、4.0mm 厚耐根穿刺改性沥青防水卷材、1.5mm 厚自粘型改性沥青防水卷材、20.0mm 厚 1∶3 水泥砂浆; 种植土屋面:无纺布、20.0mm 高凹凸型塑料排水板、40.0mm 厚 C30 细石混凝土、50.0mm 厚挤塑聚苯板、15.0mm 厚 1∶3 水泥砂浆、4.0mm 厚耐根穿刺改性沥青防水卷材、1.5mm 厚聚氨酯防水涂料、20.0mm 厚 1∶3 水泥砂浆、CL5.0 泡沫混凝土找坡				

续表 4-1-24

5	防水工程	外墙：1.5mm 厚聚氨酯防水涂料； 内墙（卫生间）：1.5mm 厚聚合物防水涂料； 楼面（卫生间、阳台）：1.5mm 厚聚氨酯防水涂料
6	防腐、隔热、保温工程	外墙内保温：无机轻集料保温砂浆； 楼面保温：无机轻集料保温砂浆
7	外墙装饰及幕墙工程	外墙装饰：涂料； 幕墙（一层单元入口处）：25.0mm 厚花岗岩干挂
8	楼地面装饰工程	户内：C25 细石混凝土； 电梯厅：20.0mm 厚芝麻灰花岗岩； 楼梯：20.0mm 厚芝麻灰花岗岩
9	内墙及柱面装饰工程	户内：腻子； 电梯厅：腻子、涂料； 楼梯间：腻子、涂料
10	天棚工程	户内：腻子； 电梯厅：腻子、涂料； 楼梯间：腻子、涂料
11	其他装饰工程	楼梯：不锈钢管栏杆（H=900mm）； 护窗：不锈钢管栏杆（H=300mm）； 平台：镀锌钢管型钢栏杆（H=600mm）
二、通用安装工程概况		
1	电气设备安装工程	动力系统：配电箱、热镀锌板喷塑托盘式电缆桥架、焊接钢管、套接紧定式镀锌钢导管、刚性阻燃电线管、铜芯电力电缆 YJY-0.6/1kV、铜芯电力电缆 NH-YJY-0.6/1kV、矿物绝缘电缆 BTTZ； 照明系统：配电箱、刚性阻燃电线管、节能灯、防水防尘灯、开关、插座、铜芯塑料绝缘线 BV； 防雷接地系统：接闪带（避雷网）、引下线、均压环、接地跨接、接地母线； 楼宇亮化工程：配电箱、焊接钢管、套接紧定式镀锌钢导管、洗墙灯、线条灯、铜芯聚氯乙烯绝缘护套软线 ZR-RVV
2	建筑智能化工程	信息网络系统：交换机、光纤收发器、单模光纤； 安全防范系统 – 视频安防监控系统：交换机、网络红外球形摄像机、枪形网络摄像机、铜芯聚氯乙烯护套屏蔽软线 ZR-RVVP； 安全防范系统 – 访客对讲系统：可视对讲室外机、门禁控制器、可视对讲室内机、铜芯聚氯乙烯护套屏蔽软线 ZR-RVVP； 综合管路系统：热镀锌板喷塑托盘式电缆桥架、刚性阻燃电线管
3	消防工程	水灭火系统 – 自动喷水灭火系统：热浸镀锌钢管； 水灭火系统 – 消火栓系统：消火栓箱、灭火器箱、热浸镀锌钢管； 火灾自动报警系统：感烟探测器、热浸镀锌防火塑粉槽式电缆桥架、套接紧定式镀锌钢导管、铜芯低烟无卤聚氯乙烯护套控制电缆 WDZBN-KYJY、铜芯低烟无卤聚氯乙烯绞型软线 WDZCN-RVS；

续表 4–1–24

3	消防工程	应急照明及疏散指示系统：应急照明电源配电箱、应急吸顶灯、疏散标志灯、安全出口标志灯、套接紧定式镀锌钢导管、铜芯低烟无卤电线 WDZCN–BYJ
4	通风空调工程	通风系统：风机、镀锌薄钢板风管
5	给排水工程	给水系统：衬塑复合钢管、无规共聚聚丙烯管（PP–R 管）、智能水表； 排水系统：消音硬聚氯乙烯塑料排水管、硬聚氯乙烯塑料排水管（UPVC 管）
6	其他特征	电梯：垂直电梯

表 4–1–25　3# 楼地上建筑概况

综合概况	工程名称	某保障性住房小区项目　3# 楼				
	采集类别编码	FJ010202	建筑物层数	11	建筑面积 /m^2	3 096.62
	抗震设防类别	丙类	结构类型	剪力墙结构	装配率 /%	50
	建筑高度 /m	32.50	标准层层高 /m	2.90	基本风压 /（kN/m^2）	0.45
	抗震等级	剪力墙四级				
	其他特征	—				
一、建筑与装饰工程概况						
1	砌筑工程	非黏土烧结多孔砖				
2	混凝土结构工程	结构形式：现浇钢筋混凝土结构； 混凝土含量 0.42m^3/m^2，钢筋含量 49.1kg/m^2； 模板及支撑架：复合模板、扣件式钢管支撑架				
3	门窗工程	门：木质防火门、钢质门； 窗：断热铝合金门窗[（6Low–E+12A+6）mm 中空钢化玻璃]				
4	屋面工程	刚性屋面：40.0mm 厚 C30 细石混凝土、无纺布、55.0mm 厚挤塑聚苯板、1.5mm 厚聚氨酯防水涂料、20.0mm 厚 1∶3 水泥砂浆、LC5.0 泡沫混凝土找坡； 瓦屋面：400mm × 300mm 彩色陶瓷瓦、40.0mm 厚 C30 细石混凝土、4.0mm 厚耐根穿刺改性沥青防水卷材、1.5mm 厚自粘型改性沥青防水卷材、20.0mm 厚 1∶3 水泥砂浆； 种植土屋面：无纺布、20.0mm 高凹凸型塑料排水板、40.0mm 厚 C30 细石混凝土、50.0mm 厚挤塑聚苯板、15.0mm 厚 1∶3 水泥砂浆、4.0mm 厚耐根穿刺改性沥青防水卷材、1.5mm 厚聚氨酯防水涂料、20.0mm 厚 1∶3 水泥砂浆、CL5.0 泡沫混凝土找坡				
5	防水工程	外墙：1.5mm 厚聚氨酯防水涂料； 内墙（卫生间）：1.5mm 厚聚合物防水涂料； 楼面（卫生间、阳台）：1.5mm 厚聚氨酯防水涂料				
6	防腐、隔热、保温工程	外墙内保温：无机轻集料保温砂浆； 楼面保温：无机轻集料保温砂浆				

续表 4-1-25

7	外墙装饰及幕墙工程	外墙装饰：涂料； 幕墙（一层单元入口处）：25.0mm 厚花岗岩干挂
8	楼地面装饰工程	户内：C25 细石混凝土； 电梯厅：20.0mm 厚芝麻灰花岗岩； 楼梯：20.0mm 厚芝麻灰花岗岩
9	内墙及柱面装饰工程	户内：腻子； 电梯厅：腻子、涂料； 楼梯间：腻子、涂料
10	天棚工程	户内：腻子； 电梯厅：腻子、涂料； 楼梯间：腻子、涂料
11	其他装饰工程	楼梯：不锈钢管栏杆（H=900mm）； 护窗：不锈钢管栏杆（H=300mm）； 平台：镀锌钢管型钢栏杆（H=600mm）
二、通用安装工程概况		
1	电气设备安装工程	动力系统：配电箱、热镀锌板喷塑托盘式电缆桥架、焊接钢管、套接紧定式镀锌钢导管、刚性阻燃电线管、铜芯电力电缆 YJY-0.6/1kV、铜芯电力电缆 NH-YJY-0.6/1kV、矿物绝缘电缆 BTTZ； 照明系统：配电箱、刚性阻燃电线管、节能灯、防水防尘灯、开关、插座、铜芯塑料绝缘线 BV； 防雷接地系统：接闪带（避雷网）、引下线、均压环、接地跨接、接地母线； 楼宇亮化工程：配电箱、焊接钢管、套接紧定式镀锌钢导管、洗墙灯、线条灯、铜芯聚氯乙烯绝缘护套软线 ZR-RVV
2	建筑智能化工程	信息网络系统：交换机、光纤收发器、单模光纤； 安全防范系统－视频安防监控系统：交换机、网络红外球型摄像机、枪型网络摄像机、铜芯聚氯乙烯护套屏蔽软线 ZR-RVVP； 安全防范系统－访客对讲系统：可视对讲室外机、门禁控制器、可视对讲室内机、铜芯聚氯乙烯护套屏蔽软线 ZR-RVVP； 综合管路系统：热镀锌板喷塑槽式电缆桥架、刚性阻燃电线管
3	消防工程	水灭火系统－自动喷水灭火系统：热浸镀锌钢管； 水灭火系统－消火栓系统：消火栓箱、灭火器箱、热浸镀锌钢管； 火灾自动报警系统：感烟探测器、热浸镀锌防火塑粉槽式电缆桥架、套接紧定式镀锌钢导管、铜芯低烟无卤聚氯乙烯护套控制电缆 WDZBN-KYJY、铜芯低烟无卤聚氯乙烯绞型软线 WDZCN-RVS； 应急照明及疏散指示系统：应急照明电源配电箱、应急吸顶灯、疏散标志灯、安全出口标志灯、套接紧定式镀锌钢导管、铜芯低烟无卤电线 WDZCN-BYJ
4	通风空调工程	通风系统：风机、镀锌薄钢板风管
5	给排水工程	给水系统：衬塑复合钢管、无规共聚聚丙烯管（PP-R 管）、智能水表； 排水系统：消音硬聚氯乙烯塑料排水管、硬聚氯乙烯塑料排水管（UPVC 管）
6	其他特征	电梯：垂直电梯

表 4-1-26　4# 楼地上建筑概况

<table>
<tr><td rowspan="6">综合概况</td><td>工程名称</td><td colspan="5">某保障性住房小区项目　4# 楼</td></tr>
<tr><td>采集类别编码</td><td>FJ010202</td><td>建筑物层数</td><td>11</td><td>建筑面积 /m²</td><td>3 156.73</td></tr>
<tr><td>抗震设防类别</td><td>丙类</td><td>结构类型</td><td>剪力墙结构</td><td>装配率 /%</td><td>50</td></tr>
<tr><td>建筑高度 /m</td><td>32.50</td><td>标准层层高 /m</td><td>2.90</td><td>基本风压 /（kN/m²）</td><td>0.45</td></tr>
<tr><td>抗震等级</td><td colspan="5">剪力墙四级</td></tr>
<tr><td>其他特征</td><td colspan="5">—</td></tr>
<tr><td colspan="7">一、建筑与装饰工程概况</td></tr>
<tr><td>1</td><td>砌筑工程</td><td colspan="5">非黏土烧结多孔砖</td></tr>
<tr><td>2</td><td>混凝土结构工程</td><td colspan="5">结构形式：现浇钢筋混凝土结构；
混凝土含量 0.41m³/m²，钢筋含量 47.8kg/m²；
模板及支撑架：复合模板、扣件式钢管支撑架</td></tr>
<tr><td>3</td><td>门窗工程</td><td colspan="5">门：木质防火门、钢质门；
窗：断热铝合金门窗［（6Low-E+12A+6）mm 中空钢化玻璃］</td></tr>
<tr><td>4</td><td>屋面工程</td><td colspan="5">刚性屋面：40.0mm 厚 C30 细石混凝土、无纺布、55.0mm 厚挤塑聚苯板、1.5mm 厚聚氨酯防水涂料、20.0mm 厚 1∶3 水泥砂浆、CL5.0 泡沫混凝土找坡；
瓦屋面：400mm × 300mm 彩色陶瓷瓦、40.0mm 厚 C30 细石混凝土、4.0mm 厚耐根穿刺改性沥青防水卷材、1.5mm 厚自粘型改性沥青防水卷材、20.0mm 厚 1∶3 水泥砂浆；
种植土屋面：无纺布、20.0mm 高凹凸型塑料排水板、40.0mm 厚 C30 细石混凝土、50.0mm 厚挤塑聚苯板、15.0mm 厚 1∶3 水泥砂浆、4.0mm 厚耐根穿刺改性沥青防水卷材、1.5mm 厚聚氨酯防水涂料、20.0mm 厚 1∶3 水泥砂浆、CL5.0 泡沫混凝土找坡</td></tr>
<tr><td>5</td><td>防水工程</td><td colspan="5">外墙：1.5mm 厚聚氨酯防水涂料；
内墙（卫生间）：1.5mm 厚聚合物防水涂料；
楼面（卫生间、阳台）：1.5mm 厚聚氨酯防水涂料</td></tr>
<tr><td>6</td><td>防腐、隔热、保温工程</td><td colspan="5">外墙内保温：无机轻集料保温砂浆；
楼面保温：无机轻集料保温砂浆</td></tr>
<tr><td>7</td><td>外墙装饰及幕墙工程</td><td colspan="5">外墙装饰：涂料；
幕墙（一层单元入口处）：25.0mm 厚花岗岩干挂</td></tr>
<tr><td>8</td><td>楼地面装饰工程</td><td colspan="5">户内：C25 细石混凝土；
电梯厅：20.0mm 厚芝麻灰花岗岩；
楼梯：20.0mm 厚芝麻灰花岗岩</td></tr>
</table>

续表 4-1-26

9	内墙及柱面装饰工程	户内:腻子; 电梯厅:腻子、涂料; 楼梯间:腻子、涂料
10	天棚工程	户内:腻子; 电梯厅:腻子、涂料; 楼梯间:腻子、涂料
11	其他装饰工程	楼梯:不锈钢管栏杆(H=900mm); 护窗:不锈钢管栏杆(H=300mm); 平台:镀锌钢管型钢栏杆(H=600mm)
二、通用安装工程概况		
1	电气设备安装工程	动力系统:配电箱、热镀锌板喷塑托盘式电缆桥架、焊接钢管、套接紧定式镀锌钢导管、刚性阻燃电线管、铜芯电力电缆 YJY-0.6/1kV、铜芯电力电缆 NH-YJY-0.6/1kV、矿物绝缘电缆 BTTZ-0.6/1kV; 照明系统:配电箱、刚性阻燃电线管、节能灯、防水防尘灯、开关、插座、铜芯塑料绝缘线 BV; 防雷接地系统:接闪带(避雷网)、引下线、均压环、接地跨接、接地母线; 楼宇亮化工程:配电箱、焊接钢管、套接紧定式镀锌钢导管、洗墙灯、线条灯、铜芯聚氯乙烯绝缘护套软线 ZR-RVV
2	建筑智能化工程	信息网络系统:交换机、光纤收发器、单模光纤; 安全防范系统-视频安防监控系统:交换机、网络红外球型摄像机、枪型网络摄像机、铜芯聚氯乙烯护套屏蔽软线 ZR-RVVP; 安全防范系统-访客对讲系统:可视对讲室外机、门禁控制器、可视对讲室内机、铜芯聚氯乙烯护套屏蔽软线 ZR-RVVP; 综合管路系统:热镀锌板喷塑托盘式电缆桥架、刚性阻燃电线管
3	消防工程	水灭火系统-自动喷水灭火系统:热浸镀锌钢管; 水灭火系统-消火栓系统:消火栓箱、灭火器箱、热浸镀锌钢管、18t 不锈钢消防水箱; 火灾自动报警系统:感烟探测器、热浸镀锌防火塑粉槽式电缆桥架、套接紧定式镀锌钢导管、铜芯低烟无卤聚氯乙烯护套控制电缆 WDZBN-KYJY、铜芯低烟无卤聚氯乙烯绞型软线 WDZCN-RVS; 应急照明及疏散指示系统:应急照明电源配电箱、应急吸顶灯、疏散标志灯、安全出口标志灯、套接紧定式镀锌钢导管、铜芯低烟无卤电线 WDZCN-BYJ
4	通风空调工程	通风系统:风机、镀锌薄钢板风管
5	给排水工程	给水系统:衬塑复合钢管、无规共聚聚丙烯管(PP-R 管)、智能水表; 排水系统:消音硬聚氯乙烯塑料排水管、硬聚氯乙烯塑料排水管(UPVC 管)
6	其他特征	电梯:垂直电梯

表 4-1-27 $5^{\#}$ 楼地上建筑概况

综合概况	工程名称	某保障性住房小区项目 $5^{\#}$ 楼				
	采集类别编码	FJ010202	建筑物层数	11	建筑面积 /m^2	6 918.11
	抗震设防类别	丙类	结构类型	剪力墙结构	装配率 /%	50
	建筑高度 /m	32.50	标准层层高 /m	2.90	基本风压 /（kN/m^2）	0.45
	抗震等级	剪力墙四级				
	其他特征	—				
一、建筑与装饰工程概况						
1	砌筑工程	非黏土烧结多孔砖				
2	混凝土结构工程	结构形式：现浇钢筋混凝土结构； 混凝土含量 0.41m^3/m^2，钢筋含量 47.22kg/m^2； 模板及支撑架：复合模板、扣件式钢管支撑架				
3	门窗工程	门：木质防火门、钢质门； 窗：断热铝合金门窗［（6Low-E+12A+6）mm 中空钢化玻璃］				
4	屋面工程	刚性屋面：40.0mm 厚 C30 细石混凝土、无纺布、55.0mm 厚挤塑聚苯板、1.5mm 厚聚氨酯防水涂料、20.0mm 厚 1∶3 水泥砂浆、CL5.0 泡沫混凝土找坡； 瓦屋面：400mm×300mm 彩色陶瓷瓦、40.0mm 厚 C30 细石混凝土、4.0mm 厚耐根穿刺改性沥青防水卷材、1.5mm 厚自粘型改性沥青防水卷材、20.0mm 厚 1∶3 水泥砂浆； 种植土屋面：无纺布、20.0mm 高凹凸型塑料排水板、40.0mm 厚 C30 细石混凝土、50.0mm 厚挤塑聚苯板、15.0mm 厚 1∶3 水泥砂浆、4.0mm 厚耐根穿刺改性沥青防水卷材、1.5mm 厚聚氨酯防水涂料、20.0mm 厚 1∶3 水泥砂浆、CL5.0 泡沫混凝土找坡				
5	防水工程	外墙：1.5mm 厚聚氨酯防水涂料； 内墙（卫生间）：1.5mm 厚聚合物防水涂料； 楼面（卫生间、阳台）：1.5mm 厚聚氨酯防水涂料				
6	防腐、隔热、保温工程	外墙内保温：无机轻集料保温砂浆； 楼面保温：无机轻集料保温砂浆				
7	外墙装饰及幕墙工程	外墙装饰：涂料； 幕墙（一层单元入口处）：25.0mm 厚花岗岩干挂				
8	楼地面装饰工程	户内：C25 细石混凝土； 电梯厅：20.0mm 厚芝麻灰花岗岩； 楼梯：20.0mm 厚芝麻灰花岗岩				
9	内墙及柱面装饰工程	户内：腻子； 电梯厅：腻子、涂料； 楼梯间：腻子、涂料				
10	天棚工程	户内：腻子； 电梯厅：腻子、涂料； 楼梯间：腻子、涂料				

续表 4-1-27

11	其他装饰工程	楼梯：不锈钢管栏杆（H=900mm）； 护窗：不锈钢管栏杆（H=300mm）； 平台：镀锌钢管型钢栏杆（H=600mm）
二、通用安装工程概况		
1	电气设备安装工程	动力系统：配电箱、热镀锌板喷塑托盘式电缆桥架、焊接钢管、套接紧定式镀锌钢导管、刚性阻燃电线管、铜芯电力电缆 YJY-0.6/1kV、铜芯电力电缆 NH-YJY-0.6/1kV、矿物绝缘电缆 BTTZ-0.6/1kV； 照明系统：配电箱、刚性阻燃电线管、节能灯、防水防尘灯、开关、插座、铜芯塑料绝缘线 BV； 防雷接地系统：接闪带（避雷网）、引下线、均压环、接地跨接、接地母线； 楼宇亮化工程：配电箱、焊接钢管、套接紧定式镀锌钢导管、洗墙灯、线条灯、铜芯聚氯乙烯绝缘护套软线 ZR-RVV
2	建筑智能化工程	信息网络系统：交换机、光纤收发器、单模光纤； 安全防范系统 - 视频安防监控系统：交换机、网络红外球型摄像机、枪型网络摄像机、铜芯聚氯乙烯护套屏蔽软线 ZR-RVVP； 安全防范系统 - 访客对讲系统：可视对讲室外机、门禁控制器、可视对讲室内机、铜芯聚氯乙烯护套屏蔽软线 ZR-RVVP； 综合管路系统：热镀锌板喷塑托盘式电缆桥架、刚性阻燃电线管
3	消防工程	水灭火系统 - 自动喷水灭火系统：热浸镀锌钢管； 水灭火系统 - 消火栓系统：消火栓箱、灭火器箱、热浸镀锌钢管、18t 不锈钢消防水箱； 火灾自动报警系统：感烟探测器、热浸镀锌防火塑粉槽式电缆桥架、套接紧定式镀锌钢导管、铜芯低烟无卤聚氯乙烯护套控制电缆 WDZBN-KYJY、铜芯低烟无卤聚氯乙烯绞型软线 WDZCN-RVS； 应急照明及疏散指示系统：应急照明电源配电箱、应急吸顶灯、疏散标志灯、安全出口标志灯、套接紧定式镀锌钢导管、铜芯低烟无卤电线 WDZCN-BYJ
4	通风空调工程	通风系统：风机、镀锌薄钢板风管
5	给排水工程	给水系统：衬塑复合钢管、无规共聚聚丙烯管（PP-R 管）、智能水表； 排水系统：消音硬聚氯乙烯塑料排水管、硬聚氯乙烯塑料排水管（UPVC 管）
6	其他特征	电梯：垂直电梯

表 4-1-28　6# 楼地上建筑概况

综合概况	工程名称	某保障性住房小区项目　6# 楼				
	采集类别编码	FJ010202	建筑物层数	11	建筑面积 /m^2	6 204.54
	抗震设防类别	丙类	结构类型	剪力墙结构	装配率 /%	50
	建筑高度 /m	32.50	标准层层高 /m	2.90	基本风压 /（kN/m^2）	0.45
	抗震等级	剪力墙四级				
	其他特征	—				

续表 4-1-28

一、建筑与装饰工程概况		
1	砌筑工程	非黏土烧结多孔砖
2	混凝土结构工程	结构形式：现浇钢筋混凝土结构； 混凝土含量 $0.39m^3/m^2$，钢筋含量 $46.54kg/m^2$； 模板及支撑架：复合模板、扣件式钢管支撑架
3	门窗工程	门：木质防火门、钢质门； 窗：断热铝合金门窗［（6Low-E+12A+6）mm 中空钢化玻璃］
4	屋面工程	刚性屋面：40.0mm 厚 C30 细石混凝土、无纺布、55.0mm 厚挤塑聚苯板、1.5mm 厚聚氨酯防水涂料、20.0mm 厚 1∶3 水泥砂浆、CL5.0 泡沫混凝土找坡； 瓦屋面：400mm × 300mm 彩色陶瓷瓦、40.0mm 厚 C30 细石混凝土、4.0mm 厚耐根穿刺改性沥青防水卷材、1.5mm 厚自粘型改性沥青防水卷材、20.0mm 厚 1∶3 水泥砂浆； 种植土屋面：无纺布、20.0mm 高凹凸型塑料排水板、40.0mm 厚 C30 细石混凝土、50.0mm 厚挤塑聚苯板、15.0mm 厚 1∶3 水泥砂浆、4.0mm 厚耐根穿刺改性沥青防水卷材、1.5mm 厚聚氨酯防水涂料、20.0mm 厚 1∶3 水泥砂浆、CL5.0 泡沫混凝土找坡
5	防水工程	外墙：1.5mm 厚聚氨酯防水涂料； 内墙（卫生间）：1.5mm 厚聚合物防水涂料； 楼面（卫生间、阳台）：1.5mm 厚聚氨酯防水涂料
6	防腐、隔热、保温工程	外墙内保温：无机轻集料保温砂浆； 楼面保温：无机轻集料保温砂浆
7	外墙装饰及幕墙工程	外墙装饰：涂料； 幕墙（一层单元入口处）：25.0mm 厚花岗岩干挂
8	楼地面装饰工程	户内：C25 细石混凝土； 电梯厅：20.0mm 厚芝麻灰花岗岩； 楼梯：20.0mm 厚芝麻灰花岗岩
9	内墙及柱面装饰工程	户内：腻子； 电梯厅：腻子、涂料； 楼梯间：腻子、涂料
10	天棚工程	户内：腻子； 电梯厅：腻子、涂料； 楼梯间：腻子、涂料
11	其他装饰工程	楼梯：不锈钢管栏杆（H=900mm）； 护窗：不锈钢管栏杆（H=300mm）； 平台：镀锌钢管型钢栏杆（H=600mm）
二、通用安装工程概况		
1	电气设备安装工程	动力系统：配电箱、热镀锌板喷塑托盘式电缆桥架、焊接钢管、套接紧定式镀锌钢导管、刚性阻燃电线管、铜芯电力电缆 YJY-0.6/1kV、铜芯电力电缆 NH-YJY-0.6/1kV、矿物绝缘电缆 BTTZ-0.6/1kV；

续表 4–1–28

1	电气设备安装工程	照明系统：配电箱、刚性阻燃电线管、节能灯、防水防尘灯、开关、插座、铜芯塑料绝缘线 BV； 防雷接地系统：接闪带(避雷网)、引下线、均压环、接地跨接、接地母线； 楼宇亮化工程：配电箱、焊接钢管、套接紧定式镀锌钢导管、洗墙灯、线条灯、铜芯聚氯乙烯绝缘护套软线 ZR–RVV
2	建筑智能化工程	信息网络系统：交换机、光纤收发器、单模光纤； 安全防范系统 – 视频安防监控系统：交换机、网络红外球型摄像机、枪型网络摄像机、铜芯聚氯乙烯护套屏蔽软线 ZR–RVVP； 安全防范系统 – 访客对讲系统：可视对讲室外机、门禁控制器、可视对讲室内机、铜芯聚氯乙烯护套屏蔽软线 ZR–RVVP； 综合管路系统：热镀锌板喷塑托盘式电缆桥架、刚性阻燃电线管
3	消防工程	水灭火系统 – 自动喷水灭火系统：热浸镀锌钢管； 水灭火系统 – 消火栓系统：消火栓箱、灭火器箱、热浸镀锌钢管、18t 不锈钢消防水箱； 火灾自动报警系统：感烟探测器、热浸镀锌防火塑粉槽式电缆桥架、套接紧定式镀锌钢导管、铜芯低烟无卤聚氯乙烯护套控制电缆 WDZBN–KYJY、铜芯低烟无卤聚氯乙烯绞型软线 WDZCN–RVS； 应急照明及疏散指示系统：应急照明电源配电箱、应急吸顶灯、疏散标志灯、安全出口标志灯、套接紧定式镀锌钢导管、铜芯低烟无卤电线 WDZCN–BYJ
4	通风空调工程	通风系统：风机、镀锌薄钢板风管
5	给排水工程	给水系统：衬塑复合钢管、无规共聚聚丙烯管(PP–R 管)、智能水表； 排水系统：消音硬聚氯乙烯塑料排水管、硬聚氯乙烯塑料排水管(UPVC 管)
6	其他特征	电梯：垂直电梯

表 4–1–29 7# 楼地上建筑概况

综合概况	工程名称	某保障性住房小区项目 7# 楼				
	采集类别编码	FJ010202	建筑物层数	11	建筑面积 /m²	5 626.95
	抗震设防类别	丙类	结构类型	剪力墙结构	装配率 /%	50
	建筑高度 /m	32.50	标准层层高 /m	2.90	基本风压 /(kN/m²)	0.45
	抗震等级	剪力墙四级				
	其他特征	—				
一、建筑与装饰工程概况						
1	砌筑工程	非黏土烧结多孔砖				
2	混凝土结构工程	结构形式：现浇钢筋混凝土结构； 混凝土含量 0.41m³/m²、钢筋含量 47.56kg/m²； 模板及支撑架：复合模板、扣件式钢管支撑架				

续表 4-1-29

3	门窗工程	门：木质防火门、钢质门； 窗：断热铝合金门窗［（6Low-E+12A+6）mm 中空钢化玻璃］
4	屋面工程	刚性屋面：40.0mm 厚 C30 细石混凝土、无纺布、55.0mm 厚挤塑聚苯板、1.5mm 厚聚氨酯防水涂料、20.0mm 厚 1∶3 水泥砂浆、CL5.0 泡沫混凝土找坡； 瓦屋面：400mm × 300mm 彩色陶瓷瓦、40.0mm 厚 C30 细石混凝土、4.0mm 厚耐根穿刺改性沥青防水卷材、1.5mm 厚自粘型改性沥青防水卷材、20.0mm 厚 1∶3 水泥砂浆； 种植土屋面：无纺布、20.0mm 高凹凸型塑料排水板、40.0mm 厚 C30 细石混凝土、50.0mm 厚挤塑聚苯板、15.0mm 厚 1∶3 水泥砂浆、4.0mm 厚耐根穿刺改性沥青防水卷材、1.5mm 厚聚氨酯防水涂料、20.0mm 厚 1∶3 水泥砂浆、CL5.0 泡沫混凝土找坡
5	防水工程	外墙：1.5mm 厚聚氨酯防水涂料； 内墙（卫生间）：1.5mm 厚聚合物防水涂料； 楼面（卫生间、阳台）：1.5mm 厚聚氨酯防水涂料
6	防腐、隔热、保温工程	外墙内保温：无机轻集料保温砂浆； 楼面保温：无机轻集料保温砂浆
7	外墙装饰及幕墙工程	外墙装饰：涂料； 幕墙（一层单元入口处）：25.0mm 厚花岗岩干挂
8	楼地面装饰工程	户内：C25 细石混凝土； 电梯厅：20.0mm 厚芝麻灰花岗岩； 楼梯：20.0mm 厚芝麻灰花岗岩
9	内墙及柱面装饰工程	户内：腻子； 电梯厅：腻子、涂料； 楼梯间：腻子、涂料
10	天棚工程	户内：腻子； 电梯厅：腻子、涂料； 楼梯间：腻子、涂料
11	其他装饰工程	楼梯：不锈钢管栏杆（H=900mm）； 护窗：不锈钢管栏杆（H=300mm）； 平台：镀锌钢管型钢栏杆（H=600mm）
二、通用安装工程概况		
1	电气设备安装工程	动力系统：配电箱、热镀锌板喷塑托盘式电缆桥架、焊接钢管、套接紧定式镀锌钢导管、刚性阻燃电线管、铜芯电力电缆 YJY-0.6/1kV、铜芯电力电缆 NH-YJY-0.6/1kV、矿物绝缘电缆 BTTZ-0.6/1kV； 照明系统：配电箱、刚性阻燃电线管、节能灯、防水防尘灯、开关、插座、铜芯塑料绝缘线 BV； 防雷接地系统：接闪带（避雷网）、引下线、均压环、接地跨接、接地母线； 楼宇亮化工程：配电箱、焊接钢管、套接紧定式镀锌钢导管、洗墙灯、线条灯、铜芯聚氯乙烯绝缘护套软线 ZR-RVV

续表 4-1-29

2	建筑智能化工程	信息网络系统：交换机、光纤收发器、单模光纤； 安全防范系统－视频安防监控系统：交换机、网络红外球型摄像机、枪型网络摄像机、铜芯聚氯乙烯护套屏蔽软线 ZR-RVVP； 安全防范系统－访客对讲系统：可视对讲室外机、门禁控制器、可视对讲室内机、铜芯聚氯乙烯护套屏蔽软线 ZR-RVVP； 综合管路系统：热镀锌板喷塑托盘式电缆桥架、刚性阻燃电线管
3	消防工程	水灭火系统－自动喷水灭火系统：热浸镀锌钢管； 水灭火系统－消火栓系统：消火栓箱、灭火器箱、热浸镀锌钢管、18t 不锈钢消防水箱； 火灾自动报警系统：感烟探测器、热浸镀锌防火塑粉槽式电缆桥架、套接紧定式镀锌钢导管、铜芯低烟无卤聚氯乙烯护套控制电缆 WDZBN-KYJY、铜芯低烟无卤聚氯乙烯绞型软线 WDZCN-RVS； 应急照明及疏散指示系统：应急照明电源配电箱、应急吸顶灯、疏散标志灯、安全出口标志灯、套接紧定式镀锌钢导管、铜芯低烟无卤电线 WDZCN-BYJ
4	通风空调工程	通风系统：风机、镀锌薄钢板风管
5	给排水工程	给水系统：衬塑复合钢管、无规共聚聚丙烯管（PP-R 管）、智能水表； 排水系统：消音硬聚氯乙烯塑料排水管、硬聚氯乙烯塑料排水管（UPVC 管）
6	其他特征	电梯：垂直电梯

表 4-1-30 8# 楼地上建筑概况

综合概况	工程名称	某保障性住房小区项目 8# 楼				
	采集类别编码	FJ010202	建筑物层数	11	建筑面积 /m²	5 478.03
	抗震设防类别	丙类	结构类型	剪力墙结构	装配率 /%	50
	建筑高度 /m	32.50	标准层层高 /m	2.90	基本风压 /（kN/m²）	0.45
	抗震等级	剪力墙四级				
	其他特征	—				
一、建筑与装饰工程概况						
1	砌筑工程	非黏土烧结多孔砖				
2	混凝土结构工程	结构形式：现浇钢筋混凝土结构； 混凝土含量 0.41m³/m²、钢筋含量 47.67kg/m²； 模板及支撑架：复合模板、扣件式钢管支撑架				
3	门窗工程	门：木质防火门、钢质门； 窗：断热铝合金门窗［（6Low-E+12A+6）mm 中空钢化玻璃］				

续表 4-1-30

4	屋面工程	刚性屋面：40.0mm 厚 C30 细石混凝土、无纺布、55.0mm 厚挤塑聚苯板、1.5mm 厚聚氨酯防水涂料、20.0mm 厚 1∶3 水泥砂浆、CL5.0 泡沫混凝土找坡； 瓦屋面：400mm × 300mm 彩色陶瓷瓦、40.0mm 厚 C30 细石混凝土、4.0mm 厚耐根穿刺改性沥青防水卷材、1.5mm 厚自粘型改性沥青防水卷材、20.0mm 厚 1∶3 水泥砂浆； 种植土屋面：无纺布、20.0mm 高凹凸型塑料排水板、40.0mm 厚 C30 细石混凝土、50.0mm 厚挤塑聚苯板、15.0mm 厚 1∶3 水泥砂浆、4.0mm 厚耐根穿刺改性沥青防水卷材、1.5mm 厚聚氨酯防水涂料、20.0mm 厚 1∶3 水泥砂浆、CL5.0 泡沫混凝土找坡
5	防水工程	外墙：1.5mm 厚聚氨酯防水涂料； 内墙（卫生间）：1.5mm 厚聚合物防水涂料； 楼面（卫生间、阳台）：1.5mm 厚聚氨酯防水涂料
6	防腐、隔热、保温工程	外墙内保温：无机轻集料保温砂浆； 楼面保温：无机轻集料保温砂浆
7	外墙装饰及幕墙工程	外墙装饰：涂料； 幕墙（一层单元入口处）：25.0mm 厚花岗岩干挂
8	楼地面装饰工程	户内：C25 细石混凝土； 电梯厅：20.0mm 厚芝麻灰花岗岩； 楼梯：20.0mm 厚芝麻灰花岗岩
9	内墙及柱面装饰工程	户内：腻子； 电梯厅：腻子、涂料； 楼梯间：腻子、涂料
10	天棚工程	户内：腻子； 电梯厅：腻子、涂料； 楼梯间：腻子、涂料
11	其他装饰工程	楼梯：不锈钢管栏杆（H=900mm）； 护窗：不锈钢管栏杆（H=300mm）； 平台：镀锌钢管型钢栏杆（H=600mm）
二、通用安装工程概况		
1	电气设备安装工程	动力系统：配电箱、热镀锌板喷塑托盘式电缆桥架、焊接钢管、套接紧定式镀锌钢导管、刚性阻燃电线管、铜芯电力电缆 YJY-0.6/1kV、铜芯电力电缆 NH-YJY-0.6/1kV、矿物绝缘电缆 BTTZ-0.6/1kV； 照明系统：配电箱、刚性阻燃电线管、节能灯、防水防尘灯、开关、插座、铜芯塑料绝缘线 BV； 防雷接地系统：接闪带（避雷网）、引下线、均压环、接地跨接、接地母线； 楼宇亮化工程：配电箱、焊接钢管、套接紧定式镀锌钢导管、洗墙灯、线条灯、铜芯聚氯乙烯绝缘护套软线 ZR-RVV

续表 4-1-30

2	建筑智能化工程	信息网络系统:交换机、光纤收发器、单模光纤; 安全防范系统-视频安防监控系统:交换机、网络红外球型摄像机、枪型网络摄像机、铜芯聚氯乙烯护套屏蔽软线 ZR-RVVP; 安全防范系统-访客对讲系统:可视对讲室外机、门禁控制器、可视对讲室内机、铜芯聚氯乙烯护套屏蔽软线 ZR-RVVP; 综合管路系统:热镀锌板喷塑托盘式电缆桥架、刚性阻燃电线管
3	消防工程	水灭火系统-自动喷水灭火系统:热浸镀锌钢管; 水灭火系统-消火栓系统:消火栓箱、灭火器箱、热浸镀锌钢管、18t 不锈钢消防水箱; 火灾自动报警系统:感烟探测器、热浸镀锌防火塑粉槽式电缆桥架、套接紧定式镀锌钢导管、铜芯低烟无卤聚氯乙烯护套控制电缆 WDZBN-KYJY、铜芯低烟无卤聚氯乙烯绞型软线 WDZCN-RVS; 应急照明及疏散指示系统:应急照明电源配电箱、应急吸顶灯、疏散标志灯、安全出口标志灯、套接紧定式镀锌钢导管、铜芯低烟无卤电线 WDZCN-BYJ
4	通风空调工程	通风系统:风机、镀锌薄钢板风管
5	给排水工程	给水系统:衬塑复合钢管、无规共聚聚丙烯管(PP-R 管)、智能水表; 排水系统:消音硬聚氯乙烯塑料排水管、硬聚氯乙烯塑料排水管(UPVC 管)
6	其他特征	电梯:垂直电梯

表 4-1-31 9# 楼地上建筑概况

综合概况	工程名称	某保障性住房小区项目 9# 楼				
	采集类别编码	FJ010202	建筑物层数	9	建筑面积 /m²	4 340.22
	抗震设防类别	丙类	结构类型	框架结构	装配率 /%	50
	建筑高度 /m	26.80	标准层层高 /m	2.90	基本风压 /(kN/m²)	0.45
	抗震等级	框架四级				
	其他特征	—				
一、建筑与装饰工程概况						
1	砌筑工程	非黏土烧结多孔砖				
2	混凝土结构工程	结构形式:现浇钢筋混凝土结构; 混凝土含量 0.42m³/m²、钢筋含量 48.14kg/m²; 模板及支撑架:复合模板、扣件式钢管支撑架				
3	门窗工程	门:木质防火门、钢质门; 窗:断热铝合金门窗[(6Low-E+12A+6)mm 中空钢化玻璃]				
4	屋面工程	刚性屋面:40.0mm 厚 C30 细石混凝土、无纺布、55.0mm 厚挤塑聚苯板、1.5mm 厚聚氨酯防水涂料、20.0mm 厚 1:3 水泥砂浆、CL5.0 泡沫混凝土找坡;				

续表 4-1-31

4	屋面工程	瓦屋面：400mm × 300mm 彩色陶瓷瓦、40.0mm 厚 C30 细石混凝土、4.0mm 厚耐根穿刺改性沥青防水卷材、1.5mm 厚自粘型改性沥青防水卷材、20.0mm 厚 1：3 水泥砂浆； 种植土屋面：无纺布、20.0mm 高凹凸型塑料排水板、40.0mm 厚 C30 细石混凝土、50.0mm 厚挤塑聚苯板、15.0mm 厚 1：3 水泥砂浆、4.0mm 厚耐根穿刺改性沥青防水卷材、1.5mm 厚聚氨酯防水涂料、20.0mm 厚 1：3 水泥砂浆、CL5.0 泡沫混凝土找坡
5	防水工程	外墙：1.5mm 厚聚氨酯防水涂料； 内墙（卫生间）：1.5mm 厚聚合物防水涂料； 楼面（卫生间、阳台）：1.5mm 厚聚氨酯防水涂料
6	防腐、隔热、保温工程	外墙内保温：无机轻集料保温砂浆； 楼面保温：无机轻集料保温砂浆
7	外墙装饰及幕墙工程	外墙装饰：涂料； 幕墙（一层单元入口处）：25.0mm 厚花岗岩干挂
8	楼地面装饰工程	户内：C25 细石混凝土； 电梯厅：20.0mm 厚芝麻灰花岗岩； 楼梯：20.0mm 厚芝麻灰花岗岩
9	内墙及柱面装饰工程	户内：腻子； 电梯厅：腻子、涂料； 楼梯间：腻子、涂料
10	天棚工程	户内：腻子； 电梯厅：腻子、涂料； 楼梯间：腻子、涂料
11	其他装饰工程	楼梯：不锈钢管栏杆（H=900mm）； 护窗：不锈钢管栏杆（H=300mm）； 平台：镀锌钢管型钢栏杆（H=600mm）
二、通用安装工程概况		
1	电气设备安装工程	动力系统：配电箱、热镀锌板喷塑托盘式电缆桥架、焊接钢管、套接紧定式镀锌钢导管、刚性阻燃电线管、铜芯电力电缆 YJY-0.6/1kV、铜芯电力电缆 NH-YJY-0.6/1kV、矿物绝缘电缆 BTTZ-0.6/1kV； 照明系统：配电箱、刚性阻燃电线管、节能灯、防水防尘灯、开关、插座、铜芯塑料绝缘线 BV； 防雷接地系统：接闪带（避雷网）、引下线、均压环、接地跨接、接地母线； 楼宇亮化工程：配电箱、焊接钢管、套接紧定式镀锌钢导管、洗墙灯、线条灯、铜芯聚氯乙烯绝缘护套软线 ZR-RVV

续表 4–1–31

2	建筑智能化工程	信息网络系统：交换机、光纤收发器、单模光纤； 安全防范系统 – 视频安防监控系统：交换机、网络红外球型摄像机、枪型网络摄像机、铜芯聚氯乙烯护套屏蔽软线 ZR–RVVP； 安全防范系统 – 访客对讲系统：可视对讲室外机、门禁控制器、可视对讲室内机、铜芯聚氯乙烯护套屏蔽软线 ZR–RVVP； 综合管路系统：热镀锌板喷塑托盘式电缆桥架、刚性阻燃电线管
3	消防工程	水灭火系统 – 自动喷水灭火系统：热浸镀锌钢管； 水灭火系统 – 消火栓系统：消火栓箱、灭火器箱、热浸镀锌钢管、18t 不锈钢消防水箱； 火灾自动报警系统：感烟探测器、热浸镀锌防火塑粉槽式电缆桥架、套接紧定式镀锌钢导管、铜芯低烟无卤聚氯乙烯护套控制电缆 WDZBN–KYJY、铜芯低烟无卤聚氯乙烯绞型软线 WDZCN–RVS； 应急照明及疏散指示系统：应急照明电源配电箱、应急吸顶灯、疏散标志灯、安全出口标志灯、套接紧定式镀锌钢导管、铜芯低烟无卤电线 WDZCN–BYJ
4	通风空调工程	通风系统：风机、镀锌薄钢板风管
5	给排水工程	给水系统：衬塑复合钢管、无规共聚聚丙烯管(PP–R 管)、智能水表； 排水系统：消音硬聚氯乙烯塑料排水管、硬聚氯乙烯塑料排水管(UPVC 管)
6	其他特征	电梯：垂直电梯

表 4–1–32　10# 楼地上建筑概况

综合概况	工程名称	某保障性住房小区项目　10# 楼				
	采集类别编码	FJ010202	建筑物层数	11	建筑面积 /m²	5 519.27
	抗震设防类别	丙类	结构类型	剪力墙结构	装配率 /%	50
	建筑高度 /m	32.50	标准层层高 /m	2.90	基本风压 /(kN/m²)	0.45
	抗震等级	剪力墙四级				
	其他特征	—				
一、建筑与装饰工程概况						
1	砌筑工程	非黏土烧结多孔砖				
2	混凝土结构工程	结构形式：现浇钢筋混凝土结构； 混凝土含量 0.42m³/m²、钢筋含量 48.08kg/m²； 模板及支撑架：复合模板、扣件式钢管支撑架				
3	门窗工程	门：木质防火门、钢质门； 窗：断热铝合金门窗[(6Low–E+12A+6)mm 中空钢化玻璃]				

续表 4-1-32

4	屋面工程	刚性屋面：40.0mm 厚 C30 细石混凝土、无纺布、55.0mm 厚挤塑聚苯板、1.5mm 厚聚氨酯防水涂料、20.0mm 厚 1∶3 水泥砂浆、CL5.0 泡沫混凝土找坡； 瓦屋面：400mm × 300mm 彩色陶瓷瓦、40.0mm 厚 C30 细石混凝土、4.0mm 厚耐根穿刺改性沥青防水卷材、1.5mm 厚自粘型改性沥青防水卷材、20.0mm 厚 1∶3 水泥砂浆； 种植土屋面：无纺布、20.0mm 高凹凸型塑料排水板、40.0mm 厚 C30 细石混凝土、50.0mm 厚挤塑聚苯板、15.0mm 厚 1∶3 水泥砂浆、4.0mm 厚耐根穿刺改性沥青防水卷材、1.5mm 厚聚氨酯防水涂料、20.0mm 厚 1∶3 水泥砂浆、CL5.0 泡沫混凝土找坡
5	防水工程	外墙：1.5mm 厚聚氨酯防水涂料； 内墙（卫生间）：1.5mm 厚聚合物防水涂料； 楼面（卫生间、阳台）：1.5mm 厚聚氨酯防水涂料
6	防腐、隔热、保温工程	外墙内保温：无机轻集料保温砂浆； 楼面保温：无机轻集料保温砂浆
7	外墙装饰及幕墙工程	外墙装饰：涂料； 幕墙（一层单元入口处）：25.0mm 厚花岗岩干挂
8	楼地面装饰工程	户内：C25 细石混凝土； 电梯厅：20.0mm 厚芝麻灰花岗岩； 楼梯：20.0mm 厚芝麻灰花岗岩
9	内墙及柱面装饰工程	户内：腻子； 电梯厅：腻子、涂料； 楼梯间：腻子、涂料
10	天棚工程	户内：腻子； 电梯厅：腻子、涂料； 楼梯间：腻子、涂料
11	其他装饰工程	楼梯：不锈钢管栏杆（H=900mm）； 护窗：不锈钢管栏杆（H=300mm）； 平台：镀锌钢管型钢栏杆（H=600mm）
二、通用安装工程概况		
1	电气设备安装工程	动力系统：配电箱、热镀锌板喷塑托盘式电缆桥架、焊接钢管、套接紧定式镀锌钢导管、刚性阻燃电线管、铜芯电力电缆 YJY-0.6/1kV、铜芯电力电缆 NH-YJY-0.6/1kV、矿物绝缘电缆 BTTZ-0.6/1kV； 照明系统：配电箱、刚性阻燃电线管、节能灯、防水防尘灯、开关、插座、铜芯塑料绝缘线 BV； 防雷接地系统：接闪带（避雷网）、引下线、均压环、接地跨接、接地母线；

续表 4-1-32

1	电气设备安装工程	楼宇亮化工程:配电箱、焊接钢管、套接紧定式镀锌钢导管、洗墙灯、线条灯、铜芯聚氯乙烯绝缘护套软线 ZR-RVV
2	建筑智能化工程	信息网络系统:交换机、光纤收发器、单模光纤; 安全防范系统 - 视频安防监控系统:交换机、网络红外球型摄像机、枪型网络摄像机、铜芯聚氯乙烯护套屏蔽软线 ZR-RVVP; 安全防范系统 - 访客对讲系统:可视对讲室外机、门禁控制器、可视对讲室内机、铜芯聚氯乙烯护套屏蔽软线 ZR-RVVP; 综合管路系统:热镀锌板喷塑托盘式电缆桥架、刚性阻燃电线管
3	消防工程	水灭火系统 - 自动喷水灭火系统:热浸镀锌钢管; 水灭火系统 - 消火栓系统:消火栓箱、灭火器箱、热浸镀锌钢管、18t 不锈钢消防水箱; 火灾自动报警系统:感烟探测器、热浸镀锌防火塑粉槽式电缆桥架、套接紧定式镀锌钢导管、铜芯低烟无卤聚氯乙烯护套控制电缆 WDZBN-KYJY、铜芯低烟无卤聚氯乙烯绞型软线 WDZCN-RVS; 应急照明及疏散指示系统:应急照明电源配电箱、应急吸顶灯、疏散标志灯、安全出口标志灯、套接紧定式镀锌钢导管、铜芯低烟无卤电线 WDZCN-BYJ
4	通风空调工程	通风系统:风机、镀锌薄钢板风管
5	给排水工程	给水系统:衬塑复合钢管、无规共聚聚丙烯管(PP-R 管)、智能水表; 排水系统:消音硬聚氯乙烯塑料排水管、硬聚氯乙烯塑料排水管(UPVC 管)
6	其他特征	电梯:垂直电梯

表 4-1-33 室外附属工程概况

综合概况	工程名称	某保障性住房小区项目　室外附属工程		
	采集类别编码	FJ010501	室外总面积 /m^2	14 397.71
	道路面积 /m^2	6 762.00	绿化面积 /m^2	5 652.01
	围墙长度 /m	703.22		
	其他特征	—		
室外附属工程概况				
1	道路	人行道:60.0mm 厚 200mm × 400mm 透水砖、120mm × 300mm × 600mm 芝麻灰花岗岩; 车行道:200.0mm 厚水泥混凝土、100.0mm 厚芝麻灰花岗岩		
2	景观	园路:30.0mm 厚 600mm × 400mm 黄锈花岗岩、30.0mm 厚 500mm × 500mm 芝麻白花岗岩、30.0mm 厚 200mm × 200mm 贵妃红花岗岩;		

续表 4-1-33

2	景观	景观亭：250mm × 250mm 梢木立柱、250mm × 100mm 梢木矩形梁、180mm × 300mm 梢木主斜梁、80mm × 120mm 梢木次斜梁、120mm × 200mm 梢木边梁、150mm × 20mm 梢木木望板、20mm 梢木封檐板、沥青瓦屋面
3	绿化	乔木 440 株、灌木 72 株、草坪 1 418m^2、色带 4 214m^2
4	围墙	围墙高度：2.5m； 围墙形式：氟碳漆铝合金方管金属栏杆（H=1 600mm）； 围墙饰面：涂料
5	通用安装工程	照明系统：配电箱、庭院路灯（灯杆高 4m）、草坪灯、焊接钢管、聚乙烯电缆保护管 PE 管、铜芯电力电缆 YJY22-0.6/1kV、电缆井； 公共广播系统：室外草地音箱、铜芯低烟无卤聚氯乙烯护套屏蔽软线 WDZ-RVVP； 安全防范系统 - 出入口控制系统：智能挡车器、防撞栏杆、远距离读卡器台、远距离柱式控制机、地磁检测器、铜芯聚氯乙烯护套屏蔽软线 ZR-RVVP； 安全防范系统 - 电子巡查系统：巡逻采集棒、信息钮扣； 安全防范系统 - 视频安防监控系统：室外筒型网络摄像机、单模光纤； 综合管路系统：焊接钢管、聚乙烯电缆保护管 PE 管、手孔井； 水灭火系统 - 消火栓系统：地上式消火栓水泵接合器 3 套、地上式室外消防栓、球墨铸铁管、阀门井； 消防报警系统：焊接钢管、铜芯聚氯乙烯护套控制电缆 NH-KVV-450/750、电缆井； 给水系统：球墨铸铁管、衬塑钢塑管、阀门井； 排水系统：自应力混凝土管、高密度聚乙烯 HDPE 双壁波纹管、雨水 PP 模块收集系统 1 套（含模块蓄水池、水处理设备、配电箱等设施）、雨污水井
6	其他	化粪池：8 座

表 4-1-34　整体项目造价指标表

项目类型	功能规模	指标内容				
住宅型 保障性住房	378 户	1. 整体项目造价指标分为地上建筑、地下建筑、室外附属工程； 2. 地上建筑包括 10 幢高层住宅楼及附属用房				
序号	**整体项目造价指标 /（元 /m^2）**	**单项工程造价指标 /（元 /m^2）**				**备注**
		指标组成	**基期指标**			
			合计	**建筑与装饰**	**通用安装**	
1	3 147.94	地下建筑	4 237.80	3 749.59	488.21	
2		地上建筑	2 478.95	2 053.06	425.89	
3		室外附属工程	623.78			

表 4–1–35　单项造价指标表

项目类型	指标内容
住宅型保障性住房项目	1. 建筑与装饰工程包括土石方工程，基坑围护工程，桩基工程，砌筑工程，混凝土结构工程，金属结构工程，屋面工程，防水工程，防腐、隔热、保温工程，外墙装饰及幕墙工程，楼地面装饰工程，内墙及柱面装饰工程，天棚工程，其他装饰工程，附属工程，施工技术措施等； 2. 通用安装工程包括电气设备安装工程、建筑智能化工程、消防工程、通风空调工程、给排水工程、电梯、充电桩、施工技术措施等； 3. 室外附属工程主要包括道路、景观、绿化、围墙、电气设备安装、建筑智能化、消防、给排水等

序号	单项名称	造价指标 /（元 /m²）			备注
		建筑与装饰	通用安装	合计	
一、地下建筑					
1	1# 地下室	3 702.81	510.82	4 213.63	
2	2# 地下室	3 785.46	470.87	4 256.33	
二、地上建筑					
1	1# 楼（带商业）	2 124.27	445.49	2 569.76	
2	2# 楼（带商业、社区用房）	2 028.99	432.20	2 461.19	
3	3# 楼（带商业）	2 193.91	388.52	2 582.43	
4	4# 楼	1 978.00	396.43	2 374.43	
5	5# 楼（带商业、物业及消控室、门卫）	2 023.36	528.89	2 552.25	
6	6# 楼（带商业、养老用房）	1 937.08	397.97	2 335.05	
7	7# 楼（带商业、门卫）	1 937.08	406.48	2 343.56	
8	8# 楼（带商业）	2 070.66	405.72	2 476.38	
9	9# 楼（带商业）	2 194.10	396.53	2 590.63	
10	10# 楼（带商业）	2 131.17	405.58	2 536.75	
三、室外附属工程					
1	道路	223.03			
2	景观	26.70			
3	绿化	69.77			
4	围墙	63.19			
5	通用安装工程	229.24			
6	其他	11.85			

表 4-1-36　1# 地下室、2# 地下室、1# 楼造价指标单元分析表

序号	一级造价指标单元	造价指标 /(元 /m^2)			备注
		1# 地下室	2# 地下室	1# 楼	
一	建筑与装饰工程	3 702.82	3 785.45	2 124.26	
1	土石方工程	348.37	368.65	—	
2	基坑围护工程	222.18	119.58	—	
3	桩基工程	481.00	371.95	—	
4	砌筑工程	60.78	46.91	118.68	
5	混凝土结构工程	1 543.81	1 773.30	890.44	
6	门窗工程	24.22	91.02	221.76	
7	屋面工程	1.06	—	73.19	
8	防水工程	470.48	494.97	46.17	
9	防腐、隔热、保温工程	—	—	86.25	
10	外墙装饰及幕墙工程	6.72	4.08	182.83	
11	楼地面装饰工程	191.85	174.62	101.41	
12	内墙及柱面装饰工程	122.64	109.50	153.64	
13	天棚工程	51.20	45.56	33.66	
14	其他装饰工程	1.98	2.08	66.94	
15	附属工程	6.24	4.87	1.92	
16	施工技术措施	170.29	178.36	147.37	
二	通用安装工程	510.81	470.87	445.48	
1	电气设备安装工程	151.89	139.76	132.68	
2	建筑智能化工程	12.84	11.92	28.69	
3	消防工程	198.70	138.61	47.51	
4	通风空调工程	70.02	111.94	9.53	
5	给排水工程	69.96	18.38	124.09	
6	电梯	—	—	96.71	
7	充电桩	—	43.72	—	
8	施工技术措施	7.40	6.54	6.27	

表 4-1-37　2# 楼、3# 楼、4# 楼造价指标单元分析表

序号	一级造价指标单元	造价指标 /(元 /m²)			备注
		2# 楼	3# 楼	4# 楼	
一	建筑与装饰工程	2 028.99	2 193.92	1 978.00	
1	砌筑工程	111.82	135.31	100.57	
2	混凝土结构工程	850.85	859.44	841.31	
3	门窗工程	209.73	226.02	187.20	
4	屋面工程	60.28	125.40	54.55	
5	防水工程	46.42	48.42	46.86	
6	防腐、隔热、保温工程	85.19	92.05	73.89	
7	外墙装饰及幕墙工程	166.52	187.71	188.82	
8	楼地面装饰工程	98.57	107.65	90.87	
9	内墙及柱面装饰工程	154.31	148.82	140.29	
10	天棚工程	32.23	35.12	30.52	
11	其他装饰工程	62.82	66.53	66.73	
12	附属工程	2.24	3.00	2.15	
13	施工技术措施	148.01	158.45	154.24	
二	通用安装工程	432.20	388.52	396.42	
1	电气设备安装工程	132.74	120.77	128.43	
2	建筑智能化工程	29.42	25.51	26.11	
3	消防工程	41.58	34.96	47.95	
4	通风空调工程	7.03	7.61	8.07	
5	给排水工程	125.40	107.08	94.31	
6	电梯	90.04	87.15	86.66	
7	施工技术措施	5.99	5.44	4.89	

表 4-1-38 5# 楼、6# 楼、7# 楼造价指标单元分析表

序号	一级造价指标单元	造价指标/(元/m^2)			备注
		5# 楼	6# 楼	7# 楼	
一	建筑与装饰工程	2 023.36	1 937.08	1 961.80	
1	砌筑工程	119.69	108.21	109.38	
2	混凝土结构工程	819.07	802.84	832.30	
3	门窗工程	225.62	201.30	202.19	
4	屋面工程	57.92	72.20	66.00	
5	防水工程	39.88	35.61	32.80	
6	防腐、隔热、保温工程	104.75	92.04	105.01	
7	外墙装饰及幕墙工程	169.25	180.96	170.88	
8	楼地面装饰工程	98.29	93.19	91.10	
9	内墙及柱面装饰工程	141.09	124.75	130.28	
10	天棚工程	24.23	27.90	23.95	
11	其他装饰工程	74.97	54.14	51.20	
12	附属工程	1.84	3.06	1.79	
13	施工技术措施	146.76	140.88	144.92	
二	通用安装工程	528.89	397.96	406.48	
1	电气设备安装工程	125.87	128.66	128.89	
2	建筑智能化工程	121.77	21.25	25.26	
3	消防工程	51.41	43.64	44.22	
4	通风空调工程	7.19	7.12	9.15	
5	给排水工程	99.91	94.15	99.25	
6	电梯	116.48	98.53	94.67	
7	施工技术措施	6.26	4.61	5.04	

表 4-1-39 8# 楼、9# 楼、10# 楼造价指标单元分析表

序号	一级造价指标单元	造价指标 /(元 /m²)			备注
		8# 楼	9# 楼	10# 楼	
一	建筑与装饰工程	2 070.66	2 194.11	2 131.16	
1	砌筑工程	117.76	118.15	114.05	
2	混凝土结构工程	886.61	928.30	885.96	
3	门窗工程	209.96	220.55	215.89	
4	屋面工程	77.62	102.24	101.45	
5	防水工程	40.33	38.80	41.04	
6	防腐、隔热、保温工程	99.43	108.33	96.22	
7	外墙装饰及幕墙工程	177.05	204.82	195.18	
8	楼地面装饰工程	99.02	98.86	104.73	
9	内墙及柱面装饰工程	134.41	147.12	139.14	
10	天棚工程	28.11	26.62	34.95	
11	其他装饰工程	54.36	64.09	61.34	
12	附属工程	3.58	2.22	3.06	
13	施工技术措施	142.42	134.01	138.15	
二	通用安装工程	405.73	396.53	405.58	
1	电气设备安装工程	121.62	112.33	122.89	
2	建筑智能化工程	25.32	27.85	25.54	
3	消防工程	36.29	37.73	34.52	
4	通风空调工程	8.02	10.89	8.08	
5	给排水工程	118.15	106.43	109.82	
6	电梯	90.98	96.21	99.56	
7	施工技术措施	5.35	5.09	5.17	

二、学校项目

(一)某幼儿园项目

某幼儿园项目概况和其造价指标见表 4–1–40~ 表 4–1–46。

表 4–1–40 项目概况

<table>
<tr><td>项目名称</td><td colspan="4">某幼儿园项目</td></tr>
<tr><td>建设地点</td><td>某市某区</td><td colspan="2">质量要求</td><td>合格</td></tr>
<tr><td>资金来源</td><td>国有资金投资</td><td colspan="2">承发包模式</td><td>施工总承包</td></tr>
<tr><td>项目性质</td><td>新建项目</td><td colspan="2">绿色建筑等级</td><td>三星级</td></tr>
<tr><td>用地面积 /m²</td><td>4 781.00</td><td colspan="2">建筑占地面积 /m²</td><td>1 928.00</td></tr>
<tr><td rowspan="2">建筑面积 /m²</td><td rowspan="2">6 036.00</td><td rowspan="2">其中</td><td>地上建筑面积 /m²</td><td>4 086.00</td></tr>
<tr><td>地下建筑面积 /m²</td><td>1 950.00</td></tr>
<tr><td>抗震设防烈度</td><td>7 度</td><td colspan="2">功能规模 / 班</td><td>9</td></tr>
<tr><td>用电容量 /(kV·A)</td><td>500</td><td colspan="2">计价方式</td><td>国标清单计价</td></tr>
<tr><td>造价类别</td><td>招标控制价</td><td colspan="2">计价依据</td><td>2018 版计价依据</td></tr>
<tr><td>编制基期</td><td>2022 年 7 月</td><td colspan="2">工程造价 / 万元</td><td>3 223.388 0</td></tr>
<tr><td>造价指标 /(元 /m²)</td><td colspan="4">5 340.27</td></tr>
<tr><td>其他说明</td><td colspan="4">1. 本项目室内按全装修考虑;
2. 本项目消控室、信息网络机房设置在综合楼;
3. 本项目不含变配电系统</td></tr>
</table>

表 4–1–41 地下建筑概况

<table>
<tr><td rowspan="7">综合概况</td><td>工程名称</td><td colspan="5">某幼儿园项目 地下室</td></tr>
<tr><td>采集类别编码</td><td>FJ020101</td><td>地下层数</td><td>1</td><td>建筑面积 /m²</td><td>1 950.00</td></tr>
<tr><td>抗震设防类别</td><td>乙类</td><td>人防等级</td><td>核 6 常 6</td><td>人防面积 /m²</td><td>655.00</td></tr>
<tr><td>结构类型</td><td>框架 – 剪力墙结构</td><td>桩基类型</td><td>预制桩</td><td>基坑围护形式</td><td>板桩墙</td></tr>
<tr><td>建筑功能</td><td>停车库</td><td>防火分区数量 / 个</td><td>3</td><td>机动车位数量 / 辆</td><td>25</td></tr>
<tr><td>抗震等级</td><td colspan="5">框架剪力墙三级</td></tr>
<tr><td>其他特征</td><td colspan="5">—</td></tr>
</table>

续表 4-1-41

一、建筑与装饰工程概况		
1	土石方工程	土石方类别：二类土； 开挖深度：5.6m； 外运距离：15km； 渣土消纳处置方式：水运
2	基坑围护工程	基坑围护长度：209m（按地下室外墙结构长度计算）； 基坑围护类型：HC 工法桩（700×300×13×24 H 型钢）、SP-IV 拉森钢板桩
3	桩基工程	PHC-AB600（110）预制钢筋混凝土管桩（平均桩长 35m）
4	砌筑工程	混凝土实心砖
5	混凝土结构工程	基础类型：筏板基础； 结构形式：现浇钢筋混凝土结构； 混凝土含量 1.42m^3/m^2、钢筋含量 190.15kg/m^2； 模板及支撑架：复合模板、扣件式钢管支撑架
6	门窗工程	门：木质防火门、钢质防火门、双轨无机纤维复合特级防火卷帘（耐火极限 3h）、人防门
7	防水工程	底板：1.2mm 厚高分子自粘胶膜预铺防水卷材； 侧墙：1.5mm 厚自粘型改性沥青防水卷材、30.0mm 厚挤塑聚苯板； 顶板：无纺布、20.0mm 高凹凸型排（蓄）水板、70.0mm 厚 C25 细石混凝土、无纺布、4.0mm 厚耐根穿刺改性沥青防水卷材、2.0mm 厚非固化橡胶沥青防水涂料、20.0mm 厚 1：2 水泥砂浆
8	楼地面装饰工程	机动车库：水泥密封固化剂（非纳基 0.1kg/m^2）、2.5mm 厚金刚砂耐磨地坪（掺量 5kg/m^2）、50.0mm 厚 C25 细石混凝土； 电梯厅、楼梯：30.0mm 厚芝麻灰花岗岩； 汽车坡道：无振动环氧防滑坡道、70.0mm 厚 C25 细石混凝土
9	内墙及柱面装饰工程	机动车库：防霉腻子、防霉涂料； 电梯厅、楼梯间：防霉腻子、防霉涂料
10	天棚工程	机动车库：防霉腻子、防霉涂料； 电梯厅、楼梯间：防霉腻子、防霉涂料
11	其他装饰工程	楼梯：不锈钢靠墙扶手； 交通标志标线
12	其他特征	大型机械：静力压装机 1 台、履带式挖掘机 1 台； 自流深井降水 21 座（使用期 60d）

续表 4-1-41

二、通用安装工程概况		
1	电气设备安装工程	动力系统：配电箱、焊接钢管、套接紧定式镀锌钢导管、热镀锌板喷塑（防火塑粉）托盘式电缆桥架、热镀锌板托盘式电缆桥架、柔性矿物绝缘电缆 BBTRZ、低烟无卤电力电缆 WDZB-YJY-0.6/1kV、低烟无卤电力电缆 WDZBN-YJY-0.6/1kV、铜芯低烟无卤聚氯乙烯护套控制电缆 WDZB-KYJY-450/750； 照明系统：配电箱、焊接钢管、套接紧定式镀锌钢导管、荧光灯、开关、插座、热浸镀锌槽式电缆桥架、低烟无卤电力电缆 WDZB-YJY-0.6/1kV、铜芯低烟无卤电线 WDZA-BYJ、铜芯低烟无卤电线 WDZN-BYJ； 防雷接地系统：引下线、接地跨接、接地母线
2	建筑智能化工程	安全防范系统 - 视频安防监控系统：枪式网络摄像机、铜芯聚氯乙烯绝缘护套软线 ZR-RVV； 公共广播系统：吸顶音响、铜芯低烟无卤聚氯乙烯绞型软线 WDZCN-RYS； 综合管路系统：热浸镀锌槽式电缆桥架、套接紧定式镀锌钢导管
3	消防工程	水灭火系统 - 自动喷水灭火系统：喷淋泵 2 台、增压稳压装置 1 套、热浸镀锌钢管； 水灭火系统 - 消火栓系统：消防泵 2 台、增压稳压装置 1 套、消火栓箱、灭火器箱、热浸镀锌钢管； 火灾自动报警系统：感温探测器、感烟探测器、热浸镀锌防火塑粉槽式电缆桥架、焊接钢管、套接紧定式镀锌钢导管、铜芯低烟无卤聚氯乙烯护套控制电缆 WDZBN-KYJY、铜芯低烟无卤聚氯乙烯绞型软线 WDZCN-RYS； 电气火灾监控系统：剩余电流监控模块、焊接钢管、铜芯低烟无卤聚氯乙烯绞型软线 WDZCN-RYS、铜芯低烟无卤电线 WDZCN-BYJ； 应急照明及疏散指示系统：应急照明电源配电箱、应急吸顶灯、疏散标志灯、安全出口标志灯、焊接钢管、铜芯低烟无卤电线 WDZCN-BYJ
4	通风空调工程	通风系统：风机、镀锌薄钢板风管； 防排烟系统：风机、钢面镁质复合风管； 人防通风系统：风机、镀锌薄钢板风管
5	给排水工程	给水系统：衬塑复合钢管、水表； 压力排水系统：潜污泵、热浸镀锌钢管
6	其他特征	抗震支架； 充电桩：慢充 4 个

表 4-1-42 地上建筑概况

综合概况	工程名称	某幼儿园项目 综合楼				
	采集类别编码	FJ020601	建筑物层数	3	建筑面积 /m^2	4 086.00
	抗震设防类别	乙级	结构类型	框架结构	装配率	—
	建筑高度 /m	11.70	标准层层高 /m	3.60	基本风压 /（kN/m^2）	0.45
	抗震等级	框架二级				
	其他特征	—				

续表 4-1-42

一、建筑与装饰工程概况		
1	砌筑工程	蒸压砂加气混凝土砌块、非黏土烧结多孔砖
2	混凝土结构工程	结构形式：现浇钢筋混凝土结构； 混凝土含量 0.33m^3/m^2、钢筋含量 50.66kg/m^2； 模板及支撑架：复合模板、扣件式钢管支撑架
3	门窗工程	门：木质防火门、断桥隔热铝合金门［（6Low-E+12A+6）mm 中空钢化玻璃］； 窗：断桥隔热铝合金窗［（6Low-E+12A+6）mm 中空钢化玻璃］
4	屋面工程	种植屋面：无纺布、20.0mm 高凹凸型排（蓄）水板、70.0mm 厚 C25 细石混凝土、无纺布、4.0mm 厚耐根穿刺改性沥青防水卷材、2.0mm 厚非固化橡胶沥青防水涂料、20.0mm 厚 1∶2 水泥砂浆； 刚性屋面：50.0mm 厚 C25 细石混凝土、10.0mm 厚低标号砂浆、50.0mm 厚挤塑聚苯乙烯泡沫、3.0mm 厚自粘型改性沥青防水卷材、1.5mm 厚非固化橡胶沥青防水涂料、20.0mm 厚 1∶2 水泥砂浆； 型材屋面：0.6mm 厚 65/400 型氟碳涂层铝镁锰合金屋面板、40.0mm 厚 C25 细石混凝土、65.0mm 厚挤塑聚苯乙烯泡沫板、20.0mm 厚 1∶3 水泥砂浆； 玻璃雨篷：（8+1.52PVB+8）mm 夹胶钢化玻璃
5	防水工程	楼地面（卫生间、走廊）：1.5mm 厚聚氨酯防水涂料； 内墙面（卫生间）：1.2mm 厚聚氨酯防水涂料
6	防腐、隔热、保温工程	外墙面：无机轻集料保温砂浆； 楼地面：挤塑聚苯保温板
7	外墙装饰及幕墙工程	外墙装饰：涂料； 幕墙（南立面）：3.0mm 厚氟碳喷涂铝板
8	楼地面装饰工程	活动区域：2.5mm 厚 PVC 复合塑胶地板、15.0mm 厚实木复合地板； 公共区域：300mm × 300mm 地砖； 楼梯：25.0mm 厚芝麻灰花岗岩
9	内墙及柱面装饰工程	活动区域：3.0mm 厚樱桃木烤漆板、3.0mm 厚铝板、腻子、涂料； 公共区域：20.0mm 厚石英石、600mm × 1 200mm 瓷砖； 楼梯间：600mm × 600mm 瓷砖、腻子、涂料
10	天棚工程	活动区域：U38 轻钢龙骨、9.5mm 厚石膏板、腻子、涂料； 公共区域：600mm × 600mm × 0.8mm 铝扣板； 楼梯间：腻子、涂料
11	其他装饰工程	楼梯：不锈钢栏杆（H=1 100mm）； 护窗：不锈钢栏杆（H=900mm）； 阳台：12.0mm 厚钢化玻璃栏板（H=1 200mm）； 屋面：12.0mm 厚钢化玻璃栏板（H=500mm）

续表 4-1-42

二、通用安装工程概况		
1	电气设备安装工程	动力系统：配电箱、焊接钢管、套接紧定式镀锌钢导管、热镀锌板喷塑（防火塑粉）托盘式电缆桥架、热镀锌板托盘式电缆桥架、柔性矿物绝缘电缆 BBTRZ、低烟无卤电力电缆 WDZB-YJY-0.6/1kV、低烟无卤电力电缆 WDZBN-YJY-0.6/1kV、控制电缆 WDZB-KYJY-450/750； 照明系统：配电箱、焊接钢管、套接紧定式镀锌钢导管、荧光灯、开关、插座、热浸镀锌槽式电缆桥架、低烟无卤电力电缆 WDZB-YJY-0.6/1kV、铜芯低烟无卤电线 WDZA-BYJ、铜芯低烟无卤电线 WDZN-BYJ； 防雷接地系统：接闪带（避雷网）、引下线、接地跨接、接地母线
2	建筑智能化工程	综合布线系统：42U 网络机柜、单模光纤； 信息网络系统：AP 无线外网点、单模光纤； 公共广播系统：吸顶音响、铜芯低烟无卤聚氯乙烯护套屏蔽软线 WDZ-RVVP 安全防范系统 - 入侵报警系统：红外 / 微波双鉴探测器、铜芯聚氯乙烯绝缘护套软线 ZR-RVV； 安全防范系统 - 视频安防监控系统：半球网络摄像机、室内枪式网络摄像机、铜芯聚氯乙烯绝缘护套软线 ZR-RVV； 机房工程：安防综合工作站（含软件）、交换机、42U 机柜、数字式报警主机、报警键盘、无线控制器、4T 硬盘、42 英寸液晶监视器、8 路高清解码器、光收发器、42U 安防机柜、64 路网络视频录像机、数字广播主机、寻呼话筒、调谐器、8 路电源时序器、功率放大器、UPS 主机 6kV·A、UPS 电池 12V100AH 、16 节电池柜、二合一防雷模块、机架式服务器
3	消防工程	水灭火系统 - 自动喷水灭火系统：热浸镀锌钢管； 水灭火系统 - 消火栓系统：消火栓箱、灭火器箱、18t 不锈钢水箱、热浸镀锌钢管； 火灾自动报警系统：报警主机、感温探测器、感烟探测器、热浸镀锌防火塑粉槽式电缆桥架、套接紧定式镀锌钢导管、铜芯低烟无卤聚氯乙烯护套控制电缆 WDZBN-KYJY、铜芯低烟无卤聚氯乙烯护套屏蔽软线 WDZCN-RYS； 电气火灾监控系统：剩余电流监控模块、套接紧定式镀锌钢导管、铜芯低烟无卤聚氯乙烯护套屏蔽软线 WDZCN-RYJS、铜芯低烟无卤电线 WDZCN-BYJ； 应急照明及疏散指示系统：应急照明电源配电箱、应急吸顶灯、疏散标志灯、安全出口标志灯、套接紧定式镀锌钢导管、铜芯低烟无卤电线 WDZCN-BYJ
4	通风空调工程	多联机空调系统：全热交换器、新风机、VRF 空调室外机、VRF 空调室内机、镀锌薄钢板风管、橡塑保温； 通风系统：风机、镀锌薄钢板风管； 防排烟系统：风机、不锈钢风管
5	给排水工程	给水系统：衬塑复合管、无规共聚聚丙烯管（PP-R 管）、水表； 排水系统：硬聚氯乙烯塑料排水管（UPVC 管）、防紫外线硬聚氯乙烯塑料排水管（UPVC 管）； 热水系统：空气源热泵机组、循环泵、回水泵、水箱、水表、衬塑复合管、无规共聚聚丙烯管（PP-R 管）、橡塑保温； 卫生器具安装：洗脸盆、蹲便器、小便器、淋浴器
6	其他特征	抗震支架

表 4-1-43　室外附属工程概况

综合概况	工程名称	某幼儿园项目　室外附属工程		
	采集类别编码	FJ021601	室外总面积 /m²	2 853 .00
	道路面积 /m²	90.07	绿化面积 /m²	1 807 .00
	围墙长度 /m	201 .00	运动场面积 /m²	588.30
	其他特征	—		
室外附属工程概况				
1	道路	人行道：30.0mm 厚芝麻灰花岗岩； 车行道：30.0mm 厚细粒式沥青混凝土（AC13）、80.0mm 厚粗粒式沥青混凝土（AC25）		
2	景观	广场：30mm × 900mm × 300mm 芝麻灰花岗岩透水砖、600mm × 300mm × 30mm 芝麻灰花岗岩； 雨水花园：ϕ（50~100）卵石散铺		
3	绿化	乔木 82 株、灌木 680m²、草坪 820m²		
4	围墙	围墙高度：2.1m； 围墙形式：氟碳漆方钢管金属栏杆（H=1 600mm）； 围墙饰面：涂料； 电动伸缩门 1 樘、型钢铁艺大门 1 樘		
5	通用安装工程	公共广播系统：景观音响、铜芯低烟无卤聚氯乙烯护套屏蔽软线 WDZ-RVVP； 安全防范系统 - 出入口控制系统：人行通道道闸、电动栏杆（铝合金折叠）、车牌识别一体机、铜芯聚氯乙烯绝缘护套软线 ZR-RVV； 安全防范系统 - 视频安防监控系统：室外安防箱、枪式网络摄像机、室外周界摄像头、铜芯聚氯乙烯绝缘护套软线 ZR-RVV； 综合管路：镀锌钢管、聚乙烯电缆电线保护管 PE 管、手孔井； 水灭火系统 - 消火栓系统：室外消火栓、水泵接合器 3 套、球墨铸铁管； 给水系统：衬塑复合管、水表、砌筑井； 排水系统：硬聚氯乙烯塑料排水管（UPVC 管）、高密度聚乙烯 HDPE 双壁波纹管、砌筑井		
6	其他	化粪池：1 座； 旗杆：1 座； 活动场地：8.0mm 厚成品硅 PU 塑胶、13.0mm 厚透水塑胶面层； 戏水池：20.0mm 厚粒径 ϕ（5~6）洗米石； 沙坑：500.0mm 厚无尘海沙		

表 4-1-44 整体项目造价指标表

项目类型	功能规模	指标内容				
幼儿园项目	9 班	整体项目造价指标分为地上建筑、地下建筑、室外附属工程。不包括教学设施设备、厨具设备、机械式停车库等				
序号	整体项目造价指标/(元/m²)	单项工程造价指标/(元/m²)				备注
		指标组成	基期指标			
			合计	建筑与装饰	通用安装	
1	5 340.27	地下建筑	6 374.09	5 511.82	862.27	
2		地上建筑	4 344.98	3 349.54	995.44	
3		室外附属工程	718.83			

表 4-1-45 单项造价指标表

项目类型	指标内容				
幼儿园项目	1. 建筑与装饰工程包括土石方工程,基坑围护工程,桩基工程,砌筑工程,混凝土结构工程,金属结构工程,屋面工程,防水工程,防腐、隔热、保温工程,外墙装饰及幕墙工程,楼地面装饰工程,内墙及柱面装饰工程,天棚工程,其他装饰工程,附属工程,施工技术措施等; 2. 通用安装工程包括电气设备安装工程、建筑智能化工程、消防工程、通风空调工程、给排水工程、充电桩、施工技术措施等; 3. 室外附属工程主要包括道路、景观、绿化、围墙、电气设备安装、建筑智能化、消防、给排水等				
序号	单项名称	造价指标/(元/m²)			备注
		建筑与装饰	通用安装	合计	
一 地下建筑					
1	地下室	5 511.82	862.27	6 374.09	
二 地上建筑					
1	综合楼	3 349.54	995.44	4 344.98	
三 室外附属工程					
1	道路	18.83			
2	景观	135.44			
3	绿化	126.45			
4	围墙	101.71			
5	通用安装工程	228.27			
6	其他	108.15			

表 4-1-46 造价指标单元分析表

序号	一级造价指标单元	造价指标/(元/m²)		备注
		地下室	综合楼	
一	建筑与装饰工程	5 511.82	3 349.53	
1	土石方工程	711.81	—	
2	基坑围护工程	752.54	—	
3	桩基工程	771.81	—	
4	砌筑工程	30.85	127.46	
5	混凝土结构工程	2 268.78	716.42	
6	门窗工程	55.88	269.63	
7	屋面工程	—	205.42	
8	防水工程	235.89	15.16	
9	防腐、隔热、保温工程	—	35.59	
10	外墙装饰及幕墙工程	—	377.44	
11	楼地面装饰工程	237.39	514.41	
12	内墙及柱面装饰工程	105.65	393.94	
13	天棚工程	46.04	474.69	
14	其他装饰工程	12.10	113.44	
15	附属工程	4.36	0.33	
16	施工技术措施	278.72	105.60	
二	通用安装工程	862.27	995.44	
1	电气设备安装工程	248.55	242.67	
2	建筑智能化工程	29.72	92.15	
3	消防工程	349.35	170.69	
4	通风空调工程	163.27	323.57	
5	给排水工程	58.64	158.39	
6	充电桩	7.74	—	
7	施工技术措施	5.00	7.97	

（二）某小学项目

某小学项目概况和造价指标见表 4–1–47~ 表 4–1–54。

表 4–1–47　项目概况

项目名称	某小学项目			
建设地点	某市某区	质量要求		合格
资金来源	国有资金投资	承发包模式		施工总承包
项目性质	新建项目	绿色建筑等级		二星级
用地面积 /m²	25 375.85	建筑占地面积 /m²		7 152.41
建筑面积 /m²	54 019.65	其中	地上建筑面积 /m²	28 262.14
			地下建筑面积 /m²	25 757.51
抗震设防烈度	6 度	功能规模 / 班		48
用电容量 /（kV·A）	4 600	计价方式		国标清单计价
造价类别	招标控制价	计价依据		2018 版计价依据
编制基期	2022 年 7 月	工程造价 / 万元		22 300.773 7
造价指标 /（元 /m²）	4 128.27			
其他说明	1. 本项目配备 5 台自升式塔式起重机； 2. 本项目室内按全装修考虑； 3. 本项目消控室、信息网络机房设置在教学楼； 4. 本项目不包含变配电系统			

表 4–1–48　地下建筑概况

综合概况	工程名称	某小学项目　地下室				
	采集类别编码	FJ020101	地下层数	1	建筑面积 /m²	25 757.51
	抗震设防类别	乙类	人防等级	核 6 常 6	人防面积 /m²	1 421.00
	结构类型	框架结构	桩基类型	灌注桩	基坑围护形式	排桩墙
	建筑功能	停车库、餐厅	防火分区数量 / 个	8	机动车位数量 / 辆	500
	抗震等级	地下一层框架四级，主楼范围内框架二级				
	其他特征	—				

续表 4-1-48

一、建筑与装饰工程概况		
1	土石方工程	土石方类别：三类土、软岩； 开挖深度：5.25m； 外运距离：10km； 矿产资源费用回购
2	基坑围护工程	基坑围护长度：624.7m（按地下室外墙结构长度计算）； 基坑围护类型：ϕ850mm 三轴水泥搅拌桩、ϕ800mm 干作业成孔灌注桩、ϕ48mm × 3.0mm 钢管穿 3ϕ15.24mm 无粘结高强度低松弛钢绞线
3	桩基工程	ϕ700mm 干作业成孔灌注桩（平均桩长 6.5m）、ϕ1 000mm 干作业成孔灌注桩（平均桩长 8.5m）、ϕ1 200mm 干作业成孔灌注桩（平均桩长 9m）、ϕ1 400mm 干作业成孔灌注桩（平均桩长 10.5m）
4	砌筑工程	非黏土烧结多孔砖
5	混凝土结构工程	基础类型：筏板基础； 结构形式：现浇钢筋混凝土结构； 混凝土含量 1.24m^3/m^2、钢筋含量 182.98kg/m^2； 模板及支撑架：复合模板、扣件式钢管支撑架
6	门窗工程	门：特级双轨双帘无机布制防火卷帘（耐火极限 3.00h）、木质防火门、人防门
7	防水工程	底板：1.5mm 厚自粘型高分子防水卷材、50.0mm 厚 C20 细石混凝土； 侧墙：1.5mm 厚自粘型高分子防水卷材、1.5mm 厚聚氨酯防水涂料、混凝土实心砖保护墙； 顶板：70.0mm 厚 C20 细石混凝土、10.0mm 厚低标号砂浆、4.0mm 厚耐根刺改性沥青防水卷材、1.2mm 厚自粘型高分子防水卷材、20.0mm 厚 1 ∶ 3 水泥砂浆、CL5.0 陶粒混凝土找坡
8	外墙装饰及幕墙工程	外墙装饰：抗碱封底漆、外墙腻子、外墙涂料；
9	楼地面装饰工程	机动车车库：2.0mm 厚环氧耐磨漆、80.0mm 厚 C20 细石混凝土； 泵房：300mm × 300mm 地砖； 电梯厅、楼梯：25.0mm 厚芝麻白花岗岩； 汽车坡道：水泥密封固化剂（非纳基 0.1kg/m^2）、20.0mm 厚纤维聚合物防水砂浆、150.0mm 厚 C25 细石商品混凝土； 自行车坡道：50.0mm 厚 C25 细石混凝土
10	内墙及柱面装饰工程	车库：防霉腻子、防霉涂料； 泵房：CB50 轻钢龙骨、10.0mm 厚穿孔水泥纤维板、40.0mm 厚岩棉毡； 电梯厅、楼梯间：防霉腻子、涂料
11	天棚工程	车库：防霉腻子、防霉涂料； 泵房：CB50 轻钢龙骨 +10.0mm 厚穿孔水泥纤维板、50.0mm 厚超细玻璃丝绵； 电梯厅、楼梯间：防霉腻子、涂料
12	其他装饰工程	楼梯：橡木扶手钢栏杆（H=1 100mm）； 坡道：钢管栏杆（H=500mm）
13	其他特征	大型机械：旋挖桩机 2 台、履带式推土机 3 台、履带式挖掘机 5 台； 自流深井降水 90 座（使用期 90d）

续表 4-1-48

二、通用安装工程概况		
1	电气设备安装工程	动力系统：配电箱、热浸镀锌托盘式电缆桥架、热浸镀锌防火塑粉托盘式电缆桥架、焊接钢管、套接紧定式镀锌钢导管、低烟无卤电力电缆 WDZB-YJY-1kV、低烟无卤电力电缆 WDZBN-YJY-1kV、柔性矿物绝缘电缆 BBTRZ 0.6/1kV、铜芯聚氯乙烯护套控制电缆 ZA-KVV-450/750、铜芯聚氯乙烯护套控制电缆 N-KVV-450/750； 照明系统：配电箱、焊接钢管、套接紧定式镀锌钢导管、刚性阻燃电线管、节能灯、荧光灯、开关、插座、热浸镀锌槽式电缆桥架、低烟无卤电力电缆 WDZB-YJY-0.6/1kV、铜芯低烟无卤电线 WDZA-BYJ、铜芯低烟无卤电线 WDZN-BYJ； 防雷接地系统：引下线、接地跨接、接地母线
2	建筑智能化工程	公共广播系统：吸顶式扬声器、铜芯低烟无卤聚氯乙烯护套屏蔽软线 WDZB-RVVP； 安全防范系统 - 视频安防监控系统：彩色半球 IP 摄像机、铜芯聚氯乙烯绝缘护套软线 ZC-RVV； 建筑设备监控系统：传感器、DDC 控制器箱、铜芯聚氯乙烯绝缘护套软线 ZR-RVV、铜芯聚氯乙烯护套屏蔽软线 ZR-RVVP； 综合管路系统：焊接钢管、套接紧定式镀锌钢导管
3	消防工程	水灭火系统 - 自动喷水灭火系统：自喷稳压设备、自喷加压泵、热浸镀锌钢管； 水灭火系统 - 消火栓系统：消火栓稳压设备、消火栓加压泵、消火栓箱、热浸镀锌钢管； 火灾自动报警系统：火灾监控探测器、感温探测器、感烟探测器、热浸镀锌防火塑粉槽式电缆桥架、套接紧定式镀锌钢导管、铜芯低烟无卤聚氯乙烯护套控制电缆 WDZCN-KYJY、铜芯低烟无卤聚氯乙烯护套屏蔽软线 WDZCN-RYS； 应急照明及疏散指示系统：应急照明电源配电箱、应急吸顶灯、疏散标志灯、安全出口标志灯、套接紧定式镀锌钢导管、铜芯低烟无卤电线 WDZCN-BYJ
4	通风空调工程	多联机空调系统：全热交换器、VRF 空调室外机、VRF 空调室内机、镀锌薄钢板风管、离心玻璃棉保温； 通风系统：风机、镀锌薄钢板风管； 防排烟系统：风机、镀锌薄钢板风管； 人防通风系统：风机、镀锌薄钢板风管； 其他通风空调系统：泳池专用除湿热泵机组
5	给排水工程	给水系统：薄壁不锈钢管、衬塑复合钢管、水表、橡塑保温； 排水系统：污水提升设备、潜污泵、热浸镀锌钢管、柔性铸铁排水管、聚丙烯超级静音排水管、硬聚氯乙烯塑料排水管（UPVC 管）； 卫生器具安装：洗脸盆、蹲便器、小便器、淋浴器
6	其他特征	抗震支架； 充电桩：快充 14 个、慢充 54 个

表 4–1–49 教学楼地上建筑概况

综合概况	工程名称	某小学项目 教学楼				
	采集类别编码	FJ020602	建筑物层数	5	建筑面积 /m^2	28 262.14
	抗震设防类别	乙类	结构类型	框架结构	装配率 /%	60
	建筑高度 /m	22.00	标准层层高 /m	4.00	基本风压 /(kN/m^2)	0.45
	抗震等级	框架二级				
	其他特征	本工程顶楼为篮球运动馆				
一、建筑与装饰工程概况						
1	砌筑工程	蒸压加气混凝土砌块、蒸压加气混凝土砌块隔墙板(ALC);				
2	混凝土结构工程	结构形式:现浇钢筋混凝土结构、装配式构件; 混凝土含量 0.38m^3/m^2、钢筋含量 73.79kg/m^2、预制构件含量 0.004m^3/m^2; 模板及支撑架:复合模板、扣件式钢管支撑架				
3	金属结构工程	材质:Q345、钢材含量 14.92kg/m^2、楼承板含量 0.072m^2/m^2; 型钢柱 H500×250×6×9、型钢梁 H500×250×6×9、TD1–90–576 楼承板				
4	门窗工程	门:木质防火门、木质门、钢质门; 窗:铝合金百叶窗、断桥隔热铝合金窗[(6Low–E+12A+6)mm 中空钢化玻璃]				
5	屋面工程	刚性屋面:300×300 防滑地砖、25.0mm 厚 1∶2.5 水泥砂浆、50.0mm 厚 C25 细石混凝土、10.0mm 厚低标号砂浆、80.0mm 厚挤塑聚苯板、4.0mm 厚耐根穿刺改性沥青防水卷材、2.0mm 厚聚合物防水涂料、20.0mm 厚 1∶2.5 水泥砂浆、CL5.0 陶粒混凝土找坡; 采光屋面:(8+1.52PVB+8)mm 夹胶钢化玻璃、2.5mm 厚氟碳喷涂铝板				
6	防水工程	楼地面(卫生间、阳台):1.5mm 厚聚合物防水涂料; 内墙面(卫生间):1.5mm 厚聚氨酯防水涂料				
7	防腐、隔热、保温工程	外墙外保温:无机轻集料保温砂浆; 外墙内保温:无机轻集料保温砂浆; 天棚保温:岩棉板				
8	外墙装饰及幕墙工程	外墙装饰:涂料				
9	楼地面装饰工程	教室:600mm×600mm 地砖、800mm×800mm 地砖、2.5mm 厚地胶板; 办公室:600mm×600mm 地砖; 卫生间:300mm×300mm 地砖; 楼梯:环氧地坪漆; 专业教室:20.0mm 厚舞台专用木地板、12.0mm 厚实木复合地板、2.5mm 厚阻燃亚麻油地毡				

续表 4-1-49

10	内墙及柱面装饰工程	教室：600mm × 1 200mm 陶瓷薄板、白橡木饰面、耐水腻子、涂料； 办公室：600mm × 1 200mm 陶瓷薄板、耐水腻子、涂料； 卫生间：300mm × 600mm 抛光砖； 专业教室：12.0mm 厚陶铝穿孔吸音板、600mm × 1 200mm 硬包、纳米抗菌漆
11	天棚工程	教室：耐水腻子、涂料； 办公室：U38 轻钢龙骨、9.5mm 厚石膏板、耐水腻子、涂料； 卫生间：U38 轻钢龙骨、1.2mm 铝单板吊顶； 专业教室：U38 轻钢龙骨、双层 9.5mm 厚石膏板、耐水腻子、涂料； 楼梯间：耐水腻子、涂料
12	其他装饰工程	楼梯：木扶手钢栏杆（H=1 000mm）； 走廊：钢管栏杆（H=1 000mm）
二、通用安装工程概况		
1	电气设备安装工程	动力系统：配电箱、热浸镀锌托盘式电缆桥架、热浸镀锌防火塑粉托盘式电缆桥架、焊接钢管、套接紧定式镀锌钢导管、低烟无卤电力电缆 WDZB-YJY-1kV、低烟无卤电力电缆 WDZBN-YJY-1kV、柔性矿物绝缘电缆 BBTRZ 0.6/1kV、铜芯聚氯乙烯护套控制电缆 ZA-KVV-450/750、铜芯聚氯乙烯护套控制电缆 N-KVV-450/750； 照明系统：配电箱、焊接钢管、套接紧定式镀锌钢导管、节能灯、荧光灯、开关、插座、热浸镀锌槽式电缆桥架、低烟无卤电力电缆 WDZC-YJY-0.6/1kV、铜芯低烟无卤电线 WDZC-BYJ、铜芯低烟无卤电线 WDZBN-BYJ； 防雷接地系统：接闪带（避雷网）、引下线、接地跨接、接地母线
2	建筑智能化工程	信息网络系统：交换机、AP 无线外网点、单模光纤； 综合布线系统：信息插座、单模光纤； 公共广播系统：主机、播放器、话筒、功率放大器、音箱、铜芯低烟无卤聚氯乙烯护套屏蔽软线 WDZB-RVVP； 安全防范系统 – 电子巡更系统：专用通信器、巡更点、巡更棒； 安全防范系统 – 视频安防监控系统：视频综合调度管理平台、报警主机、人脸比对服务器、彩色固定 IP 摄像机、彩色球型 IP 摄像机、电梯碟式摄像机、阳光厨房专用摄像机、55 寸 LCD 液晶拼接屏、铜芯聚氯乙烯绝缘护套软线 ZB-RVV； 安全防范系统 – 停车场管理系统：服务器机柜、交换机、铜芯聚氯乙烯绝缘护套软线 ZC-RVV； 信息引导及发布系统：智慧电子班牌、班牌系统基础数据平台、视频处理器、控制电脑、55 英寸一体化阳光厨房大屏； 会议系统：高品质鹅颈会议话筒、4 路话筒管理器、扬声器、台唇音箱、有源监听音箱、流动返听扬声器、二通道数字功率放大器、32 路调音台、16 × 16 数字音频处理器、无线话筒天线、DVD 机、室内全彩 LED 屏、控制电脑、视频拼接器、8 路按键型混插高清混合矩阵； 多媒体教学系统：全频壁挂扬声器、高清录播一体机、4K 高清摄像机、拾音器、嵌入式云录播软件、10 路调音台、八路时序电源器、86 英寸液晶触摸一体机、65 英寸液晶电视机、铜芯聚氯乙烯护套屏蔽软线 ZR-RVVP； 综合管路：热浸镀锌托盘式电缆桥架、套接紧定式镀锌钢导管

续表 4-1-49

3	消防工程	水灭火系统 - 自动喷水灭火系统:热浸镀锌钢管; 水灭火系统 - 消火栓系统:消火栓箱、热浸镀锌钢管; 火灾自动报警系统:消防报警设备主机、消防设备电源监控主机、电气火灾监控主机、感温探测器、感烟探测器、热浸镀锌防火塑粉槽式电缆桥架、套接紧定式镀锌钢导管、铜芯低烟无卤聚氯乙烯护套控制电缆 WDZCN-KYJY、铜芯低烟无卤聚氯乙烯护套屏蔽软线 WDZCN-RYS; 应急照明及疏散指示系统:应急照明电源配电箱、应急吸顶灯、疏散标志灯、安全出口标志灯、套接紧定式镀锌钢导管、铜芯低烟无卤电线 WDZBN-BYJ
4	通风空调工程	多联机空调系统:全热交换器、VRF 空调室外机、VRF 空调室内机、镀锌薄钢板风管、离心玻璃棉保温; 通风系统:风机、镀锌薄钢板风管; 防排烟系统:风机、镀锌薄钢板风管
5	给排水工程	给水系统:薄壁不锈钢管、水表、橡塑保温; 排水系统:柔性铸铁排水管、聚丙烯超级静音排水管、硬聚氯乙烯塑料排水管(UPVC 管)、抗紫外线硬聚氯乙烯塑料排水管(UPVC 管); 卫生器具安装:洗脸盆、坐便器、蹲便器、小便器、污水盆
6	其他特征	抗震支架

表 4-1-50 门卫地上建筑概况

综合概况	工程名称	某小学项目 门卫				
	采集类别编码	FJ021501	建筑物层数	1	建筑面积 /m^2	105.43
	抗震设防类别	丙类	结构类型	框架结构	装配率	—
	建筑高度 /m	4.50	标准层层高 /m	—	基本风压 /(kN/m^2)	0.45
	抗震等级	框架四级				
	其他特征	—				
一、建筑与装饰工程概况						
1	土石方工程	土石方类别:二类土; 开挖深度:1.5m; 外运距离:10km				
2	砌筑工程	混凝土实心砖、蒸压砂加气混凝土砌块				
3	混凝土结构工程	基础类型:独立基础; 结构形式:现浇钢筋混凝土结构; 混凝土含量 0.88m^3/m^2、钢筋含量 111.83kg/m^2; 模板及支撑架:复合模板、扣件式钢管支撑架				
4	门窗工程	门:木门; 窗:断桥隔热铝合金窗[(6Low-E+12A+6)mm 中空钢化玻璃]				

续表 4-1-50

5	屋面工程	刚性屋面：50.0mm 厚 C25 细石混凝土、10.0mm 厚低标号砂浆、50.0mm 厚挤塑聚苯板、1.5mm 厚自粘型高分子防水卷材、2.0mm 厚聚合物防水涂料、20.0mm 厚 1∶2.5 水泥砂浆、CL5.0 陶粒混凝土找坡
6	防水工程	楼地面（卫生间）：1.2mm 厚聚合物防水涂料； 内墙面（卫生间）：1.5mm 厚聚合物防水涂料
7	外墙装饰及幕墙工程	外墙装饰：涂料
8	楼地面装饰工程	卫生间：300mm × 300mm 地砖； 门卫室：600mm × 600mm 地砖；
9	内墙及柱面装饰工程	卫生间：300mm × 300mm 瓷砖； 门卫室：耐水腻子、涂料
10	天棚工程	卫生间：T 形轻钢龙骨、300mm × 300mm 铝合金方板； 门卫室：耐水腻子、涂料
二、通用安装工程概况		
1	电气设备安装工程	照明系统：配电箱、焊接钢管、套接紧定式镀锌钢导管、荧光灯、开关、插座、铜芯低烟无卤电线 WDZA-BYJ； 防雷接地系统：接闪带（避雷网）、引下线、接地跨接、接地母线
2	消防工程	水灭火系统 – 消火栓系统：灭火器箱
3	给排水工程	给水系统：薄壁不锈钢管； 排水系统：柔性铸铁排水管、抗紫外线硬聚氯乙烯塑料排水管（UPVC 管）； 卫生器具安装：坐便器、洗脸盆

表 4-1-51 室外附属工程概况

综合概况	工程名称	某小学项目 室外附属工程		
	采集类别编码	FJ021601	室外总面积 /m²	18 223.44
	道路面积 /m²	2 200.89	绿化面积 /m²	7 725.00
	围墙长度 /m	676.00	运动场面积 /m²	7 299.00
	其他特征	—		
室外附属工程概况信息				
1	道路	人行道：50.0mm 厚黄锈石花岗岩； 车行道：40.0mm 厚细粒式透水沥青混凝土（AC13）、80.0mm 厚中粒式沥青混凝土（AC16）		

续表 4-1-51

2	景观	园路:30.0mm 厚黄锈石花岗岩; 木平台:120mm × 50mm 厚印尼菠萝格防腐木板; 木廊架:3 040mm × 200mm × 80mm 木横梁、250mm × 100mm × 80mm 木连梁、3 040mm × 200mm × 60mm 木格条; 水景:400mm × 400mm × 20mm 厚芝麻黑花岗岩、ϕ(50~60)卵石
3	绿化	乔木 498 株、灌木 430 株、草坪 6 918m^2、色带 459m^2、花卉 108m^2
4	围墙	围墙高度:2.4m; 围墙形式:氟碳漆方钢管金属栏杆(H=1 600mm); 围墙饰面:涂料; 电动伸缩门 2 樘、铁艺大门 1 樘
5	通用安装工程	照明系统:照明箱、庭院灯(立杆高 5m)、庭院灯(立杆高 3m)、草坪灯、焊接钢管、手孔井; 楼宇亮化系统:配电箱、焊接钢管、套接紧定式镀锌钢导管、洗墙灯、铜芯低烟无卤电线 WDZA-BYJ; 公共广播系统:豪华型防水声柱、铜芯低烟无卤聚氯乙烯护套屏蔽软线 WDZB-RVVP; 安全防范系统 – 入侵报警系统:电子围栏、铜芯低烟无卤聚氯乙烯护套屏蔽软线 WDZB-RVVP; 安全防范系统 – 出入口控制系统:访客机、人员通道(单机芯左右通道、双机芯中间道)、铜芯低烟无卤聚氯乙烯护套屏蔽软线 WDZB-RVVP; 安全防范系统 – 视频安防监控系统:枪型网络摄像机、球型网络红外摄像机、铜芯低烟无卤聚氯乙烯护套屏蔽软线 WDZB-RVVP; 安全防范系统 – 停车场管理系统:道闸、防撞升降柱、车检器、LED 室外显示屏、铜芯低烟无卤聚氯乙烯护套屏蔽软线 WDZB-RVVP; 综合管路系统:焊接钢管、套接紧定式镀锌钢导管; 水灭火系统 – 消火栓系统:室外消火栓、水泵接合器、热浸镀锌无缝钢管、阀门井; 给水系统:球墨铸铁管、涂塑复合钢管、喷灌喷头、快速取水阀; 排水系统:潜水泵、雨水收集系统(含截污挂篮装置、雨水弃流过滤装置、地埋一体机、雨水提升泵、多功能控制柜、组合式液位计、安全分流井、混凝土蓄水池)1 套、高密度聚乙烯 HDPE 双壁波纹管、砌筑井
6	其他	化粪池:4 座; 篮球场:150.0mm 厚水泥混凝土、15.0mm 厚塑胶面层、4m 高球场围网; 塑胶跑道(6 × 400m):50.0mm 厚粗粒式沥青混凝土(AC25)、30.0mm 厚细粒式沥青混凝土(AC13)、20.0mm 厚 SPU 聚脲自结纹跑道; 跳远沙坑:200.0mm 厚粗砂、土工布、300.0mm 厚中砂; 足球场:300.0mm 统砂、150.0mm 厚种植土; 看台:钢网架结构、15.0mm 厚 PVDF 膜结构屋面

表 4-1-52 整体项目造价指标表

<table>
<tr><td>项目类型</td><td>功能规模</td><td colspan="5">指标内容</td></tr>
<tr><td>小学项目</td><td>48 班</td><td colspan="5">1. 整体项目造价指标分为地上建筑、地下建筑、室外附属工程。不包括教学设施设备、厨具设备、机械式停车库等；
2. 地上建筑包括 1 幢教学楼、门卫</td></tr>
<tr><td rowspan="3">序号</td><td rowspan="3">整体项目造价指标 /(元 /m²)</td><td colspan="4">单项工程造价指标 /(元 /m²)</td><td rowspan="3">备注</td></tr>
<tr><td rowspan="2">指标组成</td><td colspan="3">基期指标</td></tr>
<tr><td>合计</td><td>建筑与装饰</td><td>通用安装</td></tr>
<tr><td>1</td><td rowspan="3">4 128.27</td><td>地下建筑</td><td>4 439.56</td><td>3 791.05</td><td>648.51</td><td rowspan="3"></td></tr>
<tr><td>2</td><td>地上建筑</td><td>3 362.28</td><td>2 590.03</td><td>772.25</td></tr>
<tr><td>3</td><td>室外附属工程</td><td colspan="3">747.96</td></tr>
</table>

表 4-1-53 单项造价指标表

<table>
<tr><td>项目类型</td><td colspan="5">指标内容</td></tr>
<tr><td>小学项目</td><td colspan="5">1. 建筑与装饰工程包括土石方工程，基坑围护工程，桩基工程，砌筑工程，混凝土结构工程，金属结构工程，屋面工程，防水工程，防腐、隔热、保温工程，外墙装饰及幕墙工程，楼地面装饰工程，内墙及柱面装饰工程，天棚工程，其他装饰工程，附属工程，施工技术措施等；
2. 通用安装工程包括电气设备安装工程、建筑智能化工程、消防工程、通风空调工程、给排水工程、充电桩、施工技术措施等；
3. 室外附属工程主要包括道路、景观、绿化、围墙、电气设备安装、建筑智能化、消防、给排水等</td></tr>
<tr><td rowspan="2">序号</td><td rowspan="2">单项名称</td><td colspan="3">造价指标 /(元 /m²)</td><td rowspan="2">备注</td></tr>
<tr><td>建筑与装饰</td><td>通用安装</td><td>合计</td></tr>
<tr><td colspan="6">一、地下建筑</td></tr>
<tr><td>1</td><td>地下室</td><td>3 791.05</td><td>648.51</td><td>4 439.56</td><td></td></tr>
<tr><td colspan="6">二、地上建筑</td></tr>
<tr><td>1</td><td>教学楼</td><td>2 583.56</td><td>773.96</td><td>3 357.52</td><td></td></tr>
<tr><td>2</td><td>门卫</td><td>4 317.59</td><td>314.86</td><td>4 632.45</td><td></td></tr>
<tr><td colspan="6">三、室外附属工程</td></tr>
<tr><td>1</td><td>道路</td><td colspan="3">63.23</td><td></td></tr>
<tr><td>2</td><td>景观</td><td colspan="3">118.34</td><td></td></tr>
<tr><td>3</td><td>绿化</td><td colspan="3">137.50</td><td></td></tr>
<tr><td>4</td><td>围墙</td><td colspan="3">42.15</td><td></td></tr>
<tr><td>5</td><td>通用安装工程</td><td colspan="3">185.56</td><td></td></tr>
<tr><td>6</td><td>其他</td><td colspan="3">201.19</td><td></td></tr>
</table>

表 4-1-54 造价指标单元分析表

序号	一级造价指标单元	造价指标 /(元 /m²)			备注
		地下室	教学楼	门卫	
一	建筑与装饰工程	3 791.06	2 583.57	4 317.57	
1	土石方工程	312.51	—	65.74	
2	基坑围护工程	525.73	—	—	
3	桩基工程	177.65	—	—	
4	砌筑工程	33.49	84.41	249.30	
5	混凝土结构工程	1 990.08	901.40	1 750.96	
6	金属结构工程	—	164.12	—	
7	门窗工程	23.72	188.84	611.66	
8	屋面工程	—	112.47	346.22	
9	防水工程	243.35	16.42	68.97	
10	防腐、隔热、保温工程	—	92.22	—	
11	外墙装饰及幕墙工程	19.63	166.15	479.31	
12	楼地面装饰工程	143.74	222.18	202.55	
13	内墙及柱面装饰工程	57.07	243.15	334.12	
14	天棚工程	33.22	127.01	73.81	
15	其他装饰工程	5.75	82.76	1.21	
16	附属工程	6.66	51.17	60.24	
17	施工技术措施	218.46	131.27	73.48	
二	通用安装工程	648.52	773.95	314.86	
1	电气设备安装工程	203.96	224.43	202.81	
2	建筑智能化工程	60.35	246.42	—	
3	消防工程	203.65	65.08	—	
4	通风空调工程	76.50	155.42	—	
5	给排水工程	53.20	76.66	104.15	
6	充电桩	29.08	—	—	
7	施工技术措施	21.78	5.94	7.90	

（三）某中学项目

某中学项目概况和造价指标见表 4-1-55~ 表 4-1-62。

表 4-1-55　项目概况

项目名称	某中学项目			
建设地点	某市某区	质量要求		合格
资金来源	国有资金投资	承发包模式		施工总承包
项目性质	新建项目	绿色建筑等级		二星级
用地面积 /m^2	25 556.00	建筑占地面积 /m^2		7 735.00
建筑面积 /m^2	41 008.00	其中	地上建筑面积 /m^2	23 216.00
			地下建筑面积 /m^2	17 792.00
抗震设防烈度	7 度	功能规模 / 班		36
用电容量 /（kV·A）	4 500	计价方式		国标清单计价
造价类别	招标控制价	计价依据		2018 版计价依据
编制基期	2022 年 7 月	工程造价 / 万元		20 278.005 8
造价指标 /（元 /m^2）	4 944.89			
其他说明	1. 本项目配备 2 台自升式塔式起重机； 2. 本项目室内按全装修考虑； 3. 本项目消控室、信息网络机房设置在教学楼； 4. 本项目不包含变配电系统			

表 4-1-56　地下建筑概况

综合概况	工程名称	某中学项目　地下室				
	采集类别编码	FJ020101	地下层数	1	建筑面积 /m^2	17 792.00
	抗震设防类别	乙类	人防等级	核 6 常 6	人防面积 /m^2	11 048.3
	结构类型	钢 – 混凝土组合结构	桩基类型	灌注桩	基坑围护形式	水泥土墙
	建筑功能	停车库、餐厅、专业教室	防火分区数量 / 个	3	机动车位数量 / 辆	307
	抗震等级	地下一层框架四级，主楼范围内框架三级				
	其他特征	—				

续表 4–1–56

一、建筑与装饰工程概况		
1	土石方工程	土石方类别：二类土； 开挖深度：5.6m； 外运距离：35km
2	基坑围护工程	基坑围护长度：595.43m（按地下室外墙结构长度计算）； 基坑围护类型：ϕ850 三轴水泥搅拌桩、型钢（H700 × 300 × 13 × 24）
3	桩基工程	ϕ600mm 泥浆护壁成孔灌注桩（平均桩长 33m）、ϕ700mm 泥浆护壁成孔灌注桩（平均桩长 33m）
4	砌筑工程	非黏土烧结多孔砖、非黏土烧结保温砌块
5	混凝土结构工程	基础类型：筏板基础； 结构形式：现浇钢筋混凝土结构； 混凝土含量 1.26m^3/m^2、钢筋含量 151.08kg/m^2； 模板及支撑架：复合模板、扣件式钢管支撑架
6	金属结构工程	材质：Q355B、型材含量 10.06kg/m^2； 类型：十字钢柱、箱形柱、型钢柱 H600 × 350 × 25 × 30、型钢梁 H900 × 300 × 25 × 30
7	门窗工程	门：钢质防火门、人防门、双轨无机纤维复合特级防火卷帘（耐火极限 3.00h）； 窗：隔热型材铝合金门窗［（6Low–E+12A+6）mm 中空钢化玻璃］
8	防水工程	底板：1.2mm 厚高分子自粘胶膜预铺防水卷材； 侧墙：1.5mm 厚自粘型改性沥青防水卷材、1.5mm 厚聚氨酯防水涂料、40.0mm 厚挤塑聚苯板； 顶板：70.0mm 厚 C20 细石混凝土、无纺布、4.0mm 厚耐根穿刺改性沥青防水卷材、油毡布、1.5mm 厚聚氨酯防水涂料、CL5.0 轻质混凝土找坡； 水泵房：1.5mm 厚聚合物防水涂料； 消防水池：1.5mm 厚聚合物防水涂料
9	楼地面装饰工程	机动车车库：5.0mm 厚金刚砂耐磨地坪（掺量 8kg/m^2）、95.0mm 厚 C30 细石混凝土； 自行车车库：50.0mm 厚 C25 耐磨混凝土； 楼梯间：防滑地砖； 专业教室：2.0mm 厚 PVC 同质透心地胶板、15.0mm 厚实木复合地板； 汽车坡道：无振动环氧防滑坡道、95.0mm 厚 C30 细石混凝土； 自行车坡道：50.0mm 厚 C20 细石混凝土
10	内墙及柱面装饰工程	机动车车库：防霉腻子、防霉涂料； 自行车车库：防霉腻子、防霉涂料； 楼梯间：防霉腻子、防霉涂料； 专业教室：9.0mm 厚聚酯纤维吸音板、75 系轻钢龙骨、20.0mm 厚穿孔石膏饰面板
11	天棚工程	机动车车库：防霉腻子、防霉涂料； 自行车车库：防霉腻子、防霉涂料； 楼梯间：防霉腻子、防霉涂料； 专业教室：9.5mm 石膏板、U50 轻钢龙骨、1.0mm 厚 40mm × 200mm 铝方通

续表 4-1-56

12	其他装饰工程	楼梯：70mm × 40mm 硬木扶手型钢栏杆（H=1 100mm）； 吧台：800mm × 1 050mm（L=9.68m）； 货架：350mm × 1 350mm（L=15.98m）； 矮凳：500mm × 650mm（L=9.68m）；
13	其他特征	坑内自流深井降水 55 座（使用期 120d）、坑外自流深井降水 38 座（使用期 60d）
二、通用安装工程概况		
1	电气设备安装工程	动力系统：配电箱、焊接钢管、套接紧定式镀锌钢导管、热浸镀锌槽式电缆桥架、热浸镀锌喷塑（防火塑粉）槽式电缆桥架、低烟无卤电力电缆 WDZC-YJY-0.6/1kV、低烟无卤电力电缆 WDZCN-YJY-0.6/1kV、铜芯低烟无卤聚氯乙烯护套控制电缆 WDZCN-KYJY-450/750、铜芯低烟无卤聚氯乙烯护套控制电缆 WDZC-KYJY-450/750； 照明系统：配电箱、套接紧定式镀锌钢导管、刚性阻燃电线管、节能灯、荧光灯、开关、插座、热浸镀锌槽式电缆桥架、低烟无卤电力电缆 WDZA-YJY-0.6/1kV、铜芯低烟无卤电线 WDZB-BYJ、铜芯低烟无卤电线 WDZAN-BYJ； 防雷接地系统：引下线、接地跨接、接地母线
2	建筑智能化工程	信息网络系统：AP 无线外网点、单模光纤； 综合布线系统：信息插座、单模光纤； 安全防范系统 - 出入口控制系统：出入门按钮、磁力锁、门禁读卡器、门禁控制器、铜芯聚氯乙烯绝缘护套软线 ZC-RVV； 安全防范系统 - 视频安防监控系统：彩色红外枪式网络摄像机、铜芯聚氯乙烯绝缘护套软线 ZC-RVV； 综合管路系统：焊接钢管、套接紧定式镀锌钢导管、热浸镀锌槽式电缆桥架
3	消防工程	水灭火系统 - 自动喷水灭火系统：喷淋泵、热浸镀锌钢管、热浸镀锌无缝钢管； 水灭火系统 - 消火栓系统：消火栓泵、消火栓稳压设备、消火栓箱、热浸镀锌钢管； 火灾自动报警系统：感烟探测器、感温探测器、热浸镀锌防火塑粉槽式电缆桥架、套接紧定式镀锌钢导管、铜芯低烟无卤聚氯乙烯护套控制电缆 WDZCN-KYJY、铜芯低烟无卤聚氯乙烯护套屏蔽软线 WDZCN-RYS； 电气火灾监控系统：剩余电流监控模块、套接紧定式镀锌钢导管、铜芯低烟无卤聚氯乙烯护套屏蔽软线 WDZCN-RYJS、铜芯低烟无卤电线 WDZCN-BYJ； 防火门监控系统：防火门监控模块、套接紧定式镀锌钢导管、铜芯低烟无卤聚氯乙烯护套屏蔽软线 WDZCN-RYJS、铜芯低烟无卤电线 WDZCN-BYJ； 消防电源监控系统：消防电源监控模块、套接紧定式镀锌钢导管、铜芯低烟无卤聚氯乙烯护套屏蔽软线 WDZCN-RYJS、铜芯低烟无卤电线 WDZCN-BYJ； 应急照明及疏散指示系统：应急照明电源配电箱、应急吸顶灯、疏散标志灯、安全出口标志灯、套接紧定式镀锌钢导管、铜芯低烟无卤电线 WDZCN-BYJ
4	通风空调工程	多联机空调系统：新风机组、嵌入式室内机、多联机室外机、镀锌薄钢板风管、橡塑保温、离心玻璃棉保温； 通风系统：风机、镀锌薄钢板风管； 防排烟系统：风机、镀锌薄钢板风管； 人防通风系统：风机、镀锌薄钢板风管

续表 4-1-56

5	给排水工程	给水系统:生活变频泵给水机组、不锈钢水箱、衬塑复合钢管、无规共聚聚丙烯管(PP-R 管); 排水系统:潜污泵、热浸镀锌钢管、硬聚氯乙烯塑料排水管(UPVC 管)、热浸镀锌钢管; 热水系统:空气源热泵机、热媒热水循环泵组、厨房热水循环泵组、淋浴热水循环泵组、闭式储热罐、薄壁不锈钢管、橡塑保温; 卫生器具安装:洗脸盆、坐便器、蹲便器、小便器、拖把池
6	其他特征	抗震支架; 充电桩:快充 2 个、慢充 25 个

表 4-1-57 教学楼地上建筑概况

综合概况	工程名称	某中学项目 教学楼				
	采集类别编码	FJ020602	建筑物层数	5	建筑面积 /m²	22 920.77
	抗震设防类别	乙类	结构类型	钢 - 混凝土组合结构	装配率 /%	60
	建筑高度 /m	23.65	标准层层高 /m	4.00	基本风压 /(kN/m²)	0.45
	抗震等级	框架三级				
	其他特征	—				
一、建筑与装饰工程概况						
1	砌筑工程	非黏土烧结保温砌块、蒸压加气混凝土砌块隔墙板(AAC)、非黏土烧结多孔砖				
2	混凝土结构工程	结构形式:现浇钢筋混凝土结构; 混凝土含量 0.44m³/m²、钢筋含量 49.76kg/m²; 模板及支撑架:复合模板、扣件式钢管支撑架				
3	金属结构工程	材质:Q355B、型材含量 97.81kg/m²、楼承板含量 0.97m²/m²; 型钢柱 H600×350×25×30、型钢梁 H900×300×25×30、120mm 钢筋桁架组合楼板				
4	门窗工程	门:木质防火门、双轨无机纤维复合特级防火卷帘(耐火极限 3.00h)、成品木门; 窗:断桥隔热铝合金门窗[(6Low-E+12A+6)mm 中空钢化玻璃]				
5	屋面工程	刚性屋面:40.0mm 厚 C20 细石混凝土、10.0mm 厚石灰砂浆、160.0mm 厚泡沫玻璃、2.0mm 厚高分子改性沥青自粘防水卷材、1.5mm 厚聚氨酯防水涂料、C20 细石混凝土找坡; 种植屋面:50.0mm 厚 C20 细石混凝土、10.0mm 厚石灰砂浆、160.0mm 厚泡沫玻璃、4.0mm 厚耐根穿刺改性沥青防水卷材、1.5mm 厚聚氨酯防水涂料、C20 细石混凝土找坡				
6	防水工程	楼地面(卫生间、阳台):1.5mm 厚聚氨酯防水涂料; 内墙面(卫生间):1.5mm 厚聚合物防水涂料				

续表 4-1-57

7	防腐、隔热、保温工程	外墙面：无机轻集料保温砂浆； 天棚面：挤塑聚苯板、岩棉保温板
8	外墙装饰及幕墙工程	外墙装饰：涂料； 幕墙（一层）：30.0mm 厚陶土板干挂、3.0mm 厚铝板
9	楼地面装饰工程	教室：800mm × 800mm 地砖； 办公室：600mm × 600mm 地砖； 卫生间：300mm × 300mm 地砖； 楼梯间：防滑砖； 专业教室：2.0mm 厚 PVC 同质透心地胶板、15.0mm 厚实木复合地板、600 × 600 地毯
10	内墙及柱面装饰工程	教室：300mm × 600mm 瓷砖、耐水腻子、涂料； 办公室：耐水腻子、涂料； 卫生间：300mm × 600mm 抛光砖； 专业教室：9.0mm 厚聚酯纤维吸音板、600mm × 1 200mm 硬包、4.0mm 厚木纹复合铝板
11	天棚工程	教室：1.0mm 厚 30mm × 60mm 铝方通、耐水腻子、涂料； 办公室：U50 轻钢龙骨、4.0mm 厚木纹复合铝板； 卫生间：U38 轻钢龙骨、9.5mm 厚石膏板、耐水腻子、涂料； 专业教室：9.0mm 厚聚酯纤维吸音板、4.0mm 厚复合铝板、12.0mm 厚穿孔吸音复合铝板
12	其他装饰工程	楼梯：木扶手型钢栏杆（H=1 000mm）； 屋面：塑木型钢栏杆（H=1 300mm）； 书柜：1 050mm × 1 350mm（L=33.75m）； 书架：2 890mm × 2 300mm（L=96.0m）； 吧台：400mm × 550mm（L=7.14m）； 矮柜：600mm × 450mm（L=10.9m）、600mm × 900mm（L=25.73m）、600mm × 400mm（L=6.72m）
二、通用安装工程概况		
1	电气设备安装工程	动力系统：配电箱、焊接钢管、套接紧定式镀锌钢导管、热浸镀锌槽式电缆桥架、热浸镀锌喷塑（防火塑粉）槽式电缆桥架、低烟无卤电力电缆 WDZC-YJY-0.6/1kV、低烟无卤电力电缆 WDZCN-YJY-0.6/1kV； 照明系统：配电箱、套接紧定式镀锌钢导管、刚性阻燃电线管、节能灯、荧光灯、开关、插座、热浸镀锌槽式电缆桥架、低烟无卤电力电缆 WDZA-YJY-0.6/1kV、铜芯低烟无卤电线 WDZB-BYJ、铜芯低烟无卤电线 WDZCN-BYJ； 防雷接地系统：接闪带（避雷网）、引下线、接地跨接、接地母线
2	建筑智能化工程	信息网络系统：AP 无线外网点、单模光纤； 综合布线：信息插座、42U 机柜、单模光纤； 安全防范系统 - 出入口控制系统：出入门按钮、磁力锁、门禁读卡器、门禁控制器、铜芯聚氯乙烯绝缘护套软线 ZC-RVV； 安全防范系统 - 视频安防监控系统：彩色红外半球网络摄像机、彩色红外枪式网络摄像机、球形一体机、监控机柜、铜芯聚氯乙烯绝缘护套软线 ZC-RVV；

续表 4-1-57

2	建筑智能化工程	安全防范系统 - 电子巡查系统:巡更点; 智能一卡通管理系统:IC 卡; 公共广播系统:IP 网络话筒扩展单元、CD 播放器、前置放大器、话筒、IP 网络系统主机、智能控制主机、IP 音频采集器、网络遥控话筒、纯后级功放、壁挂式广播、IP 壁挂音箱(功率 10W)、IP 音频输出单元、铜芯低烟无卤聚氯乙烯护套屏蔽软线 WDZC-RVVP; 电源与电子设备防雷接地系统:UPS 主机 10kV·A、电池柜、12V100AH 密封式胶体免维护蓄电池、电源三级防雷器; 综合管路系统:热浸镀锌槽式电缆桥架、焊接钢管、套接紧定式镀锌钢导管
3	消防工程	水灭火系统 - 自动喷水灭火系统:热浸镀锌钢管; 水灭火系统 - 消火栓系统:消火栓箱、热浸镀锌钢管; 火灾自动报警系统:感烟探测器、感温探测器、热浸镀锌防火塑粉槽式电缆桥架、套接紧定式镀锌钢导管、铜芯低烟无卤聚氯乙烯护套控制电缆 WDZBN-KYJY、铜芯低烟无卤聚氯乙烯护套屏蔽软线 WDZBN RYS; 应急照明及疏散指示系统:应急照明电源配电箱、应急吸顶灯、疏散标志灯、安全出口标志灯、套接紧定式镀锌钢导管、铜芯低烟无卤电线 WDZCN-BYJ
4	通风空调工程	多联机空调系统:新风机、嵌入式室内机、多联机室外机、镀锌薄钢板风管、橡塑保温、离心玻璃棉保温; 通风系统:风机、镀锌薄钢板风管; 防排烟系统:风机、镀锌薄钢板风管、不锈钢板风管; 其他通风空调系统:直膨式转轮热回收空调机组、热回收机组
5	给排水工程	给水系统:衬塑复合钢管、无规共聚聚丙烯管(PP-R 管); 排水系统:柔性铸铁排水管、聚丙烯超级静音排水管、硬聚氯乙烯塑料排水管(UPVC 管)、抗紫外线硬聚氯乙烯塑料排水管(UPVC 管); 卫生器具安装:洗脸盆、坐便器、蹲便器、小便器、拖把池、专业教室洗手盆、专业教室实验水槽、淋浴器
6	其他特征	抗震支架

表 4-1-58 门卫地上建筑概况

综合概况	工程名称	某中学项目 门卫				
	采集类别编码	FJ021501	建筑物层数	1	建筑面积 /m^2	295.23
	抗震设防类别	丙类	结构类型	框架结构	装配率	—
	建筑高度 /m	4.50	标准层层高 /m	—	基本风压 /(kN/m^2)	0.45
	抗震等级	框架四级				
	其他特征	—				

续表 4-1-58

一、建筑与装饰工程概况		
1	土石方工程	土石方类别：二类土； 开挖深度：1.75m； 外运距离：35km
2	砌筑工程	混凝土实心砖、非黏土烧结保温砌块
3	混凝土结构工程	基础类型：独立基础； 结构形式：现浇钢筋混凝土结构； 混凝土含量 $0.42m^3/m^2$、钢筋含量 $56.87kg/m^2$； 模板及支撑架：复合模板、扣件式钢管支撑架
4	门窗工程	门：铝合金门［（6Low-E+12A+6）mm 中空钢化玻璃］； 窗：断桥隔热铝合金窗［（6Low-E+12A+6）mm 中空钢化玻璃］
5	屋面工程	刚性屋面：40.0mm 厚 C20 细石混凝土、10.0mm 厚低标号砂浆、160.0mm 厚泡沫玻璃、2.0mm 厚自粘型改性沥青防水卷材、1.5mm 厚聚氨酯防水涂料、C20 细石混凝土找坡
6	外墙装饰及幕墙工程	幕墙：30.0mm 厚陶土板干挂、3.0mm 氟碳喷涂铝板
7	楼地面装饰工程	门卫室：20mm × 300mm × 600mm 生态石
8	内墙及柱面装饰工程	门卫室：耐水腻子、涂料
9	天棚工程	门卫室：1.0mm 厚 30mm × 60mm 木纹铝方通、耐水腻子、涂料
二、通用安装工程概况信息		
1	电气设备安装工程	照明系统：配电箱、焊接钢管、荧光灯、开关、插座、铜芯低烟无卤电线 WDZB-BYJ； 防雷接地系统：接地跨接、引下线
2	消防工程	水灭火系统 - 消火栓系统：灭火器箱
3	给排水工程	排水系统：硬聚氯乙烯塑料排水管（UPVC 管）

表 4-1-59　室外附属工程概况

综合概况	工程名称	某中学项目室外附属工程		
	采集类别编码	FJ021501	室外总面积 /m^2	17 821.00
	道路面积 /m^2	4 198.44	绿化面积 /m^2	7 660.00
	围墙长度 /m	606.00		
	其他特征	—		

续表 4-1-59

室外附属工程概况		
1	道路	人行道：30.0mm 厚芝麻灰花岗岩； 车行道：50.0mm 厚芝麻灰花岗岩、40.0mm 厚透水细粒式沥青混凝土（AC13）、50.0mm 厚透水中粒式沥青混凝土（AC16）
2	景观	园路：30.0mm 厚芝麻黑花岗岩火烧面； 木平台：18.0mm 厚浅棕色竹木； 水景：300mm × 600mm × 20mm 厚芝麻灰花岗岩； 岗亭：2 000mm × 2 000mm × 3 000mm 成品岗亭
3	绿化	乔木 326 株、灌木 77 株、草坪 4 148m²、色带 3 476m²、花卉 108m²
4	围墙	围墙高度：2.4m； 围墙形式：氟碳漆方钢管金属栏杆（H=1 800mm）； 围墙饰面：芝麻灰花岗岩； 电动伸缩门 5 樘、金属格栅电动移门 1 樘
5	通用安装工程	动力系统：配电箱、镀锌钢管、铜芯电力电缆 YJV-0.6/1kV； 照明系统：配电箱、庭院灯（立杆高 5m）、草坪灯、运动场高杆灯（立杆高 12m）、篮球场杆灯（立杆高 8m）、嵌壁灯、投光灯、镀锌钢管； 建筑智能化：摄像头、镀锌钢管、聚乙烯电缆电线保护管 PE 管、铜芯聚氯乙烯绝缘护套软线 ZB-RVV、手孔井； 给水系统：涂塑球墨铸铁管、聚乙烯塑料给水管 PE 管、阀门井； 排水系统：埋地排水用聚乙烯 - 聚氯乙烯 MPVE 共混双壁波纹管、雨水收集系统（含截污挂篮装置、雨水弃流过滤装置、地埋一体机、雨水提升泵、多功能控制柜、组合式液位计、安全分流井、混凝土蓄水池）1 套 、砌筑井； 水灭火系统 - 消火栓系统：地上式消火栓、镀锌钢管
6	其他	化粪池：1 座； 看台：1 800mm × 150mm × 18mm 厚防腐竹木面层

表 4-1-60　整体项目造价指标表

项目类型	功能规模	指标内容				
中学项目	36 班	1. 整体项目造价指标分为地上建筑、地下建筑、室外附属工程。不包括教学设施设备、厨具设备、机械式停车库等； 2. 地上建筑包括 1 幢教学楼、门卫				
序号	整体项目造价指标 /（元 /m²）	单项工程造价指标 /（元 /m²）				备注
		指标组成	基期指标			
			合计	建筑与装饰	通用安装	
1	4 944.89	地下建筑	5 736.46	5 105.59	630.87	
2		地上建筑	3 757.30	2 934.19	823.11	
3		室外附属工程	756.84			

表 4-1-61 单项造价指标表

项目类型	指标内容			
中学项目	1. 建筑与装饰工程包括土石方工程，基坑围护工程，桩基工程，砌筑工程，混凝土结构工程，金属结构工程，屋面工程，防水工程，防腐、隔热、保温工程，外墙装饰及幕墙工程，楼地面装饰工程，内墙及柱面装饰工程，天棚工程，其他装饰工程，附属工程，施工技术措施等； 2. 通用安装工程包括电气设备安装工程、建筑智能化工程、消防工程、通风空调工程、给排水工程、充电桩、施工技术措施等； 3. 室外附属工程主要包括道路、景观、绿化、围墙、电气设备安装、建筑智能化、消防、给排水等			

序号	单项名称	造价指标 /(元 /m^2)			备注
		建筑与装饰	通用安装	合计	
一、地下建筑					
	地下室	5 105.59	630.87	5 736.46	
二、地上建筑					
1	教学楼	2 930.60	832.96	3 763.56	
2	门卫	3 213.57	58.35	3 271.92	
三、室外附属工程					
1	道路	169.92			
2	景观	189.17			
3	绿化	45.77			
4	围墙	45.77			
5	通用安装工程	188.54			
6	其他	32.21			

表 4-1-62 造价指标单元分析表

序号	一级造价指标单元	造价指标 /(元 /m^2)			备注
		地下室	教学楼	门卫	
一	建筑与装饰工程	5 105.58	2 930.60	3 213.57	
1	土石方工程	698.69	—	37.75	
2	基坑围护工程	516.57	—	—	
3	桩基工程	696.73	—	—	
4	砌筑工程	46.78	136.36	9.61	
5	混凝土结构工程	1 935.14	1 118.56	112.24	
6	金属结构工程	108.42	176.12	—	
7	门窗工程	71.35	141.40	70.96	
8	屋面工程	—	111.91	39.45	

续表 4–1–62

序号	一级造价指标单元	造价指标 /(元 /m²)			备注
		地下室	教学楼	门卫	
9	防水工程	272.76	13.45	—	
10	防腐、隔热、保温工程	—	12.19	—	
11	外墙装饰及幕墙工程	—	355.46	2 730.63	
12	楼地面装饰工程	233.14	276.97	37.35	
13	内墙及柱面装饰工程	134.34	201.67	35.38	
14	天棚工程	116.92	150.56	38.07	
15	其他装饰工程	21.10	103.83	40.27	
16	附属工程	3.10	6.92	—	
17	施工技术措施	250.54	125.20	61.86	
二	通用安装工程	630.87	832.95	58.35	
1	电气设备安装工程	147.49	175.93	49.10	
2	建筑智能化工程	64.89	218.31	—	
3	消防工程	163.09	86.71	1.79	
4	通风空调工程	169.80	213.15	—	
5	给排水工程	54.04	128.98	6.78	
6	充电桩	19.53	—	—	
7	施工技术措施	12.03	9.87	0.68	

(四)某九年一贯制学校项目

某九年一贯制学校项目概况和造价指标见表 4–1–63~ 表 4–1–78。

表 4–1–63　项目概况

项目名称	某九年一贯制学校项目			
建设地点	某市某区	质量要求		合格
资金来源	国有资金投资	承发包模式		施工总承包
项目性质	新建项目	绿色建筑等级		三星级
用地面积 /m²	63 417.00	建筑占地面积 /m²		18 459.99
建筑面积 /m²	82 871.31	其中	地上建筑面积 /m²	58 925.65
			地下建筑面积 /m²	23 945.66
抗震设防烈度	7 度	功能规模 / 班		48(小学)+24(中学)

续表 4-1-63

用电容量 /(kV·A)	7 200	计价方式	国标清单计价
造价类别	招标控制价	计价依据	2018 版计价依据
编制基期	2022 年 7 月	工程造价 / 万元	38 483.876 1
造价指标 /(元 /m²)	4 643.81		
其他说明	1. 本项目配备 3 台自升式塔式起重机; 2. 本项目室内按全装修考虑; 3. 本项目不含变配电系统; 4. 本项目小学教学楼设置信息网络机房、广播室,中学综合楼设置信息网络机房、合唱教室,中学教学楼设置广播室		

表 4-1-64 地下建筑概况

综合概况	工程名称	某九年一贯制学校项目 地下室				
	采集类别编码	FJ020101	地下层数	1	建筑面积 /m²	23 945.66
	抗震设防类别	乙类	人防等级	核 6 常 6	人防面积 /m²	4 972.65
	结构类型	框架结构	桩基类型	灌注桩 + 预制桩	基坑围护形式	钢板桩 + 排桩墙
	建筑功能	停车库	防火分区数量 / 个	8	机动车位数量 / 辆	466
	抗震等级	地下一层框架三级,主楼范围内框架二级				
	其他特征	—				
一、建筑与装饰工程概况						
1	土石方工程	土石方类别:二类土; 开挖深度:5.75m; 外运距离:15km; 渣土消纳处置方式:水运				
2	基坑围护工程	基坑围护长度:1 324m(按地下室外墙结构长度计算); 基坑围护类型:ϕ700mm 泥浆护壁成孔灌注桩、型钢(H700×300×13×24)、SP-Ⅳ拉森钢板桩				
3	桩基工程	ϕ700mm 泥浆护壁成孔灌注桩(平均桩长 21m)、PHC-AB600(110)预制钢筋混凝土管桩(平均桩长 24m)				
4	砌筑工程	非黏土烧结多孔砖				
5	混凝土结构工程	筏基础类型:筏板基础; 结构形式:现浇钢筋混凝土结构; 混凝土含量 1.48m³/m²、钢筋含量 185.92kg/m²; 模板及支撑架:复合模板、扣件式钢管支撑架				
6	门窗工程	门:钢质防火门、人防门、无机防火卷帘门(耐火极限 3.00h)				

续表 4-1-64

7	防水工程	底板：1.2mm 厚高分子自粘胶膜预铺防水卷材； 侧墙：1.5mm 厚自粘改性沥青防水卷材、2.0mm 厚聚氨酯防水涂料、30.0mm 厚挤塑聚苯板； 顶板：70.0mm 厚 C25 细石混凝土、无纺布、4.0mm 厚耐根穿刺改性沥青防水卷材、油毡布、2.0mm 厚非固化橡胶沥青防水涂料、CL5.0 轻质混凝土找坡
8	楼地面装饰工程	机动车车库：水泥密封固化剂（非纳基 0.1kg/m^2）、2.5mm 厚金刚砂耐磨地坪（掺量 5kg/m^2）、80.0mm 厚 C25 细石混凝土； 自行车车库：4.0mm 厚环氧自流平砂浆、50.0mm 厚 C30 细石混凝土； 楼梯：20.0mm 厚芝麻灰花岗岩； 机动车坡道：无振动环氧防滑坡道、80.0mm 厚 C30 细石混凝土
9	内墙及柱面装饰工程	汽车车库：防霉腻子、防霉涂料； 自行车车库：防霉腻子、防霉涂料； 楼梯间：防霉腻子、防霉涂料
10	天棚工程	汽车车库：防霉腻子、防霉涂料； 自行车车库：防霉腻子、防霉涂料； 楼梯间：防霉腻子、防霉涂料
11	其他装饰工程	楼梯：硬木扶手型钢栏杆（H=1 100mm）； 人防标志牌、交通标志标线
12	其他特征	大型机械：静力压桩机 1 台、转盘式桩机 6 台、履带式挖掘机 2 台； 施工降排水：自流深井降水 159 座（使用期 240d）
二、通用安装工程概况		
1	电气设备安装工程	动力系统：配电柜、配电箱、热浸镀锌钢管、焊接钢管、热浸镀锌托盘式电缆桥架、热浸镀锌喷塑（防火塑粉）槽式电缆桥架、柔性矿物绝缘电缆 BTLY、低烟无卤电力电缆 WDZA-YJY-0.6/1kV、低烟无卤电力电缆 WDZAN-YJY-0.6/1kV、低烟无卤电力电缆 WDZB-YJY-0.6/1kV、低烟无卤电力电缆 WDZBN-YJY-0.6/1kV、铜芯低烟无卤聚氯乙烯护套控制电缆 WDZB-KYJY-450/750； 照明系统：配电箱、焊接钢管、节能灯、荧光灯、开关、插座、热浸镀锌槽式电缆桥架、低烟无卤电力电缆 WDZC-YJY-0.6/1kV、铜芯低烟无卤电线 WDZB-BYJ、铜芯低烟无卤电线 WDZAN-BYJ； 防雷接地系统：引下线、接地跨接、接地母线
2	建筑智能化工程	信息网络系统：AP 无线外网点、单模光纤； 综合布线系统：信息插座、单模光纤； 安全防范系统－出入口控制系统：出入门按钮、磁力锁、门禁读卡器、门禁控制器、铜芯聚氯乙烯绝缘护套软线 ZA-RVV； 安全防范系统－视频安防监控系统：彩色红外枪式网络摄像机、铜芯聚氯乙烯绝缘护套软线 ZA-RVV； 综合管路系统：焊接钢管、套接紧定式镀锌钢导管、热浸镀锌槽式电缆桥架

续表 4-1-64

3	消防工程	水灭火系统－自动喷水灭火系统：喷淋泵、热浸镀锌钢管； 水灭火系统－消火栓系统：增压稳压设备、消火栓泵、消火栓箱、灭火器箱、热浸镀锌钢管； 火灾自动报警系统：报警主机、感温探测器、感烟探测器、消防广播、热浸镀锌防火塑粉槽式电缆桥架、套接紧定式镀锌钢导管、铜芯低烟无卤聚氯乙烯护套控制电缆 WDZBN-KYJY、铜芯低烟无卤聚氯乙烯护套屏蔽软线 WDZBN-RYS； 电气火灾监控系统：剩余电流监控模块、套接紧定式镀锌钢导管、铜芯低烟无卤聚氯乙烯护套屏蔽软线 WDZBN-RYJS、铜芯低烟无卤电线 WDZBN-BYJ； 应急照明及疏散指示系统：应急照明电源配电箱、应急吸顶灯、疏散标志灯、安全出口标志灯、套接紧定式镀锌钢导管、铜芯低烟无卤电线 WDZCN-BYJ
4	通风空调工程	通风系统：风机、镀锌薄钢板风管； 防排烟系统：风机、双面复合压花彩钢板风管； 人防通风系统：风机、镀锌薄钢板风管
5	给排水工程	给水系统：变频设备给水机组、25t 不锈钢水箱、水箱自洁消毒器、衬塑复合管、水表； 压力排水系统：潜污泵、热浸镀锌钢管
6	其他特征	抗震支架； 充电桩：快充 5 个、慢充 80 个

表 4-1-65 1# 楼地上建筑概况

综合概况	工程名称	某九年一贯制学校项目 1# 楼（初中教学楼）				
	采集类别编码	FJ020602	建筑物层数	5	建筑面积 /m^2	12 934.56
	抗震设防类别	乙类	结构类型	框架结构	装配率 /%	60
	建筑高度 /m	22.50	标准层层高 /m	4.00	基本风压 /（kN/m^2）	0.45
	抗震等级	框架二级				
	其他特征	—				
一、建筑与装饰工程概况						
1	土石方工程	土石方类别：二类土； 开挖深度：2.55m； 外运距离：15km； 渣土消纳处置方式：水运				
2	桩基工程	PHC-AB600（110）预制钢筋混凝土管桩（平均桩长 39m）				
3	砌筑工程	蒸压加气混凝土砌块、蒸压加气混凝土砌块隔墙板（ALC）				
4	混凝土结构工程	基础类型：独立基础； 结构形式：现浇钢筋混凝土结构； 混凝土含量 0.52m^3/m^2、钢筋含量 76.08kg/m^2； 模板及支撑架：复合模板、扣件式钢管支撑架				

续表 4-1-65

5	门窗工程	门:木质防火门、断桥隔热铝合金门[(6Low-E+12A+6)mm 中空钢化玻璃]; 窗:断桥隔热铝合金窗[(6Low-E+12A+6)mm 中空钢化玻璃]
6	屋面工程	刚性屋面:50.0mm 厚 C20 细石混凝土、耐碱玻纤网格布、85.0mm 厚挤塑聚苯板、3.0mm 厚自粘型改性沥青防水卷材、2.0mm 厚非固化橡胶沥青防水涂料、C20 细石混凝土找坡; 采光屋面:(8Low-E+12A+6+1.52PVB+6)mm 夹胶钢化玻璃; 雨篷:(8Low-E+12A+6+1.52PVB+6)mm 夹胶钢化玻璃
7	防水工程	楼地面(卫生间、阳台):2.0mm 厚聚合物防水涂料; 内墙面(阳台):1.5mm 厚聚合物防水涂料
8	防腐、隔热、保温工程	外墙外保温:无机轻集料保温砂浆; 天棚保温:岩棉板; 楼面保温:无机轻集料保温砂浆
9	外墙装饰及幕墙工程	外墙装饰:涂料; 幕墙(入口处):6.0mm 厚氟碳穿孔铝板干挂、氟碳喷涂铝合金格栅
10	楼地面装饰工程	教室:10.0mm 厚环氧水磨石; 办公室:800mm × 800mm 抛光砖; 卫生间:300mm × 300mm 地砖; 楼梯:20mm 厚芝麻灰花岗岩
11	内墙及柱面装饰工程	教室:6.0mm 厚 600mm × 1 200mm 陶瓷薄板、耐水腻子、涂料; 办公室:15.0mm 厚木纹防火板、耐水腻子、涂料; 卫生间:300mm × 600mm 地砖; 楼梯间:耐水腻子、涂料
12	天棚工程	教室:1.2mm 厚 100mm × 50mm 铝方通格栅、防潮腻子、涂料; 办公室:U38 轻钢龙骨、9.0mm 厚 600mm × 600mm 穿孔铝矿棉板; 卫生间:U38 轻钢龙骨、0.6mm 厚 300mm × 300mm 铝扣板; 楼梯间:耐水腻子、涂料
13	其他装饰工程	楼梯:硬木扶手型钢栏杆(H=1 100mm); 护窗:不锈钢栏杆(H=900mm); 平台:ϕ155 × 6 铝合金扶手、(6+1.14PVB+6)mm 夹胶钢化玻璃栏(H=1 200mm) 书柜:1 000mm × 600mm(L=18.47m)、400mm × 400mm(L=11.9m); 黑板:8.0mm 厚软木黑板(5 000mm × 1 500mm)24 块、滑动式黑板(4 950mm × 1 100mm)24 块
14	其他特征	—

续表 4-1-65

二、通用安装工程概况信息		
1	电气设备安装工程	动力系统：配电柜、配电箱、焊接钢管、套接紧定式镀锌钢导管、热浸镀锌托盘式电缆桥架、热浸镀锌喷塑（防火塑粉）槽式电缆桥架、柔性矿物绝缘电缆 BTLY、低烟无卤电力电缆 WDZA-YJY-0.6/1kV、低烟无卤电力电缆 WDZB-YJY-0.6/1kV、低烟无卤电力电缆 WDZC-YJY-0.6/1kV、低烟无卤电力电缆 WDZCN-YJY-0.6/1kV、铜芯低烟无卤聚氯乙烯护套控制电缆 WDZB-KYJY-450/750； 照明系统：配电箱、吊扇、套接紧定式镀锌钢导管、节能灯、开关、插座、热浸镀锌槽式电缆桥架、铜芯低烟无卤电线 WDZB-BYJ； 防雷接地系统：接闪带（避雷网）、引下线、接地跨接、接地母线
2	建筑智能化工程	信息网络系统：AP 无线外网点、单模光纤； 综合布线：信息插座、42U 机柜、单模光纤； 安全防范系统 - 出入口控制系统：出入门按钮、磁力锁、门禁读卡器、门禁控制器、铜芯聚氯乙烯绝缘护套软线 ZA-RVV； 安全防范系统 - 视频安防监控系统：彩色红外半球网络摄像机、彩色红外枪式网络摄像机、球形一体机、监控机柜、铜芯聚氯乙烯绝缘护套软线 ZA-RVV； 安全防范系统 - 电子巡查系统：巡更点； 智能一卡通管理系统：IC 卡； 公共广播系统：IP 网络话筒扩展单元、CD 播放器、前置放大器、话筒、IP 网络系统主机、智能控制主机、IP 音频采集器、网络遥控话筒、纯后级功放、壁挂式广播、IP 壁挂音箱（功率 10W）、IP 音频输出单元、铜芯低烟无卤聚氯乙烯护套屏蔽软线 WDZC-RVVP； 电源与电子设备防雷接地系统：UPS 主机 10kV·A、电池柜、12V100AH 密封式胶体免维护蓄电池、电源三级防雷器； 综合管路系统：热浸镀锌槽式电缆桥架、焊接钢管、套接紧定式镀锌钢导管
3	消防工程	水灭火系统 - 消火栓系统：消火栓箱、热浸镀锌钢管； 火灾自动报警系统：消火栓启泵按钮、套接紧定式镀锌钢导管、铜芯低烟无卤聚氯乙烯护套屏蔽软线 WDZCN-RYS； 电气火灾监控系统：剩余电流监控模块、套接紧定式镀锌钢导管、铜芯低烟无卤聚氯乙烯护套屏蔽软线 WDZCN-RYJS、铜芯低烟无卤电线 WDZCN-BYJ； 消防电源监控系统：消防电源监控模块、套接紧定式镀锌钢导管、铜芯低烟无卤聚氯乙烯护套屏蔽软线 WDZCN-RYJS、铜芯低烟无卤电线 WDZCN-BYJ； 应急照明及疏散指示系统：应急照明电源配电箱、应急吸顶灯、疏散标志灯、安全出口标志灯、套接紧定式镀锌钢导管、铜芯低烟无卤电线 WDZCN-BYJ
4	通风空调工程	多联机空调系统：全热交换器、VRF 空调室外机、VRF 空调室内机、镀锌薄钢板、橡塑保温； 通风系统：风机、镀锌薄钢板风管； 其他通风空调系统：一拖多风管机
5	给排水工程	给水系统：衬塑钢管、无规共聚聚丙烯管（PP-R 管）、水表、砌筑井； 排水系统：硬聚氯乙烯塑料排水管（UPVC 管）、防紫外线硬聚氯乙烯塑料排水管（UPVC 管）； 卫生器具安装：洗脸盆、坐便器、蹲便器、小便器、拖把池
6	其他特征	抗震支架

表 4-1-66　$2^{\#}$楼地上建筑概况

综合概况	工程名称	某九年一贯制学校项目$2^{\#}$楼(初中综合楼)				
	采集类别编码	FJ020602	建筑物层数	5	建筑面积 /m^2	10 465.10
	抗震设防类别	乙类	结构类型	框架结构	装配率 /%	60
	建筑高度 /m	22.50	标准层层高 /m	4.00	基本风压 /(kN/m^2)	0.45
	抗震等级	框架二级				
	其他特征	—				
一、建筑与装饰工程概况						
1	砌筑工程	蒸压加气混凝土砌块、蒸压加气混凝土砌块隔墙板(ALC)				
2	混凝土结构工程	结构形式:现浇钢筋混凝土结构; 混凝土含量 0.36m^3/m^2、钢筋含量 64.88kg/m^2; 模板及支撑架:复合模板、扣件式钢管支撑架				
3	门窗工程	门:木质防火门、断桥隔热铝合金门[(6Low-E+12A+6)mm 中空钢化玻璃]; 窗:断桥隔热铝合金窗[(6Low-E+12A+6)mm 中空钢化玻璃]				
4	屋面工程	刚性屋面:50.0mm 厚 C20 细石混凝土、耐碱玻纤网格布、85.0mm 厚挤塑聚苯板、3.0mm 厚自粘型改性沥青防水卷材、2.0mm 厚非固化橡胶沥青防水涂料、CL5.0 轻集料混凝土找坡; 雨篷:(8Low-E+12A+6+1.52PVB+6)mm 钢化夹胶玻璃				
5	防水工程	楼地面(卫生间、阳台):2.0mm 厚聚合物防水涂料; 内墙面(卫生间):1.5mm 厚聚合物防水涂料				
6	防腐、隔热、保温工程	外墙外保温:无机轻集料保温砂浆; 天棚保温:岩棉板				
7	外墙装饰及幕墙工程	外墙装饰:涂料; 幕墙(入口处):6.0mm 厚氟碳穿孔铝板干挂、氟碳喷涂铝合金格栅				
8	楼地面装饰工程	教室:10.0mm 厚环氧磨石; 办公室:800mm × 800mm 抛光砖; 专业教室:24.0mm 厚实木复合地板; 卫生间:300mm × 300mm 地砖; 楼梯:20.0mm 厚芝麻灰花岗岩				
9	内墙及柱面装饰工程	教室:6.0mm 厚 600mm × 1 200mm 陶瓷薄板、耐水腻子、涂料; 办公室:15.0mm 厚木纹防火板、耐水腻子、涂料; 专业教室:15.0mm 厚实木复合吸音板; 卫生间:300mm × 600mm 地砖; 楼梯间:耐水腻子、涂料				

续表 4-1-66

10	天棚工程	教室：1.2mm 厚 100mm × 50mm 铝方通格栅、防潮耐水腻子、涂料； 办公室：U38 轻钢龙骨、9.0mm 厚 600mm × 600mm 穿孔铝矿棉板； 专业教室：U38 轻钢龙骨、1.2mm 厚 600mm × 1 200mm 铝扣板、U38 轻钢龙骨、9.5mm 厚石膏板、防潮涂料； 卫生间：U38 轻钢龙骨、0.6mm 厚 300mm × 300mm 铝扣板； 楼梯间：耐水腻子、涂料
11	其他装饰工程	楼梯：硬木扶手型钢栏杆（H=1 100mm） 护窗：不锈钢栏杆（H=900mm） 平台：ϕ155 × 6 铝合金扶手、（6+1.14PVB+6）mm 夹胶钢化玻璃栏杆（H=1 200mm） 黑板：8.0mm 厚软木黑板（5 000mm × 1 500mm）40 块、滑动式黑板（4 950mm × 1 100mm）40 块
二、通用安装工程概况信息		
1	电气设备安装工程	动力系统：配电箱、热浸镀锌钢管、焊接钢管、热浸镀锌托盘式电缆桥架、热浸镀锌喷塑（防火塑粉）槽式电缆桥架、矿物绝缘电力电缆 BTLY-0.6/1kV、低烟无卤电力电缆 WDZA-YJY-0.6/1kV、低烟无卤电力电缆 WDZBN-YJY-0.6/1kV、控制电缆 WDZB-KYJY-450/750； 照明系统：配电箱、套接紧定式镀锌钢导管、刚性阻燃电线管、节能灯、开关、插座、热浸镀锌槽式电缆桥架、铜芯低烟无卤电线 WDZB-BYJ； 防雷接地系统：接闪带（避雷网）、引下线、接地跨接、接地母线
2	建筑智能化工程	信息网络系统：AP 无线外网点、单模光纤； 综合布线系统：信息插座、42U 机柜、单模光纤； 安全防范系统 – 视频安防监控系统：彩色红外半球网络摄像机、彩色红外枪式网络摄像机、铜芯聚氯乙烯绝缘护套软线 ZA-RVV； 安全防范系统 – 电子巡查系统：巡更点； 公共广播系统：音量控制器、壁挂式广播、IP 壁挂音箱（功率 10W）、IP 音频输出单元、铜芯低烟无卤聚氯乙烯护套屏蔽软线 WDZC-RVVP； 多媒体教学系统：音箱、二通道数字功率放大器、10 路调音台、四进八出音频处理器、DVD 机、八路时序电源器、高清投影机、投影幕； 综合管路系统：焊接钢管、套接紧定式镀锌钢导管、热浸镀锌槽式电缆桥架； 机房工程：交换机、42U 标准机柜、能耗监测管理分工作站、电能计量管理工作站、能耗监测总管理工作站（服务中心）、智慧能源管理系统、M-bus 通信采集管理机（带通信屏）、人脸识别服务器、流媒体服务器、视频综合管理平台、46 英寸 LCD 拼接屏、24 盘位磁盘阵列、4T 硬盘、高清数字解码矩阵 – 视频综合平台、监控机柜、UPS 主机 30kV·A、电源三级防雷器
3	消防工程	水灭火系统 – 消火栓系统：消火栓箱、热浸镀锌钢管； 火灾自动报警系统：消火栓启泵按钮、套接紧定式镀锌钢导管、铜芯低烟无卤聚氯乙烯护套屏蔽软线 WDZCN-RYS； 电气火灾监控系统：剩余电流监控模块、套接紧定式镀锌钢导管、铜芯低烟无卤聚氯乙烯护套屏蔽软线 WDZCN-RYJS、铜芯低烟无卤电线 WDZCN-BYJ；

续表 4-1-66

3	消防工程	消防电源监控系统:消防电源监控模块、套接紧定式镀锌钢导管、铜芯低烟无卤聚氯乙烯护套屏蔽软线 WDZCN-RYJS、铜芯低烟无卤电线 WDZCN-BYJ; 应急照明及疏散指示系统:应急照明电源配电箱、应急吸顶灯、疏散标志灯、安全出口标志灯、套接紧定式镀锌钢导管、铜芯低烟无卤电线 WDZCN-BYJ
4	通风空调工程	多联机空调系统:全热交换器、VRF 空调室外机、VRF 空调室内机、镀锌薄钢板、橡塑保温; 通风系统:风机、镀锌薄钢板风管; 其他通风空调系统:一拖多风管机
5	给排水工程	给水系统:衬塑钢管、无规共聚聚丙烯管(PP-R 管)、水表、砌筑井; 排水系统:硬聚氯乙烯塑料排水管(UPVC 管)、防紫外线硬聚氯乙烯塑料排水管(UPVC 管); 卫生器具安装:洗脸盆、坐便器、蹲便器、小便器、拖把池
6	其他特征	抗震支架

表 4-1-67 3# 楼地上建筑概况

综合概况	工程名称	某九年一贯制学校项目 3# 楼(小学综合楼)				
	采集类别编码	FJ020602	建筑物层数	5	建筑面积 /m²	10 465.10
	抗震设防类别	乙类	结构类型	框架结构	装配率 /%	60
	建筑高度 /m	22.50	标准层层高 /m	4.00	基本风压 /(kN/m²)	0.45
	抗震等级	框架二级				
	其他特征	—				
一、建筑与装饰工程概况						
1	砌筑工程	蒸压加气混凝土砌块、蒸压加气混凝土砌块隔墙板(ALC)				
2	混凝土结构工程	结构形式:现浇钢筋混凝土结构; 混凝土含量 0.36m³/m²、钢筋含量 65.58kg/m²; 模板及支撑架:复合模板、扣件式钢管支撑架				
3	门窗工程	门:木质防火门、断桥隔热铝合金门[(6Low-E+12A+6)mm 中空钢化玻璃]; 窗:断桥隔热铝合金窗[(6Low-E+12A+6)mm 中空钢化玻璃]				
4	钢结构工程	型材屋面:1.2mm 厚铝镁锰合金板、6.0mm 厚通风降噪网格、1.5mm 厚防水透气膜、0.7mm 厚镀锌找平板(HV940)、0.7mm 厚涂彩 HV750 支撑、镀锌方管龙骨 80×4mm@1 200mm				

续表 4-1-67

5	屋面工程	刚性屋面：50.0mm 厚 C20 细石混凝土、耐碱玻纤网格布、85.0mm 厚挤塑聚苯板、3.0mm 厚自粘型改性沥青防水卷材、2.0mm 厚非固化橡胶沥青防水涂料、CL5.0 轻集料混凝土找坡； 采光屋面：（8Low-E+12A+6+1.52PVB+6）mm 夹胶钢化玻璃； 雨篷：（8Low-E+12A+6+1.52PVB+6）mm 夹胶钢化玻璃
6	防水工程	楼地面（卫生间、阳台）：2.0mm 厚聚合物防水涂料； 内墙面（卫生间）：1.5mm 厚聚合物防水涂料
7	防腐、隔热、保温工程	外墙外保温：无机轻集料保温砂浆； 天棚保温：岩棉板
8	外墙装饰及幕墙工程	外墙装饰：涂料； 幕墙（入口处）：6.0mm 厚氟碳穿孔铝板干挂、氟碳喷涂铝合金格栅
9	楼地面装饰工程	教室：10.0mm 厚环氧水磨石； 办公室：800mm × 800mm 抛光砖； 专业教室：15.0mm 厚实木复合地板、2.5mm 厚 PVC 地胶板； 卫生间：300mm × 300mm 地砖； 楼梯：20.0mm 厚芝麻灰花岗岩
10	内墙及柱面装饰工程	教室：600mm × 1 200mm 陶瓷薄板、耐水腻子、涂料； 办公室：15.0mm 厚木纹防火板、耐水腻子、涂料； 专业教室：15.0mm 厚实木复合吸音板； 卫生间：300mm × 600mm 地砖； 楼梯间：耐水腻子、涂料
11	天棚工程	教室：1.2mm 厚 100mm × 50mm 铝方通格栅、耐水腻子、涂料； 办公室：U38 轻钢龙骨、9.0mm 厚 600mm × 600mm 穿孔铝矿棉板； 专业教室：U38 轻钢龙骨、1.2mm 厚 600mm × 1 200mm 铝扣板、U38 轻钢龙骨、9.5mm 厚石膏板、防潮涂料； 卫生间：U38 轻钢龙骨、0.6mm 厚 300mm × 300mm 铝扣板； 楼梯间：耐水腻了、涂料
12	其他装饰工程	楼梯：硬木扶手型钢栏杆（H=1 100mm）； 护窗：不锈钢栏杆（H=900mm）； 平台：ϕ 155 × 6 铝合金扶手、（6+1.14PVB+6）mm 夹胶钢化玻璃栏杆（H=1 200mm）； 黑板：8mm 厚软木黑板（5 000mm × 1 500mm）46 块、滑动式黑板（4 950mm × 1 100mm）46 块

续表 4-1-67

二、通用安装工程概况		
1	电气设备安装工程	动力系统:配电箱、热浸镀锌钢管、焊接钢管、热浸镀锌托盘式电缆桥架、热浸镀锌喷塑(防火塑粉)槽式电缆桥架、矿物绝缘电力电缆 BTLY-0.6/1kV、低烟无卤电力电缆 WDZA-YJY-0.6/1kV、低烟无卤电力电缆 WDZBN-YJY-0.6/1kV、控制电缆 WDZB-KYJY-450/750; 照明系统:配电箱、吊扇、套接紧定式镀锌钢导管、节能灯、开关、插座、热浸镀锌槽式电缆桥架、铜芯低烟无卤电线 WDZB-BYJ; 防雷接地系统:接闪带(避雷网)、引下线、接地跨接、接地母线
2	建筑智能化工程	信息网络系统:交换机、AP 无线外网点、单模光纤; 综合布线:信息插座、42U 机柜、单模光纤; 公共广播系统:音量控制器、壁挂式广播、IP 壁挂音箱(功率 10W)、IP 音频输出单元、铜芯低烟无卤聚氯乙烯护套屏蔽软线 WDZC-RVVP; 安全防范系统 - 视频安防监控系统:彩色红外半球网络摄像机、彩色红外枪式网络摄像机、铜芯聚氯乙烯绝缘护套软线 ZA-RVV; 安全防范系统 - 电子巡查系统:巡更点; 多媒体教学系统:音箱、二通道数字功率放大器、10 路调音台、四进八出音频处理器、DVD 机、八路时序电源器、高清投影机、投影幕; 综合管路系统:焊接钢管、套接紧定式镀锌钢导管、热浸镀锌槽式电缆桥架
3	消防工程	水灭火系统 - 消火栓系统:消火栓箱、热浸镀锌钢管; 火灾自动报警系统:消火栓启泵按钮、套接紧定式镀锌钢导管、铜芯低烟无卤聚氯乙烯护套屏蔽软线 WDZCN-RYS; 电气火灾监控系统:剩余电流监控模块、套接紧定式镀锌钢导管、铜芯低烟无卤聚氯乙烯护套屏蔽软线 WDZCN-RYJS、铜芯低烟无卤电线 WDZCN-BYJ; 消防电源监控系统:消防电源监控模块、套接紧定式镀锌钢导管、铜芯低烟无卤聚氯乙烯护套屏蔽软线 WDZCN-RYJS、铜芯低烟无卤电线 WDZCN-BYJ; 应急照明及疏散指示系统:应急照明电源配电箱、应急吸顶灯、疏散标志灯、安全出口标志灯、套接紧定式镀锌钢导管、铜芯低烟无卤电线 WDZCN-BYJ
4	通风空调工程	多联机空调系统:全热交换器、VRF 空调室外机、VRF 空调室内机、镀锌薄钢板、橡塑保温; 通风系统:风机、镀锌薄钢板风管; 其他通风空调系统:一拖多风管机
5	给排水工程	给水系统:水表、衬塑复合钢管、无规共聚聚丙烯管(PP-R 管); 排水系统:硬聚氯乙烯塑料排水管(UPVC 管)、防紫外线硬聚氯乙烯塑料排水管(UPVC 管); 卫生器具安装:洗脸盆、坐便器、蹲便器、小便器、拖把池
6	其他特征	抗震支架

表 4-1-68　4# 楼地上建筑概况

<table>
<tr><td rowspan="6">综合概况</td><td>工程名称</td><td colspan="5">某九年一贯制学校项目 4# 楼(食堂体艺楼)</td></tr>
<tr><td>采集类别编码</td><td>FJ020699</td><td>建筑物层数</td><td>4</td><td>建筑面积 /m²</td><td>7 479.61</td></tr>
<tr><td>抗震设防类别</td><td>乙类</td><td>结构类型</td><td>钢—混凝土组合结构</td><td>装配率 /%</td><td>60</td></tr>
<tr><td>建筑高度 /m</td><td>19.25</td><td>标准层层高 /m</td><td>4.50</td><td>基本风压 /(kN/m²)</td><td>0.45</td></tr>
<tr><td>抗震等级</td><td colspan="5">框架二级(局部大跨框架一级)</td></tr>
<tr><td>其他特征</td><td colspan="5">—</td></tr>
<tr><td colspan="7">一、建筑与装饰工程概况</td></tr>
<tr><td>1</td><td>砌筑工程</td><td colspan="5">蒸压砂加气混凝土砌块、非黏土烧结多孔砖</td></tr>
<tr><td>2</td><td>混凝土结构工程</td><td colspan="5">结构形式:现浇钢筋混凝土结构;
混凝土含量 0.28m³/m²、钢筋含量 90.78kg/m²;
模板及支撑架:复合模板、扣件式钢管支撑架</td></tr>
<tr><td>3</td><td>钢结构工程</td><td colspan="5">材质:Q355B、型材含量 9.89kg/m²;
钢桁架、0.9mm 厚 YX400-53 型氟碳涂层直立锁边铝镁锰合金板、1.5mm 厚 PVC 防水卷材、110.0mm 厚岩棉板、PE 隔气层、φ2.0(30×60)菱形镀锌钢丝网、0.426mm 厚 YX1 000-200-25 镀铝锌彩钢板</td></tr>
<tr><td>4</td><td>门窗工程</td><td colspan="5">门:木质防火门、断桥隔热铝合金门[(6Low-E+12A+6)mm 中空钢化玻璃];
窗:断桥隔热铝合金窗[(6Low-E+12A+6)mm 中空钢化玻璃]</td></tr>
<tr><td>5</td><td>屋面工程</td><td colspan="5">刚性屋面:600mm×600mm 防滑广场砖、50.0mm 厚 C20 细石混凝土、耐碱玻纤网格布、85.0mm 厚挤塑聚苯板、3.0mm 厚自粘型改性沥青防水卷材、2.0mm 厚非固化橡胶沥青防水涂料、CL5.0 轻集料混凝土找坡</td></tr>
<tr><td>6</td><td>防水工程</td><td colspan="5">楼地面(卫生间):2.0mm 厚聚合物防水涂料</td></tr>
<tr><td>7</td><td>防腐、隔热、保温工程</td><td colspan="5">外墙外保温:无机轻集料保温砂浆;
天棚保温:岩棉板</td></tr>
<tr><td>8</td><td>外墙装饰及幕墙工程</td><td colspan="5">外墙装饰:涂料;
幕墙:6.0mm 厚氟碳穿孔铝板干挂、氟碳喷涂铝合金格栅</td></tr>
<tr><td>9</td><td>楼地面装饰工程</td><td colspan="5">餐厅:25.0mm 厚环氧磨石;
运动教室:24.0mm 厚企口硬木地板;
专业教室:800mm×800mm 抛光砖
卫生间:300mm×300mm 地砖;
楼梯:20.0mm 厚芝麻灰花岗岩</td></tr>
<tr><td>10</td><td>内墙及柱面装饰工程</td><td colspan="5">餐厅:1 200mm×2 400mm 仿大理石纹硅瓷板、耐水腻子、涂料;
运动教室:15.0mm 厚实木复合吸音板;
专业教室:耐水腻子、涂料;
卫生间:300mm×600mm 地砖;
楼梯间:耐水腻子、涂料</td></tr>
</table>

续表 4-1-68

11	天棚工程	餐厅:0.6mm 厚 100mm × 50mm 铝方通、耐水腻子、涂料; 运动教室:U38 轻钢龙骨、2.0mm 厚 450mm × 450mm 穿孔铝板; 专业教室:U38 轻钢龙骨、2.0mm 厚木纹吸音铝板; 卫生间:U38 轻钢龙骨、0.6mm 厚 300mm × 300mm 铝扣板; 电梯厅、楼梯间:耐水腻子、涂料
12	其他装饰工程	楼梯:硬木扶手型钢栏杆(H=1 100mm); 护窗:不锈钢栏杆(H=900mm); 马道:钢管扶手型钢栏杆(H=1 200mm); 窗护网:PE 包塑勾花网(丝径 ϕ 5mm); 篮球架:防爆钢化玻璃篮板、底座尺寸 2 200mm × 1 200mm(L=4.0m),共 4 套; 售餐台:800mm × 800mm(L=5.84m)
二、通用安装工程概况		
1	电气设备安装工程	动力系统:配电箱、热浸镀锌钢管、焊接钢管、热浸镀锌托盘式电缆桥架、热浸镀锌喷塑(防火塑粉)槽式电缆桥架、矿物绝缘电力电缆 BTLY-0.6/1kV、低烟无卤电力电缆 WDZA-YJY-0.6/1kV、低烟无卤电力电缆 WDZBN-YJY-0.6/1kV、铜芯低烟无卤聚氯乙烯护套控制电缆 WDZB-KYJY-450/750; 照明系统:配电箱、套接紧定式镀锌钢导管、刚性阻燃电线管、节能灯、开关、插座、热浸镀锌槽式电缆桥架、铜芯低烟无卤电线 WDZB-BYJ; 防雷接地系统:接闪带(避雷网)、引下线、接地跨接、接地母线
2	建筑智能化工程	信息网络系统:AP 无线外网点、单模光纤; 综合布线系统:信息插座、单模光纤; 安全防范系统 - 视频安防监控系统:球形一体机、彩色红外半球网络摄像机、彩色红外枪式网络摄像机、网络高清厨房专用防油污摄像机、阳光厨房专用网络交换机、铜芯聚氯乙烯绝缘护套软线 ZA-RVV; 智能一卡通管理系统:POS 机、自助签到机; 公共广播系统:壁挂式广播、IP 音频输出单元、铜芯低烟无卤聚氯乙烯护套屏蔽软线 WDZC-RVVP; 综合管路系统:套接紧定式镀锌钢导管、热浸镀锌槽式电缆桥架
3	消防工程	水灭火系统 - 自动喷水灭火系统:热浸镀锌钢管; 水灭火系统 - 消火栓系统:消火栓箱、热浸镀锌钢管; 火灾自动报警系统:感烟探测器、感温探测器、热浸镀锌防火塑粉槽式电缆桥架、套接紧定式镀锌钢导管、铜芯低烟无卤聚氯乙烯护套控制电缆 WDZCN-KYJY、铜芯低烟无卤聚氯乙烯护套屏蔽软线 WDZCN-RYS; 防火门监控系统:防火门监控模块、套接紧定式镀锌钢导管、铜芯低烟无卤聚氯乙烯护套屏蔽软线 WDZCN-RYJS、铜芯低烟无卤电线 WDZCN-BYJ; 电气火灾监控系统:剩余电流监控模块、套接紧定式镀锌钢导管、铜芯低烟无卤聚氯乙烯护套屏蔽软线 WDZCN-RYJS、铜芯低烟无卤电线 WDZCN-BYJ; 消防电源监控系统:消防电源监控模块、套接紧定式镀锌钢导管、铜芯低烟无卤聚氯乙烯护套屏蔽软线 WDZCN-RYJS、铜芯低烟无卤电线 WDZCN-BYJ; 应急照明及疏散指示系统:应急照明电源配电箱、应急吸顶灯、疏散标志灯、安全出口标志灯、套接紧定式镀锌钢导管、铜芯低烟无卤电线 WDZCN-BYJ

续表 4–1–68

4	通风空调工程	多联机空调系统：全热交换器、VRF 空调室外机、VRF 空调室内机、镀锌薄钢板、橡塑保温、离心玻璃棉保温； 通风系统：风机、镀锌薄钢板风管； 防排烟系统：风机、彩钢隔热防排烟风管、304 不锈钢风管
5	给排水工程	给水系统：水表、衬塑复合钢管、无规共聚聚丙烯管（PP–R 管）； 排水系统：硬聚氯乙烯塑料排水管（UPVC 管）、防紫外线硬聚氯乙烯塑料排水管（UPVC 管）； 热水供应系统：12t 卧式承压储热水罐、空气源热泵机组、机组循环泵、热水循环泵、不锈钢给水管、橡塑保温； 卫生器具安装：洗脸盆、蹲便器、小便器、拖把池
6	其他特征	抗震支架

表 4–1–69　5# 楼地上建筑概况

综合概况	工程名称	某九年一贯制学校项目 5# 楼（小学教学楼）				
	采集类别编码	FJ020602	建筑物层数	5	建筑面积 /m^2	13 132.28
	抗震设防类别	乙类	结构类型	框架结构	装配率 /%	60
	建筑高度 /m	22.50	标准层层高 /m	4.00	基本风压 /（kN/m^2）	0.45
	抗震等级	框架二级				
	其他特征	—				
一、建筑与装饰工程概况						
1	砌筑工程	蒸压加气混凝土砌块、蒸压加气混凝土砌块隔墙板（ALC）				
2	混凝土结构工程	结构形式：现浇钢筋混凝土结构； 混凝土含量 0.32m^3/m^2、钢筋含量 54.37kg/m^2； 模板及支撑架：复合模板、扣件式钢管支撑架				
3	钢结构工程	型材屋面：1.2mm 厚铝镁锰合金板、6.0mm 厚通风降噪网格、1.5mm 厚防水透气膜、0.7mm 厚镀锌板（HV940）、0.7mm 厚镀锌板（HV750）、镀锌方管龙骨 80mm × 4mm				
4	门窗工程	门：木质防火门、断桥隔热铝合金门［（6Low–E+12A+6）mm 中空钢化玻璃］； 窗：断桥隔热铝合金窗［（6Low–E+12A+6）mm 中空钢化玻璃］				
5	屋面工程	刚性屋面：50.0mm 厚 C20 细石混凝土、耐碱玻纤网格布、85.0mm 厚挤塑聚苯板、3.0mm 厚自粘型改性沥青防水卷材、2.0mm 厚非固化橡胶沥青防水涂料、CL5.0 轻集料混凝土找坡； 采光屋面：（8Low–E+12A+6+1.52PVB+6）mm 夹胶钢化玻璃				

续表 4-1-69

6	防水工程	楼地面(卫生间、阳台):2.0mm 厚聚合物防水涂料; 内墙面(卫生间):1.5mm 厚聚合物防水涂料
7	防腐、隔热、保温工程	外墙外保温:无机轻集料保温砂浆; 天棚保温:岩棉板; 楼地面保温:无机轻集料保温砂浆
8	外墙装饰及幕墙工程	外墙装饰:涂料; 幕墙(入口处):6.0mm 厚氟碳穿孔铝板干挂、氟碳喷涂铝合金格栅
9	楼地面装饰工程	教室:10.0mm 厚环氧磨石、800mm × 800mm 抛光砖; 卫生间:300mm × 300mm 地砖; 楼梯:20.0mm 厚芝麻灰花岗岩
10	内墙及柱面装饰工程	教室:6.0mm 厚 600mm × 1 200mm 陶瓷薄板、15.0mm 厚木纹防火板、耐水腻子、涂料; 卫生间:300mm × 600mm 地砖; 楼梯间:耐水腻子、涂料
11	天棚工程	教室:1.2mm 厚 100mm × 50mm 铝方通格栅、1.2mm 厚 600mm × 1 200mm 铝扣板、U38 轻钢龙骨、9.5mm 厚石膏板、防潮涂料; 卫生间:U38 轻钢龙骨、0.6mm 厚 300mm × 300mm 铝扣板; 楼梯间:耐水腻子、涂料
12	其他装饰工程	楼梯:硬木扶手型钢栏杆(H=1 100mm); 护窗:不锈钢栏杆(H=900mm); 平台:ϕ155 × 6 铝合金扶手、(6+1.14PVB+6)mm 夹胶钢化玻璃栏(H=1 200mm); 黑板:8.0mm 厚软木黑板(5 000mm × 1 500mm)42 块、滑动式黑板(4 950mm × 1 100mm)42 块
二、通用安装工程概况		
1	电气设备安装工程	动力系统:配电箱、热浸镀锌钢管、焊接钢管、热浸镀锌托盘式电缆桥架、热浸镀锌喷塑(防火塑粉)槽式电缆桥架、矿物绝缘电力电缆 BTLY-0.6/1kV、低烟无卤电力电缆 WDZA-YJY-0.6/1kV、低烟无卤电力电缆 WDZBN-YJY-0.6/1kV、铜芯低烟无卤聚氯乙烯护套控制电缆 WDZB-KYJY-450/750; 照明系统:配电箱、套接紧定式镀锌钢导管、刚性阻燃电线管、节能灯、开关、插座、热浸镀锌槽式电缆桥架、低烟无卤电力电缆 WDZA-YJY-0.6/1kV、铜芯低烟无卤电线 WDZB-BYJ、铜芯低烟无卤电线 WDZAN-BYJ; 防雷接地系统:接闪带(避雷网)、引下线、接地跨接、接地母线; 光伏发电系统:单晶硅光伏发电板 255m^2

续表 4-1-69

2	建筑智能化工程	信息网络系统：交换机、AP 无线外网点、单模光纤； 综合布线：42U 机柜、信息插座、单模光纤； 建筑能耗监测系统：远传电表； 安全防范系统 - 出入口控制系统：出入门按钮、磁力锁、门禁读卡器、门禁控制器、铜芯聚氯乙烯绝缘护套软线 ZA-RVV； 安全防范系统 - 视频安防监控系统：彩色红外半球网络摄像机、彩色红外枪式网络摄像机、铜芯聚氯乙烯绝缘护套软线 ZA-RVV； 智能一卡通管理系统：IC 卡； 公共广播系统：IP 网络话筒扩展单元、CD 播放器、前置放大器、IP 网络系统主机、遥控话筒、遥控话筒扩展单元、智能控制主机、IP 音频采集器、纯后级功放、壁挂式广播、IP 壁挂音箱（功率 10W）、IP 音频输出单元、铜芯低烟无卤聚氯乙烯护套屏蔽软线 WDZC-RVVP； 多媒体教学系统：全频壁挂扬声器、高清录播一体机、4K 高清摄像机、拾音器、嵌入式云录播软件、八路时序电源器、86 英寸液晶触摸一体机、65 英寸液晶电视机； 机房工程：监控机柜、门禁管理中心工作站、门禁管理软件、M-bus 通信采集管理机（带通信屏）、视频综合管理平台、标准机架式服务器、46 英寸 LCD 拼接屏、电视墙、考勤管理中心工作站、消费管理中心工作站、发卡器、考勤管理软件、42U 标准机柜、UPS 主机、电源三级防雷器、工业连接器、静电地板； 综合管路系统：焊接钢管、套接紧定式镀锌钢导管、热浸镀锌槽式电缆桥架
3	消防工程	水灭火系统 - 消火栓系统：消火栓箱、热浸镀锌钢管； 火灾自动报警系统：消火栓启泵按钮、套接紧定式镀锌钢导管、铜芯低烟无卤聚氯乙烯护套屏蔽软线 WDZCN-RYS； 电气火灾监控系统：剩余电流监控模块、套接紧定式镀锌钢导管、铜芯低烟无卤聚氯乙烯护套屏蔽软线 WDZCN-RYJS、铜芯低烟无卤电线 WDZCN-BYJ； 消防电源监控系统：消防电源监控模块、套接紧定式镀锌钢导管、铜芯低烟无卤聚氯乙烯护套屏蔽软线 WDZCN-RYJS、铜芯低烟无卤电线 WDZCN-BYJ； 应急照明及疏散指示系统：应急照明电源配电箱、应急吸顶灯、疏散标志灯、安全出口标志灯、套接紧定式镀锌钢导管、铜芯低烟无卤电线 WDZCN-BYJ
4	通风空调工程	多联机空调系统：全热交换器、镀锌薄钢板、橡塑保温； 通风系统：风机、镀锌薄钢板风管； 其他通风空调系统：一拖多风管机
5	给排水工程	给水系统：水表、衬塑复合钢管、无规共聚聚丙烯管（PP-R 管）； 排水系统：硬聚氯乙烯塑料排水管（UPVC 管）、防紫外线硬聚氯乙烯塑料排水管（UPVC 管）； 卫生器具安装：洗脸盆、坐便器、蹲便器、小便器、拖把池
6	其他特征	抗震支架

表 4-1-70　6# 楼地上建筑概况

综合概况	工程名称	某九年一贯制学校项目 6# 楼(艺术会议中心)				
	采集类别编码	FJ020699	建筑物层数	3	建筑面积 /m^2	2 473.00
	抗震设防类别	乙类	结构类型	框架结构	装配率 /%	60
	建筑高度 /m	10.35	标准层层高 /m	—	基本风压 /(kN/m^2)	0.45
	抗震等级	框架二级(局部大跨框架一级)				
	其他特征	—				
一、建筑与装饰工程概况						
1	砌筑工程	蒸压加气混凝土砌块、蒸压加气混凝土砌块隔墙板(ALC)				
2	混凝土结构工程	结构形式:现浇钢筋混凝土结构; 混凝土含量 0.45m^3/m^2、钢筋含量 89.77kg/m^2; 模板及支撑架:复合模板、扣件式钢管支撑架				
3	钢结构工程	型材屋面:1.2mm 厚铝镁锰合金板、6.0mm 厚通风降噪网格、1.5mm 厚防水透气膜、0.7mm 厚镀锌板(HV940)、0.7mm 厚镀锌板(HV750)、镀锌方管龙骨 80mm × 4mm				
4	门窗工程	门:木质防火门、断桥隔热铝合金门[(6Low-E+12A+6)mm 中空钢化玻璃]; 窗:断桥隔热铝合金窗[(6Low-E+12A+6)mm 中空钢化玻璃]				
5	屋面工程	刚性屋面:600mm × 600mm 防滑广场砖、50.0mm 厚 C20 细石混凝土、耐碱玻纤网格布、85.0mm 厚挤塑聚苯板、3.0mm 厚自粘型改性沥青防水卷材、2.0mm 厚非固化橡胶沥青防水涂料、CL5.0 轻集料混凝土找坡				
6	防水工程	楼地面(卫生间):2.0mm 厚聚合物防水涂料				
7	防腐、隔热、保温工程	外墙外保温:无机轻集料保温砂浆; 天棚保温:岩棉板				
8	外墙装饰及幕墙工程	外墙装饰:涂料; 幕墙(一层):6.0mm 厚氟碳穿孔铝板干挂、氟碳喷涂铝合金格栅				
9	楼地面装饰工程	教室:10.0mm 厚环氧磨石; 专业教室:22.0mm 厚专业舞蹈地板、5.0mm 厚 PVC 地胶板、15.0mm 厚实木复合地板; 办公室:800mm × 800mm 抛光砖; 卫生间:300mm × 300mm 地砖; 电梯厅、楼梯:20.0mm 厚芝麻灰花岗岩				
10	内墙及柱面装饰工程	教室:1 200mm × 2 400mm 仿大理石纹硅瓷板、耐水腻子、涂料; 专业教室:15.0mm 厚陶铝吸音板、2.0mm 厚仿木纹吸音铝板; 办公室:耐水腻子、涂料; 卫生间:300mm × 600mm 地砖; 电梯厅、楼梯间:耐水腻子、涂料				

续表 4-1-70

11	天棚工程	教室：0.6mm 厚 100mm × 50mm 铝方通、耐水腻子、涂料； 办公室：U38 轻钢龙骨、2.0mm 厚 450mm × 450mm 穿孔铝板； 专业教室：U38 轻钢龙骨、2.0mm 厚仿木纹吸音铝板； 卫生间：U38 轻钢龙骨、0.6mm 厚 300mm × 300mm 铝扣板； 电梯厅、楼梯间：耐水腻子、涂料
12	其他装饰工程	楼梯：硬木扶手型钢栏杆（H=1 100mm）； 平台：ϕ 155 × 6 铝合金扶手、(6+1.14PVB+6) mm 夹胶钢化玻璃栏板（H=1 200mm）
二、通用安装工程概况		
1	电气设备安装工程	动力系统：配电箱、焊接钢管、热浸镀锌托盘式电缆桥架、热浸镀锌喷塑（防火塑粉）槽式电缆桥架、矿物绝缘电力电缆 BTLY-0.6/1kV、低烟无卤电力电缆 WDZA-YJY-0.6/1kV、低烟无卤电力电缆 WDZBN-YJY-0.6/1kV； 照明系统：配电箱、套接紧定式镀锌钢导管、刚性阻燃电线管、节能灯、开关、插座、热浸镀锌槽式电缆桥架、铜芯低烟无卤电线 WDZB-BYJ； 防雷接地系统：接闪带（避雷网）、引下线、接地跨接、接地母线
2	建筑智能化工程	信息网络系统：AP 无线外网点、单模光纤； 综合布线系统：信息插座、42U 机柜、单模光纤； 安全防范系统 - 视频安防监控系统：彩色红外枪式网络摄像机、球形一体机、铜芯聚氯乙烯绝缘护套软线 ZA-RVV； 公共广播系统：壁挂式广播、IP 音频输出单元、铜芯低烟无卤聚氯乙烯护套屏蔽软线 WDZC-RVVP； 会议系统：话筒、扬声器、音箱、功率放大器、调音台、数字音频处理器、DVD 机、室内全彩 LED 屏、控制电脑、视频拼接器、混合矩阵； 综合管路系统：套接紧定式镀锌钢导管、热浸镀锌槽式电缆桥架
3	消防工程	水灭火系统 - 消火栓系统：消火栓箱、热浸镀锌钢管； 火灾自动报警系统：感烟探测器、套接紧定式镀锌钢导管、铜芯低烟无卤聚氯乙烯护套屏蔽软线 WDZCN-RYS； 电气火灾监控系统：剩余电流监控模块、套接紧定式镀锌钢导管、铜芯低烟无卤聚氯乙烯护套屏蔽软线 WDZCN-RYJS、铜芯低烟无卤电线 WDZCN-BYJ； 消防电源监控系统：消防电源监控模块、套接紧定式镀锌钢导管、铜芯低烟无卤聚氯乙烯护套屏蔽软线 WDZCN-RYJS、铜芯低烟无卤电线 WDZCN-BYJ； 应急照明及疏散指示系统：应急照明电源配电箱、应急吸顶灯、疏散标志灯、安全出口标志灯、套接紧定式镀锌钢导管、铜芯低烟无卤电线 WDZCN-BYJ
4	通风空调工程	多联机空调系统：全热交换器、直膨式空调机、镀锌薄钢板、橡塑保温； 通风系统：风机、镀锌薄钢板风管； 防排烟系统：风机、彩钢隔热防排烟风管； 其他通风空调系统：一拖多风管机
5	给排水工程	给水系统：水表、衬塑复合钢管、无规共聚聚丙烯管（PP-R 管）； 排水系统：硬聚氯乙烯塑料排水管（UPVC 管）、防紫外线硬聚氯乙烯塑料排水管（UPVC 管）； 卫生器具安装：洗脸盆、坐便器、蹲便器、小便器、拖把池
6	其他特征	抗震支架

表 4-1-71　风雨连廊地上建筑概况

<table>
<tr><td rowspan="6">综合概况</td><td>工程名称</td><td colspan="5">某九年一贯制学校项目　风雨连廊</td></tr>
<tr><td>采集类别编码</td><td>FJ020699</td><td>建筑物层数</td><td>4</td><td>建筑面积 /m²</td><td>2 051.65</td></tr>
<tr><td>抗震设防类别</td><td>乙类</td><td>结构类型</td><td>钢—混凝土组合结构</td><td>装配率 /%</td><td>60</td></tr>
<tr><td>建筑高度 /m</td><td>16.20</td><td>标准层层高 /m</td><td>4.00</td><td>基本风压 /（kN/m²）</td><td>0.45</td></tr>
<tr><td>抗震等级</td><td colspan="5">框架二级</td></tr>
<tr><td>其他特征</td><td colspan="5">—</td></tr>
<tr><td colspan="7">一、建筑与装饰工程概况</td></tr>
<tr><td>1</td><td>砌筑工程</td><td colspan="5">蒸压砂加气混凝土砌块、非黏土烧结多孔砖</td></tr>
<tr><td>2</td><td>混凝土结构工程</td><td colspan="5">结构形式：现浇钢筋混凝土结构；
混凝土含量 0.2m³/m²、钢筋含量 32.66kg/m²；
模板及支撑架：复合模板、扣件式钢管支撑架</td></tr>
<tr><td>3</td><td>金属结构工程</td><td colspan="5">材质：Q355B、型材含量 177.91kg/m²；
型钢柱 H600×350×25×30、型钢梁 H900×300×25×30、TDA4-90 钢筋桁架楼承板、0.9mm 直立锁边铝镁锰合金屋面板；
采光屋面：（8TP 超白热反射镀膜 +1.52PVB+8TP）mm 超白夹胶钢化玻璃</td></tr>
<tr><td>4</td><td>门窗工程</td><td colspan="5">门：木质门、木质防火门、断桥隔热铝合金门［（6Low-E+12A+6）mm 中空钢化玻璃］；
窗：断桥隔热铝合金窗［（6Low-E+12A+6）mm 中空钢化玻璃］</td></tr>
<tr><td>5</td><td>屋面工程</td><td colspan="5">刚性屋面：600mm×600mm 防滑广场砖、50.0mm 厚 C20 细石混凝土、耐碱玻纤网格布、85.0mm 厚挤塑聚苯板、3.0mm 厚自粘型改性沥青防水卷材、2.0mm 厚非固化橡胶沥青防水涂料、CL5.0 轻集料混凝土找坡</td></tr>
<tr><td>6</td><td>防水工程</td><td colspan="5">楼地面（连廊）：2.0mm 厚聚合物防水涂料；
内墙面（连廊）：1.5mm 厚聚合物防水涂料</td></tr>
<tr><td>7</td><td>防腐、隔热、保温工程</td><td colspan="5">天棚保温：岩棉板</td></tr>
<tr><td>8</td><td>外墙装饰及幕墙工程</td><td colspan="5">外墙装饰：涂料；
幕墙（南立面）：2.5mm 厚氟碳喷涂铝板干挂、氟碳喷涂铝合金格栅</td></tr>
<tr><td>9</td><td>楼地面装饰工程</td><td colspan="5">10.0mm 厚环氧磨石、800mm×800mm 地砖</td></tr>
<tr><td>10</td><td>内墙及柱面装饰工程</td><td colspan="5">6.0mm 厚 600mm×1 200mm 陶瓷薄板、涂料</td></tr>
</table>

续表 4-1-71

11	天棚工程	0.6mm 厚 100mm×50mm 铝方通、U38 轻钢龙骨、2.0mm 厚 450mm×450mm 穿孔铝板、涂料
12	其他装饰工程	连廊:(6+1.14PVB+6)mm 夹胶钢化玻璃栏板(H=1 200mm)
二、通用安装工程概况		
1	电气设备安装工程	动力系统:配电箱、焊接钢管、热浸镀锌托盘式电缆桥架、热浸镀锌喷塑(防火塑粉)槽式电缆桥架、矿物绝缘电力电缆 BTLY-0.6/1kV、低烟无卤电力电缆 WDZB-YJY-0.6/1kV; 照明系统:配电箱、套接紧定式镀锌钢导管、节能灯、开关、插座、热浸镀锌槽式电缆桥架、铜芯低烟无卤电线 WDZB-BYJ; 防雷接地系统:接闪带(避雷网)、引下线、接地跨接、接地母线
2	建筑智能化工程	信息网络系统:AP 无线外网点、单模光纤; 综合布线系统:42U 机柜、信息插座、单模光纤; 安全防范系统 – 视频安防监控系统:彩色红外枪式网络摄像机、24 盘位磁盘阵列、4T 硬盘、46 英寸 LCD 拼接屏、42U 机柜、单模光纤、铜芯聚氯乙烯绝缘护套软线 ZA-RVV; 综合管路系统:焊接钢管、套接紧定式镀锌钢导管、热浸镀锌槽式电缆桥架
3	消防工程	水灭火系统 – 消火栓系统:消火栓箱、热浸镀锌钢管
4	给排水工程	给水系统:水表、衬塑复合钢管、无规共聚聚丙烯管(PP-R 管); 排水系统:硬聚氯乙烯塑料排水管(UPVC 管)、防紫外线硬聚氯乙烯塑料排水管(UPVC 管); 卫生器具安装:洗脸盆、蹲便器、小便器、拖把池
5	其他特征	抗震支架

表 4-1-72　门卫地上建筑概况

综合概况	工程名称	某九年一贯制学校项目　门卫				
	采集类别编码	FJ021501	建筑物层数	1	建筑面积 /m²	249.17
	抗震设防类别	丙类	结构类型	钢 – 混凝土组合结构	装配率	—
	建筑高度 /m	4.80	标准层层高 /m	—	基本风压 /(kN/m²)	0.45
	抗震等级	框架三级				
	其他特征	—				

续表 4-1-72

一、建筑与装饰工程概况		
1	土石方工程	土石方类别：三类土； 开挖深度：1.75m； 外运距离：15km； 渣土消纳处置方式：水运
2	桩基工程	PHC-AB600（110）预制钢筋混凝土管桩（平均桩长 35m）
3	砌筑工程	混凝土实心砖、蒸压砂加气混凝土砌块
4	混凝土结构工程	基础类型：独立基础； 结构形式：现浇钢筋混凝土结构； 混凝土含量 $0.3m^3/m^2$、钢筋含量 $56.19kg/m^2$； 模板及支撑架：复合模板、扣件式钢管支撑架
5	金属结构工程	材质：Q355B、型材含量 $124.41kg/m^2$； 钢柱钢梁、0.9mm 直立锁边铝镁锰合金屋面板、0.49mm 防水透气膜、50mm 厚吸音棉（$24kg/m^3$）、2.0mm 不锈钢丝网
6	门窗工程	门：木质防火门、断桥隔热铝合金门［（6Low-E+12A+6）mm 中空钢化玻璃］； 窗：断桥隔热铝合金窗［（6Low-E+12A+6）mm 中空钢化玻璃］
7	屋面工程	刚性屋面：50.0mm 厚 C25 细石混凝土、耐碱玻纤网格布、68.0mm 厚挤塑聚苯板、3.0mm 厚自粘型改性沥青防水卷材、1.5mm 厚聚氨酯防水涂料、C20 细石混凝土找坡
8	防水工程	外墙面：2.0mm 厚聚合物防水涂料
9	防腐、隔热、保温工程	外墙外保温：无机轻集料保温砂浆
10	外墙装饰及幕墙工程	外墙装饰：涂料； 幕墙：2.5mm 厚氟碳喷涂铝板干挂、3.0mm 厚 200mm × 300mm 铝合金格栅
11	楼地面装饰工程	门卫室：20.0mm 厚芝麻灰花岗岩； 卫生间：300mm × 300mm 地砖
12	内墙及柱面装饰工程	门卫室：耐水腻子、涂料； 卫生间：300mm × 600mm 瓷砖
13	天棚工程	门卫室：耐水腻子、涂料； 卫生间：U38 轻钢龙骨、2.0mm 厚 450mm × 450mm 穿孔铝板
二、通用安装工程概况		
1	电气设备安装工程	照明系统：配电箱、焊接钢管、刚性阻燃电线管； 防雷接地系统：接闪带（避雷网）、引下线、接地跨接、接地母线

续表 4–1–72

2	建筑智能化工程	电源与电子设备防雷接地系统：UPS 主机 15kV·A、电源三级防雷器； 综合布线系统：42U 机柜、信息插座、单模光纤； 安全防范系统 – 视频安防监控系统：彩色红外枪式网络摄像机、24 盘位磁盘阵列、4T 硬盘、46 英寸 LCD 拼接屏、42U 机柜、单模光纤、铜芯聚氯乙烯绝缘护套软线 ZA–RVV； 综合管路系统：焊接钢管、套接紧定式镀锌钢导管、网格式桥架、热浸镀锌槽式电缆桥架
3	消防工程	水灭火系统 – 消火栓系统：灭火器箱
4	给排水工程	给水系统：水表、衬塑复合钢管、无规共聚聚丙烯管（PP–R 管）； 排水系统：硬聚氯乙烯塑料排水管（UPVC 管）、防紫外线硬聚氯乙烯塑料排水管（UPVC 管）； 卫生器具安装：洗脸盆、坐便器、淋浴器、拖把池

表 4–1–73 室外附属工程概况

综合概况	工程名称	某九年一贯制学校项目 室外附属工程		
	采集类别编码	FJ021601	室外总面积 /m^2	44 957.10
	道路面积 /m^2	3 153.71	绿化面积 /m^2	21 974.42
	围墙长度 /m	1 455.00	运动场面积 /m^2	16 225.72
	其他特征	—		
室外附属工程概况				
1	道路	人行道：50.0mm 厚陶瓷透水砖； 车行道：40.0mm 厚高黏度改性透水沥青（AC13）、60.0mm 厚 SBS 改性沥青混凝土（AC25）		
2	景观	园路：50.0mm 厚山东白麻花岗岩荔枝面； 木平台：120mm × 50mm 厚印尼菠萝格防腐木板； 水景：400mm × 400mm × 20mm 厚芝麻黑花岗岩、ϕ（50~60）卵石		
3	绿化	乔木 1 591 株、灌木 390 株、草坪 6 901m^2、色带 8 500m^2、花卉 2 264m^2		
4	围墙	围墙高度：2.65m； 围墙形式：氟碳漆方钢管金属栏杆（H=2 450mm）； 围墙饰面：涂料		
5	通用安装工程	照明系统：配电箱、焊接钢管、室外埋地塑料保护管 PE 管、铜芯电力电缆 YJV22–0.6/1kV、草坪灯、庭院灯（立杆 6m）、球场高杆灯（立杆 8m）、投光灯； 防雷接地系统：接地母线、接地极； 室外喷灌及绿化浇灌：聚乙烯 PE 给水管、旋转散射喷头；		

续表 4–1–73

5	通用安装工程	给水系统:球墨铸铁管、涂塑钢塑复合管; 排水系统:高密度聚乙烯 HDPE 双壁波纹管、砌筑井; 再生水系统:雨水 PP 模块蓄水池 251.2m^3; 安全防范系统–入侵报警系统:电子围栏; 安全防范系统–出入口控制系统:人行门禁; 安全防范系统–视频安防监控系统:安防箱、工业交换机、网络彩色固定枪机、人脸识别摄像机、全景摄像机、PTZ 球机、铜芯聚氯乙烯绝缘护套软线 ZA–RVV; 安全防范系统–停车场管理系统:液压一体升降柱、高速升降柱控制盒、自动挡车器、车检器、出入口补光抓拍一体机、出入口 LED 显示屏、软硬件一体化平台软件、铜芯聚氯乙烯绝缘护套软线 ZA–RVV; 信息引导及发布系统:室外全彩 LED 显示屏; 公共广播系统:室外草坪喇叭、铜芯低烟无卤聚氯乙烯护套屏蔽软线 WDZC–RVVP; 综合管路系统:镀锌钢管、手孔井; 水灭火系统–消火栓系统:球墨铸铁管、室外消火栓
6	其他	化粪池:4 座; 篮球场:60.0mm 厚中粒式沥青混凝土(AC16)、40.0mm 厚细粒式沥青混凝土(AC13)、6.0mm 厚硅 PU 面层、3.0m 高球场围网; 塑胶跑道(8×400m):60.0mm 厚中粒式沥青混凝土(AC16)、40.0mm 厚细粒式沥青混凝土(AC13)、8.0mm 厚环保型塑胶、5.0mm 厚彩色 EPDM 塑胶颗粒面层; 排球场:60.0mm 厚中粒式沥青混凝土(AC16)、40.0mm 厚细粒式沥青混凝土(AC13)、30.0mm 厚 EPDM 塑胶面层; 跳远沙坑:400.0mm 厚石英砂、50.0mm 厚煤渣、土工布、250.0mm 厚中砂; 足球场:120.0mm 砂性土、350.0mm 厚种植土、狗牙根草坪

表 4–1–74 整体项目造价指标表

项目类型	功能规模	指标内容
中小学项目	48(小学)+24(中学)	1. 项目建设内容包括地上建筑、地下建筑、室外附属工程。装修标准为全装修,不包括教学设施设备、办公家具、机械式停车库等; 2. 地上建筑包括中小学教学楼、办公用房、食堂体艺楼、艺术会议中心、风雨连廊、门卫及附属用房

序号	整体项目造价指标 /(元 /m^2)	单项工程造价指标 /(元 /m^2)				备注
		指标组成	基期指标			
			合计	建筑与装饰	通用安装	
1	4 643.81	地下建筑	5 732.92	5 091.93	640.99	
2		地上建筑	3 561.80	2 784.93	776.87	
3		室外附属工程	838.11			

表 4-1-75 单项造价指标表

项目类型	指标内容				
某九年一贯制学校项目	1. 建筑与装饰工程包括土石方工程，基坑围护工程，桩基工程，砌筑工程，混凝土结构工程，金属结构工程，屋面工程，防水工程，防腐、隔热、保温工程，外墙装饰及幕墙工程，楼地面装饰工程，内墙及柱面装饰工程，天棚工程，其他装饰工程，附属工程，施工技术措施等； 2. 通用安装工程包括电气设备安装工程、建筑智能化工程、消防工程、通风空调工程、给排水工程、充电桩、施工技术措施等； 3. 室外附属工程主要包括道路、景观、绿化、围墙、电气设备安装、建筑智能化、消防、给排水等				
序号	单项名称	造价指标 /（元 /m²）			备注
		建筑与装饰	通用安装	合计	
一、地下建筑					
	地下室	5 250.62	640.99	5 891.61	
二、地上建筑					
1	1# 楼（初中教学楼）	3 101.69	705.05	3 806.74	含桩基础
2	2# 楼（初中综合楼）	2 481.32	764.24	3 245.56	
3	3# 楼（小学综合楼）	2 465.05	720.80	3 185.85	
4	4# 楼（食堂体艺楼）	3 031.47	885.37	3 916.84	
5	5# 楼（小学教学楼）	2 479.50	765.77	3 245.26	
6	6# 楼（艺术会议中心）	3 206.62	1 217.21	4 423.83	
7	风雨连廊	4 123.29	659.83	4 783.12	
8	门卫	5 603.04	1 238.97	6 842.01	含桩基础
三、室外附属工程					
1	道路	39.89			
2	景观	214.82			
3	绿化	108.21			
4	围墙	60.00			
5	通用安装工程	228.69			
6	其他	186.50			

表 4-1-76 地下室、风雨连廊、门卫造价指标单元分析表

序号	一级造价指标单元	造价指标 /（元 /m²）			备注
		地下室	风雨连廊	门卫	
一	建筑与装饰工程	5 091.92	4 123.27	5 603.02	
1	土石方工程	704.63	—	34.19	
2	基坑围护工程	673.31	—	—	

续表 4–1–76

序号	一级造价指标单元	造价指标 /(元 /m²)			备注
		地下室	风雨连廊	门卫	
3	桩基工程	751.81	—	437.46	
4	砌筑工程	21.53	12.60	95.47	
5	混凝土结构工程	2 004.27	375.12	507.05	
6	金属结构工程	—	2 587.56	2 646.41	
7	门窗工程	62.73	4.07	135.26	
8	屋面工程	—	63.37	69.93	
9	防水工程	231.09	1.02	27.01	
10	防腐、隔热、保温工程	—	27.16	45.73	
11	外墙装饰及幕墙工程	—	664.00	1 225.02	
12	楼地面装饰工程	205.68	110.21	96.80	
13	内墙及柱面装饰工程	83.88	19.12	87.69	
14	天棚工程	62.32	83.43	61.98	
15	其他装饰工程	11.11	108.54	5.79	
16	附属工程	7.23	10.53	92.20	
17	施工技术措施	272.33	56.54	35.03	
二	通用安装工程	640.99	659.82	1 238.96	
1	电气设备安装工程	160.54	105.86	728.55	
2	建筑智能化工程	45.74	528.09	460.70	
3	消防工程	228.47	7.00	2.45	
4	通风空调工程	133.52	—	—	
5	给排水工程	39.06	16.78	39.42	
6	充电桩	26.45	—	—	
7	施工技术措施	7.21	2.09	7.84	

表 4–1–77 1# 楼、2# 楼、3# 楼造价指标单元分析表

序号	一级造价指标单元	造价指标 /(元 /m²)			备注
		1# 楼（初中教学楼）	2# 楼（初中综合楼）	3# 楼（小学综合楼）	
一	建筑与装饰工程	3 101.67	2 481.34	2 465.04	
1	土石方工程	35.97	—	—	
2	桩基工程	418.51	—	—	
3	砌筑工程	107.21	79.51	80.56	

续表 4-1-77

序号	一级造价指标单元	造价指标 /(元 /m^2)			备注
		1# 楼（初中教学楼）	2# 楼（初中综合楼）	3# 楼（小学综合楼）	
4	混凝土结构工程	1 019.61	869.51	866.18	
5	门窗工程	181.78	177.26	187.54	
6	屋面工程	179.30	169.93	178.75	
7	防水工程	17.05	14.32	14.91	
8	防腐、隔热、保温工程	43.05	46.74	45.29	
9	外墙装饰及幕墙工程	220.60	250.78	242.18	
10	楼地面装饰工程	332.32	330.13	301.80	
11	内墙及柱面装饰工程	212.94	195.02	203.96	
12	天棚工程	135.63	153.68	142.51	
13	其他装饰工程	77.44	76.84	80.02	
14	附属工程	8.23	5.83	11.20	
15	施工技术措施	112.03	111.79	110.14	
二	通用安装工程	705.04	764.24	720.81	
1	电气设备安装工程	182.98	165.89	168.35	
2	建筑智能化工程	207.12	341.56	259.91	
3	消防工程	65.06	46.88	63.79	
4	通风空调工程	192.81	165.81	184.17	
5	给排水工程	49.26	40.94	41.41	
6	施工技术措施	7.81	3.16	3.18	

表 4-1-78 4# 楼、5# 楼、6# 楼造价指标单元分析表

序号	一级造价指标单元	造价指标 /(元 /m^2)			备注
		4# 楼（食堂体艺楼）	5# 楼（小学教学楼）	6# 楼（艺术会议中心）	
一	建筑与装饰工程	3 031.49	2 479.49	3 206.62	
1	砌筑工程	125.26	79.29	131.62	
2	混凝土结构工程	896.87	872.84	1 127.18	
3	金属结构工程	208.71	—	—	
4	门窗工程	184.03	176.52	80.12	
5	屋面工程	68.00	147.37	219.67	
6	防水工程	6.99	15.46	1.92	

续表 4-1-78

序号	一级造价指标单元	造价指标 /(元 /m²)			备注
		4# 楼（食堂体艺楼）	5# 楼（小学教学楼）	6# 楼（艺术会议中心）	
7	防腐、隔热、保温工程	32.74	50.90	60.17	
8	外墙装饰及幕墙工程	380.06	257.58	233.14	
9	楼地面装饰工程	371.26	304.42	367.08	
10	内墙及柱面装饰工程	240.63	202.04	233.11	
11	天棚工程	345.53	142.33	434.08	
12	其他装饰工程	63.55	87.29	98.65	
13	附属工程	9.92	4.27	11.81	
14	施工技术措施	97.94	139.18	208.07	
二	通用安装工程	885.36	765.77	1 217.22	
1	电气设备安装工程	145.21	179.12	148.21	
2	建筑智能化工程	106.21	304.50	490.94	
3	消防工程	160.39	38.03	99.22	
4	通风空调工程	391.30	196.31	429.09	
5	给排水工程	74.02	39.74	40.94	
6	施工技术措施	8.23	8.07	8.82	

三、综合医院项目

(一)某综合医院项目(一)

某综合医院项目(一)概况和造价指标见表 4-1-79~ 表 4-1-98。

表 4-1-79 项目概况

项目名称	某三甲综合医院项目			
建设地点	某市某区	质量要求		合格
资金来源	国有资金投资	承发包模式		施工总承包
项目性质	新建项目	绿色建筑等级		二星级
用地面积 /m²	95 945.50	建筑占地面积 /m²		29 810.00
建筑面积 /m²	387 122.00	其中	地上建筑面积 /m²	249 457.00
			地下建筑面积 /m²	137 665.00
抗震设防烈度	6 度	功能规模 / 床位		2 000
用电容量 /(kV·A)	16 667	计价方式		国标清单计价

续表 4-1-79

造价类别	招标控制价	计价依据	2018 版计价依据
编制基期	2022 年 7 月	工程造价 / 万元	215 502.776 9
造价指标 /（元 /m^2）	5 566.79		
其他说明	1. 本项目配备 9 台自升式塔式起重机； 2. 本项目为室内精装修； 3. 本项目不含变配电工程； 4. 本项目网络信息机房设置在 1# 住院楼		

表 4-1-80 1# 楼地下室地下建筑概况

综合概况	工程名称	某三甲综合医院 1# 楼地下室				
	采集类别编码	FJ020101	地下层数	2	建筑面积 /m^2	135 539.00
	抗震设防类别	丙类	人防等级	核 6 常 6	人防面积 /m^2	17 128.41
	结构类型	框架结构	桩基类型	灌注桩	基坑围护形式	排桩墙
	建筑功能	停车库、餐厅	防火分区数量 / 个	28	机动车位数量 / 辆	2 023
	抗震等级	地下一层框架三级、二层框架四级、主楼范围内框架二级				
	其他特征	—				
一、建筑与装饰工程概况						
1	土石方工程	土石方类别：三类土； 开挖深度：10.05m； 外运距离：15km； 渣土消纳处置方式：陆运				
2	基坑围护工程	基坑围护长度：978.08m（按地下室外墙结构长度计算）； 基坑围护类型：ϕ 800mm 泥浆护壁成孔灌注桩、ϕ 700mm 高压旋喷桩				
3	桩基工程	ϕ 600mm 泥浆护壁成孔灌注桩（平均桩长 40m）、ϕ 800mm 泥浆护壁成孔灌注桩（平均桩长 45m）				
4	砌筑工程	非黏土烧结空心砖				
5	混凝土结构工程	基础类型：筏板基础； 结构形式：现浇钢筋混凝土结构； 混凝土含量 0.94m^3/m^2、钢筋含量 134.58kg/m^2 模板及支撑架：复合模板、扣件式钢管支撑架				
6	门窗工程	门：钢质防火门、双轨双帘无机特级防火卷帘门（耐火极限 3.00h）； 特种门窗：防火窗、人防门				

续表 4-1-80

7	防水工程	底板：4.0mm 厚自粘型改性沥青防水卷材、50.0mm 厚 C20 细石混凝土； 侧墙：4.0mm 厚自粘型改性沥青防水卷材、2.0mm 厚非固化橡胶沥青防水涂料、50.0mm 厚挤塑聚苯板； 顶板：80.0mm 厚 C25 细石混凝土、无纺布、4.0mm 厚耐根穿刺改性沥青防水卷材、油毡布、2.0mm 厚非固化橡胶沥青防水涂料、20.0mm 厚 1：3 水泥砂浆、LC5.0 发泡混凝土找坡
8	楼地面装饰工程	机动车车库：环氧自流平砂浆、95.0mm 厚 C20 细石混凝土； 自行车车库：环氧自流平砂浆、50.0mm 厚 C20 细石混凝土； 机房：50.0mm 厚 C25 细石混凝土； 餐厅、卫生间、更衣室：300mm × 300mm 地砖； 电梯厅：800mm × 800mm 地砖； 楼梯：300mm × 300mm 地砖； 机动车坡道：无振动环氧防滑坡道、95.0mm 厚 C20 细石混凝土
9	内墙及柱面装饰工程	机动车车库：防霉腻子、防霉涂料； 自行车车库：防霉腻子、防霉涂料； 机房：CB50 轻钢龙骨、15.0mm 厚 600mm × 600mm 穿孔吸音复合板； 餐厅、卫生间、更衣室：300mm × 600mm 面砖； 电梯厅：防霉腻子、防霉涂料； 楼梯间：防霉腻子、防霉涂料
10	天棚工程	机动车车库：防霉腻子、防霉涂料； 自行车车库：防霉腻子、防霉涂料； 机房：CB50 轻钢龙骨、15.0mm 厚 600mm × 600mm 穿孔吸音复合板； 电梯厅：防霉腻子、防霉涂料； 楼梯间：防霉腻子、防霉涂料
11	其他装饰工程	楼梯：不锈钢栏杆（H=1 200mm）； 配餐台：600mm × 900mm（L=4.86m）
12	其他特征	大型机械：转盘式成孔桩机 20 台、高压旋喷桩机 4 台、履带式挖掘机 7 台； 施工降排水：轻型井点降水 100 套、直流深井降水 100 座（使用期 300d）
二、通用安装工程概况		
1	电气设备安装工程	动力系统：配电柜、配电箱、热浸镀锌钢管、套接紧定式镀锌钢导管、热浸镀锌槽式电缆桥架、热浸镀锌喷塑（防火塑粉）槽式电缆桥架、热浸镀锌梯式电缆梯架、低压封闭式插接母线槽、柔性矿物绝缘电力电缆 BTLY 0.6/1kV、低烟无卤电力电缆 WDZA-YJY-0.6/1kV、低烟无卤电力电缆 WDZBN-YJY-0.6/1kV、铜芯低烟无卤聚氯乙烯护套控制电缆 WDZBN-KYJY-450/750； 照明系统：配电箱、套接紧定式镀锌钢导管、刚性阻燃电线管、节能灯、开关、插座、热浸镀锌槽式电缆桥架、低烟无卤电力电缆 WDZC-YJY-0.6/1kV、铜芯低烟无卤电线 WDZB-BYJ； 防雷接地系统：引下线、接地跨接、接地母线

续表 4-1-80

2	建筑智能化工程	信息网络系统：24 口万兆 POE 交换机、AP 无线外网点、单模光纤； 综合布线系统：42U 机柜、信息插座、单模光纤； 安全防范系统－出入口控制系统：出入门按钮、磁力锁、门禁读卡器、门禁控制器、铜芯聚氯乙烯绝缘护套软线 ZC-RVV； 安全防范系统－电子巡查系统：巡更点； 安全防范系统－视频安防监控系统：配线架、彩色红外枪式网络摄像机、铜芯聚氯乙烯绝缘护套软线 ZA-RVV； 综合管路系统：焊接钢管、套接紧定式镀锌钢导管、热镀锌槽式桥架
3	消防工程	水灭火系统－自动喷水灭火系统：喷淋泵、热浸镀锌钢管、热浸镀锌无缝钢管； 水灭火系统－消火栓系统：消火栓泵、消火栓箱、灭火器箱、热浸镀锌钢管、热浸镀锌无缝钢管； 气体灭火系统：七氟丙烷气体灭火贮存装置、无缝钢管； 火灾自动报警系统：报警联动一体机、气体灭火控制主机、消防水炮控制主机、可燃气体探测报警主机、消防广播主机、消防电话主机、气体灭火控制盘、感烟探测器、感温探测器、热浸镀锌防火塑粉槽式电缆桥架、套接紧定式镀锌钢导管、铜芯低烟无卤聚氯乙烯护套控制电缆 WDZCN-KYJY、铜芯低烟无卤聚氯乙烯护套屏蔽软线 WDZCN-RYS； 消防电源监控系统：消防电源监控模块、套接紧定式镀锌钢导管、铜芯低烟无卤聚氯乙烯护套屏蔽软线 WDZCN-RYJS、铜芯低烟无卤电线 WDZCN-BYJ； 电气火灾监控系统：剩余电流监控模块、套接紧定式镀锌钢导管、铜芯低烟无卤聚氯乙烯护套屏蔽软线 WDZCN-RYJS、铜芯低烟无卤电线 WDZCN-BYJ； 防火门监控系统：防火门监控主机、防火门模块、套接紧定式镀锌钢导管、铜芯低烟无卤聚氯乙烯护套屏蔽软线 WDZCN-RYJS、铜芯低烟无卤电线 WDZCN-BYJ； 余压监控系统：正压送风压差监测系统主机、余压监测控制器、套接紧定式镀锌钢导管、铜芯低烟无卤聚氯乙烯护套屏蔽软线 WDZCN-RYJS、铜芯低烟无卤电线 WDZCN-BYJ； 应急照明及疏散指示系统：应急照明电源配电箱、应急吸顶灯、疏散标志灯、安全出口标志灯、套接紧定式镀锌钢导管、铜芯低烟无卤电线 WDZCN-BYJ
4	通风空调工程	空调风系统：分体式新风空调室外机、组合式空气处理机、风机盘管、CC-I 不燃双面彩钢复合风管、离心玻璃棉保温； 空调水系统：离心式冷水机组、冷却水循环泵、冷却水水处理装置、带计量泵和混合桶的加药装置、无压密闭膨胀水箱（带补水泵）、智能远传水表、超声波空调冷能量表、热浸镀锌钢管、热浸镀锌无缝钢管、双面热镀锌螺旋焊接钢管、橡塑保温、成品管瓦保温； 通风系统：风机、镀锌薄钢板风管； 防排烟系统：风机、镀锌薄钢板风管、预制式双层不锈钢成品烟囱； 人防通风系统：风机、薄钢板风管

续表 4–1–80

5	给排水工程	给水系统：恒压变频供水设备、30t 不锈钢生活水箱、智能远传水表、薄壁不锈钢管、橡塑保温； 排水系统：潜水排污泵、成品污水提升器、成品隔油器、热浸镀锌钢管、B 型柔性铸铁排水管、钢塑复合管； 热水供应系统：半容积式换热器、热水循环水泵、膨胀罐、智能远传水表、薄壁不锈钢管、橡塑保温； 卫生器具安装：洗脸盆、蹲便器、小便器、拖把池
6	其他特征	抗震支架； 电梯：自动扶梯

表 4–1–81　2# 楼地下室地下建筑概况

综合概况	工程名称	某三甲综合医院 2# 楼地下室				
	采集类别编码	FJ020101	地下层数	1	建筑面积 /m^2	2 126.00
	抗震设防类别	丙类	人防等级	—	人防面积 /m^2	—
	结构类型	框架结构	桩基类型	灌注桩	基坑围护形式	—
	建筑功能	停车库	防火分区数量 / 个	4	机动车位数量 / 辆	20
	抗震等级	地下一层框架四级、主楼范围内框架四级				
	其他特征					
一、建筑与装饰工程概况						
1	土石方工程	土石方类别：三类土； 开挖深度：4m； 外运距离：15km； 渣土消纳处置方式：陆运				
2	桩基工程	ϕ 600mm 泥浆护壁成孔灌注桩（平均桩长 35m）				
3	砌筑工程	非黏土烧结空心砖				
4	混凝土结构工程	基础类型：筏板基础； 结构形式：现浇钢筋混凝土结构； 混凝土含量 1.49m^3/m^2、钢筋含量 165.57kg/m^2； 模板及支撑架：复合模板、扣件式钢管支撑架				
5	防水工程	底板：4.0mm 厚自粘型改性沥青防水卷材、50.0mm 厚 C20 细石混凝土； 侧墙：4.0mm 厚自粘型改性沥青防水卷材、2.0mm 厚非固化橡胶沥青防水涂料、50.0mm 厚挤塑聚苯板； 顶板：80.0mm 厚 C25 细石混凝土、无纺布、4.0mm 厚耐根穿刺改性沥青防水卷材、油毡布、2.0mm 厚非固化橡胶沥青防水涂料、20.0mm 厚 1∶3 水泥砂浆、CL5.0 发泡混凝土找坡				

续表 4-1-81

6	楼地面装饰工程	机动车车库：环氧自流平砂浆、95.0mm 厚 C20 细石混凝土； 自行车车库：环氧自流平砂浆、50.0mm 厚 C20 细石混凝土； 机房：50.0mm 厚 C25 耐磨混凝土； 楼梯：300mm × 300mm 地砖； 机动车坡道：无振动环氧防滑坡道、95.0mm 厚 C20 细石混凝土
7	内墙及柱面装饰工程	机动车车库：防霉腻子、防霉涂料； 自行车车库：防霉腻子、防霉涂料； 楼梯间：防霉腻子、防霉涂料
8	天棚工程	机动车车库：防霉腻子、防霉涂料； 自行车车库：防霉腻子、防霉涂料； 楼梯间：防霉腻子、防霉涂料
9	其他装饰工程	楼梯：不锈钢栏杆（H=1 200mm）
二、通用安装工程概况		
1	电气设备安装工程	动力系统：配电箱、不锈钢桥架、热浸镀锌梯式电缆桥架、热浸镀锌钢管、焊接钢管、套接紧定式镀锌钢导管、柔性矿物绝缘电力电缆 BTLY 0.6/1kV、低烟无卤电力电缆 WDZA-YJY-0.6/1kV、低烟无卤电力电缆 WDZB-YJY-0.6/1kV、低烟无卤电力电缆 WDZBN-YJY-0.6/1kV、预分支电缆 YFD-WDZA-YJY-0.6/1kV、铜芯低烟无卤聚氯乙烯护套控制电缆 WDZBN-KYJY-450/750、铜芯低烟无卤聚氯乙烯护套控制电缆 WDZA-KYJY-450/750； 照明系统：配电箱、热浸镀锌钢管、焊接钢管、节能灯、开关、插座、热浸镀锌槽式电缆桥架、低烟无卤电力电缆 WDZC-YJY-0.6/1kV、铜芯低烟无卤电线 WDZB-BYJ； 防雷接地系统：引下线、接地跨接、接地母线
2	建筑智能化工程	信息网络系统：24 口万兆 POE 交换机、AP 无线外网点、单模光纤； 综合布线系统：42U 机柜、信息插座、单模光纤； 安全防范系统 - 出入口控制系统：出入门按钮、磁力锁、门禁读卡器、门禁控制器、铜芯聚氯乙烯绝缘护套软线 ZC-RVV； 安全防范系统 - 电子巡查系统：巡更点； 安全防范系统 - 视频安防监控系统：配线架、彩色红外枪式网络摄像机、铜芯聚氯乙烯绝缘护套软线 ZC-RVV； 综合管路系统：焊接钢管、套接紧定式镀锌钢导管、热镀锌槽式桥架
3	消防工程	自动喷水灭火系统：热浸镀锌钢管、热浸镀锌无缝钢管； 消火栓系统：消火栓箱、热浸镀锌钢管、热浸镀锌无缝钢管； 消防水炮系统：消防水炮； 火灾自动报警系统：感烟探测器、感温探测器、可燃气体探测器、热浸镀锌防火塑粉槽式电缆桥架、套接紧定式镀锌钢导管、铜芯低烟无卤聚氯乙烯护套控制电缆 WDZCN-KYJY、铜芯低烟无卤聚氯乙烯护套屏蔽软线 WDZCN-RYS； 消防电源监控系统：消防电源监控模块、套接紧定式镀锌钢导管、铜芯低烟无卤聚氯乙烯护套屏蔽软线 WDZCN-RYJS、铜芯低烟无卤电线 WDZCN-BYJ；

续表 4-1-81

3	消防工程	电气火灾监控系统:剩余电流监控模块、套接紧定式镀锌钢导管、铜芯低烟无卤聚氯乙烯护套屏蔽软线 WDZCN-RYJS、铜芯低烟无卤电线 WDZCN-BYJ; 防火门监控系统:防火门监控模块、套接紧定式镀锌钢导管、铜芯低烟无卤聚氯乙烯护套屏蔽软线 WDZCN-RYJS、铜芯低烟无卤电线 WDZCN-BYJ; 应急照明及疏散指示系统:应急照明电源配电箱、应急吸顶灯、疏散标志灯、安全出口标志灯、套接紧定式镀锌钢导管、铜芯低烟无卤电线 WDZCN-BYJ
4	通风空调工程	通风系统:风机、镀锌薄钢板风管; 防排烟系统:风机、镀锌薄钢板风管
5	给排水工程	给水系统:薄壁不锈钢管、智能远传水表; 排水系统:潜水排污泵、成品污水提升器、热浸镀锌钢管、B 型柔性铸铁排水管、钢塑复合管; 热水供应系统:直热式空气源热泵 6 台、热泵循环泵 4 台、热水回水泵 2 台、薄壁不锈钢管、橡塑保温
6	其他特征	抗震支架

表 4-1-82 1# 住院楼地上建筑概况

综合概况	工程名称	某三甲综合医院 1# 住院楼				
	采集类别编码	FJ020901	建筑物层数	19	建筑面积 /m²	156 570.62
	抗震设防类别	乙类	结构类型	框架结构	装配率 /%	60
	建筑高度 /m	83.50	标准层层高 /m	4.20	基本风压 /(kN/m²)	0.45
	抗震等级	框架三级				
	其他特征	—				
一、建筑与装饰工程概况						
1	砌筑工程	蒸压加气混凝土砌块、非黏土烧结空心砖、蒸压加气混凝土砌块隔墙板(ALC)				
2	混凝土结构工程	结构形式:现浇钢筋混凝土结构、装配式构件; 混凝土含量 0.31m³/m²、钢筋含量 53.69kg/m²、预制构件含量 0.004m³/m²; 模板及支撑架:复合模板、扣件式钢管支撑架				
3	门窗工程	特级双规无机布基防火卷帘(耐火极限 3h)				
4	屋面工程	刚性屋面:100mm × 100mm 广场砖、40.0mm 厚 C20 细石混凝土、耐碱玻纤网格布、125.0mm 厚挤塑聚苯板、3.0mm 厚自粘型改性沥青防水卷材、2.0mm 厚非固化橡胶沥青防水涂料、20.0mm 厚 1:3 水泥砂浆、轻骨料混凝土找坡; 种植屋面:50.0mm 厚 C20 细石混凝土、耐碱玻纤网格布、125.0mm 厚挤塑聚苯板、4.0mm 厚耐根穿刺改性沥青防水卷材、2.0mm 厚非固化橡胶沥青防水涂料、20.0mm 厚 1:3 水泥砂浆、轻骨料混凝土找坡; 停机坪屋面:100mm × 100mm 广场砖、120.0mm 厚 C20 细石混凝土、耐碱玻纤网格				

续表 4-1-82

4	屋面工程	布、125.0mm 厚挤塑聚苯板、3.0mm 厚自粘型改性沥青防水卷材、2.0mm 厚非固化橡胶沥青防水涂料、20.0mm 厚 1：3 水泥砂浆、轻骨料混凝土找坡
5	防水工程	楼地面（卫生间、手术室、茶水间）：2.0mm 厚聚合物防水涂料； 内墙面（卫生间、手术室、茶水间）：2.0mm 厚聚合物防水涂料
6	防腐、隔热、保温工程	外墙外保温：无机轻集料保温砂浆
7	外墙装饰及幕墙工程	外墙装饰：涂料； 幕墙：25.0mm 厚山东白麻花岗岩干挂、3.0mm 厚氟碳喷涂铝板干挂、铝合金型材明框［（12Low-E+12A+12）mm 中空钢化玻璃］
8	楼地面装饰工程	办公室：800mm × 800mm 地砖、15mm 厚实木复合地板； 手术室：800mm × 800mm 地砖、2.0mm 厚塑胶地板、3.0mm 厚自流平环氧胶泥砂浆 病房：2.0mm 厚塑胶地板、3.0mm 厚自流平环氧胶泥砂浆； 茶水间、卫生间：300mm × 300mm 地砖； 公共走廊：2.0mm 厚塑胶地板、3.0mm 厚自流平环氧胶泥砂浆； 电梯厅、楼梯：20.0mm 厚白麻花岗岩
9	内墙及柱面装饰工程	办公室：腻子、涂料； 手术室：2.0mm 厚 50 × 30 型钢龙骨、12.0mm 纸面石膏板、1.2mm 电解钢板、金属腻子、抗菌涂料； 病房：1 200mm 木纹医疗抗菌板、腻子、液态陶瓷涂料； 茶水间、卫生间：300mm × 600mm 瓷砖； 公共走廊：1 200mm 高木纹医疗抗菌板、腻子、液态陶瓷涂料； 电梯厅、楼梯间：防霉腻子、涂料
10	天棚工程	办公室：U50 轻钢龙骨、双层 9.5mm 厚石膏板、腻子、涂料； 手术室：2.0mm 厚 40 × 20 型钢龙骨、9.5mm 纸面石膏板、1.0mm 电解钢板、金属腻子、抗菌涂料； 病房：U50 轻钢龙骨、600mm × 600mmGFK 抗菌板、腻子、液态陶瓷涂料； 茶水间、卫生间：U50 轻钢龙骨、600mm × 600mmGFK 抗菌板； 公共走廊：U50 轻钢龙骨、600mm × 600mmGFK 抗菌板； 电梯厅、楼梯间：U50 轻钢龙骨、双层 9.5mm 厚石膏板、防霉腻子、涂料
11	其他装饰工程	楼梯：不锈钢栏杆（H=1 200mm）； 护窗栏杆：不锈钢栏杆（H=900mm）； 护士台：900mm × 1 000mm（L=164.0m）； 矮柜：450mm × 1 000mm（L=66.0m）； 吊柜：350mm × 700mm（L=366.0m）； 护士衣柜：600mm × 2 850mm（L=86.00m）； 病房衣柜：500mm × 2 500mm（L=512.00m）； 洗漱台：20.0mm 厚浅啡大理石板
12	其他特征	施工电梯 2 台

续表 4-1-82

二、通用安装工程概况		
1	电气设备安装工程	动力系统:配电箱、低压封闭式插接母线槽、热浸镀锌钢管、焊接钢管、套接紧定式镀锌钢导管、低压封闭式插接母线槽、不锈钢桥架、热镀锌金属电缆带盖板梯架、热镀锌钢制槽式金属桥架、矿物绝缘电力电缆 BTLY 0.6/1kV、低烟无卤电力电缆 WDZA-YJY-1kV、预分支矿物绝缘电力电缆 YFD-BTLY 0.6/1kV、铜芯低烟无卤聚氯乙烯护套控制电缆 WDZBN-KYJY; 照明系统:配电箱、热浸镀锌钢管、焊接钢管、套接紧定式镀锌钢导管、节能灯、开关、插座、热浸镀锌槽式电缆桥架、低烟无卤电力电缆 WDZC-YJY-0.6/1kV、铜芯低烟无卤电线 WDZB-BYJ; 防雷接地系统:接闪带(避雷网)、引下线、均压环、接地跨接、接地母线
2	建筑智能化工程	信息网络系统:交换机、AP 无线外网点、单模光纤; 综合布线:信息插座、42U 机柜、单模光纤; 建筑能耗监测系统:M-bus 通信采集管理机(带通信屏); 公共广播系统:IP 网络话筒扩展单元、CD 播放器、前置放大器、话筒、IP 网络系统主机、智能控制主机、IP 音频采集器、网络遥控话筒、纯后级功放、吸顶式广播、铜芯低烟无卤聚氯乙烯护套屏蔽软线 WDZC-RVVP; 安全防范系统 - 出入口控制系统:门禁管理软件、出入门按钮、磁力锁、门禁读卡器、门禁控制器、铜芯聚氯乙烯绝缘护套软线 ZC-RVV; 安全防范系统 - 视频安防监控系统:视频综合管理平台、彩色红外半球网络摄像机、彩色红外枪式网络摄像机、球形一体机、监控机柜、铜芯聚氯乙烯绝缘护套软线 ZC-RVV; 安全防范系统 - 电子巡查系统:巡更点; 智能一卡通管理系统:发卡器、考勤管理软件; 综合管路系统:焊接钢管、套接紧定式镀锌钢导管、热镀锌槽式桥架; 护理呼应信号系统:医护主机、病房门口对讲机、7 英寸液晶触摸屏、走廊液晶显示屏、55 英寸液晶一体机、病区门禁分机; 病房探视系统:27 英寸监控显示屏、网络半球摄像机、48 口楼层交换机、42U 机柜、探视管理主机、探视推车、铜芯聚氯乙烯绝缘护套软线 ZC-RVV; 婴儿防盗系统:婴儿防盗系统出口监视器、电子腕带、婴儿标签、母亲标签; 热水管理系统:水表采集器、铜芯聚氯乙烯绝缘护套软线 ZC-RVV; 电源与电子设备防雷接地系统:UPS 主机 10kV·A、电源三级防雷器; 机房工程:42U 标准机柜、工业连接器、网格式桥架、静电地板、格栅吊顶
3	消防工程	水灭火系统 - 自动喷水灭火系统:稳压设备、热浸镀锌钢管、热浸镀锌无缝钢管; 水灭火系统 - 消火栓系统:稳压设备、消火栓箱、灭火器箱、热浸镀锌无缝钢管; 火灾自动报警系统:感烟探测器、感温探测器、热浸镀锌防火塑粉槽式电缆桥架、套接紧定式镀锌钢导管、铜芯低烟无卤聚氯乙烯护套控制电缆 WDZCN-KYJY、铜芯低烟无卤聚氯乙烯护套屏蔽软线 WDZCN-RYS; 气体灭火系统:七氟丙烷气体灭火装置; 消防电源监控系统:消防电源监控模块、套接紧定式镀锌钢导管、铜芯低烟无卤聚氯乙烯护套屏蔽软线 WDZCN-RYJS、铜芯低烟无卤电线 WDZCN-BYJ;

续表 4-1-82

3	消防工程	电气火灾监控系统：剩余电流监控模块、套接紧定式镀锌钢导管、铜芯低烟无卤聚氯乙烯护套屏蔽软线 WDZCN-RYJS、铜芯低烟无卤电线 WDZCN-BYJ； 防火门监控系统：防火门监控分机、套接紧定式镀锌钢导管、铜芯低烟无卤聚氯乙烯护套屏蔽软线 WDZCN-RYJS、铜芯低烟无卤电线 WDZCN-BYJ； 余压监控系统：余压监测控制器、套接紧定式镀锌钢导管、铜芯低烟无卤聚氯乙烯护套屏蔽软线 WDZCN-RYJS、铜芯低烟无卤电线 WDZCN-BYJ； 应急照明及疏散指示系统：应急照明电源配电箱、应急吸顶灯、疏散标志灯、安全出口标志灯、套接紧定式镀锌钢导管、铜芯低烟无卤电线 WDZCN-BYJ
4	通风空调工程	空调风系统：组合式空调机组、组合式新风机组、风机盘管、CC-I 不燃双面彩钢复合风管、离心玻璃棉保温； 空调水系统：螺杆式风冷热泵机组、卧式变频离心冷热水循环泵、方型横流式冷却塔、冷却水处理器、真空热水机组（室外型）、双面热镀锌螺旋焊接钢管、镀锌无缝钢管、热镀锌衬塑钢管、橡塑保温、成品管瓦保温； 通风系统：风机、镀锌薄钢板风管； 防排烟系统：风机、镀锌薄钢板风管、耐火机制玻镁板、预制式双层不锈钢成品烟囱
5	给排水工程	给水系统：薄壁不锈钢管、智能远传水表、橡塑保温； 热水供应系统：热泵循环泵、热水回水泵、直热式空气源热泵、电加热水箱、储热水箱、膨胀罐、智能远传水表、薄壁不锈钢管、橡塑保温； 排水系统：B 型柔性铸铁排水管、硬聚氯乙烯塑料排水管（UPVC 管）、虹吸专用高密度聚乙烯 HDPE 管、热浸镀锌钢管雨水管； 卫生器具安装：洗脸盆、蹲便器、坐便器、淋浴器
6	其他特征	抗震支架； 电梯：垂直电梯

表 4-1-83 1# 门诊楼地上建筑概况

综合概况	工程名称	某三甲综合医院 1# 门诊楼				
	采集类别编码	FJ020903	建筑物层数	5	建筑面积 /m²	25 955.38
	抗震设防类别	乙类	结构类型	框架结构	装配率 /%	60
	建筑高度 /m	26.00	标准层层高 /m	5.20	基本风压 /（kN/m²）	0.45
	抗震等级	框架二级				
	其他特征	—				
一、建筑与装饰工程概况						
1	砌筑工程	蒸压加气混凝土砌块、非黏土烧结空心砖、蒸压加气混凝土砌块隔墙板（ALC）				
2	混凝土结构工程	结构形式：现浇钢筋混凝土结构、装配式构件； 混凝土含量 $0.32m^3/m^2$、钢筋含量 $63.76kg/m^2$、预制构件含量 $0.002m^3/m^2$； 模板及支撑架：复合模板、扣件式钢管支撑架				

续表 4-1-83

3	金属结构工程	材质：Q355B、型材含量 8.17kg/m^2； 型钢柱 H600 × 350 × 25 × 30
4	门窗工程	特级双规无机布基防火卷帘（耐火极限 3.00h）
5	屋面工程	刚性屋面：100mm × 100mm 广场砖、40.0mm 厚 C20 细石混凝土、耐碱玻纤网格布、125.0mm 厚挤塑聚苯板、3.0mm 厚自粘型改性沥青防水卷材、2.0mm 厚非固化橡胶沥青防水涂料、20.0mm 厚 1∶3 水泥砂浆、CL5.0 轻骨料混凝土找坡； 停机坪屋面：300mm × 300mm 防滑地砖、120.0mm 厚 C20 细石混凝土、耐碱玻纤网格布、125.0mm 厚挤塑聚苯板、3.0mm 厚自粘型改性沥青防水卷材、2.0mm 厚非固化橡胶沥青防水涂料、20.0mm 厚 1∶3 水泥砂浆、CL5.0 轻骨料混凝土找坡； 种植屋面：50.0mm 厚 C20 细石混凝土、耐碱玻纤网格布、125.0mm 厚挤塑聚苯板、4.0mm 厚耐根穿刺改性沥青防水卷材、2.0mm 厚非固化橡胶沥青防水涂料、20.0mm 厚 1∶3 水泥砂浆、CL5.0 轻骨料混凝土找坡；
6	防水工程	楼地面（卫生间、手术室、茶水间）：2.0mm 厚聚合物防水涂料； 内墙面（卫生间、手术室、茶水间）：2.0mm 厚聚合物防水涂料
7	防腐、隔热、保温工程	外墙外保温：无机轻集料保温砂浆
8	外墙装饰及幕墙工程	外墙装饰：涂料； 幕墙：25.0mm 厚山东白麻花岗岩干挂、3.0mm 厚氟碳喷涂铝板干挂、铝合金型材明框[（12Low-E+12A+12）mm 中空钢化玻璃]
9	楼地面装饰工程	产房区：2.0mm 厚塑胶地板、3.0mm 厚自流平环氧砂浆； 办公室：800mm × 800mm 地砖； 手术室：800mm × 800mm 地砖； 诊室：2.0mm 厚塑胶地板、3.0mm 厚自流平环氧砂浆； 茶水间、卫生间：300mm × 300mm 地砖； 门诊大厅：25.0mm 厚白麻花岗岩； 公共走廊：25.0mm 厚白麻花岗岩； 电梯厅、楼梯：20.0mm 厚白麻花岗岩
10	内墙及柱面装饰工程	产房区：CB50 轻钢龙骨、12.0mm 防火石膏板、6.0mm 格特板； 办公室：腻子、液态陶瓷涂料； 手术室：2.0mm 厚 50 × 30 型钢龙骨、12.0mm 纸面石膏板、1.2mm 电解钢板、金属腻子、抗菌涂料； 诊室：1 200.0mm 木纹医疗抗菌板、腻子、液态陶瓷涂料； 茶水间、卫生间：300mm × 600mm 瓷砖； 门诊大厅：2.5mm 厚氟碳喷涂铝板、25.0mm 花岗岩石材干挂； 公共走廊：1 200.0mm 高木纹医疗抗菌板、腻子、液态陶瓷涂料； 电梯厅、楼梯间：25.0 厚白玉兰大理石、防霉腻子、涂料
11	天棚工程	办公室：U50 轻钢龙骨、双层 9.5mm 厚石膏板、腻子、涂料； 产房区：U50 轻钢龙骨、600mm × 600mmGFK 抗菌板； 手术室：2.0mm 厚 40 × 20 型钢龙骨、9.5mm 纸面石膏板、1.0mm 电解钢板、金属腻子、

续表 4-1-83

11	天棚工程	抗菌涂料； 诊室：U50 轻钢龙骨、600mm×600mmGFK 抗菌板、腻子、液态陶瓷涂料； 茶水间、卫生间：U50 轻钢龙骨、1.0mm 厚 600mm×600mm 铝扣板； 门诊大厅：U50 轻钢龙骨、1.5mm 厚 600mm×1 200mm 铝扣板； 公共走廊：U50 轻钢龙骨、600mm×600mmGFK 抗菌板； 电梯厅、楼梯间：U50 轻钢龙骨、双层 9.5mm 厚石膏板、防霉腻子、涂料
12	其他装饰工程	楼梯：不锈钢栏杆（H=1 200mm）； 护窗栏杆：不锈钢栏杆（H=900mm）； 护士台：900mm×1 000mm（L=42.0m）； 矮柜：450mm×1 000mm（L=48.0m）； 吊柜：350mm×700mm（L=48.0m）； 护士衣柜：600mm×2 850mm（L=36.0m）； 药房台柜：900mm×1 100mm（L=24.0m）； 洗漱台：20.0mm 厚浅啡大理石板台面
13	其他特征	施工电梯 1 台
二、通用安装工程概况		
1	电气设备安装工程	动力系统：配电箱、低压封闭式插接母线槽、热镀锌钢制槽式金属桥架、热镀锌防火钢制槽式金属桥架、热镀锌金属电缆带盖板梯架、不锈钢桥架、热浸镀锌钢管、焊接钢管、套接紧定式镀锌钢导管、矿物绝缘电力电缆 BTLY 0.6/1kV、低烟无卤电力电缆 WDZA-YJY-1kV、低烟无卤电力电缆 WDZB-YJY-1kV、预分支矿物绝缘电力电缆 YFD-BTLY 0.6/1kV、铜芯低烟无卤聚氯乙烯护套控制电缆 WDZBN-KYJY； 照明系统：配电箱、热浸镀锌钢管、焊接钢管、套接紧定式镀锌钢导管、节能灯、开关、插座、热浸镀锌槽式电缆桥架、低烟无卤电力电缆 WDZC-YJY-0.6/1kV、铜芯低烟无卤电线 WDZB-BYJ； 防雷接地系统：接闪带（避雷网）、引下线、接地跨接、接地母线
2	建筑智能化工程	信息网络系统：交换机、AP 无线外网点、单模光纤； 综合布线：信息插座、42U 机柜、单模光纤； 公共广播系统：壁挂式广播、IP 壁挂音箱（功率 10W）、铜芯低烟无卤聚氯乙烯护套屏蔽软线 WDZC-RVVP； 安全防范系统 - 出入口控制系统：出入门按钮、磁力锁、门禁读卡器、门禁控制器、铜芯聚氯乙烯绝缘护套软线 ZA-RVV； 安全防范系统 - 视频安防监控系统：彩色红外半球网络摄像机、彩色红外枪式网络摄像机、监控机柜、铜芯聚氯乙烯绝缘护套软线 ZA-RVV； 安全防范系统 - 电子巡查系统：巡更点； 信息引导及发布系统：43 英寸信息发布一体机、55 英寸信息发布一体机、LED 全彩显示屏、输液无线呼叫按钮； 时钟系统：数字子钟； 排队叫号系统：排队叫号主控软件、自助签到机、诊室门口屏、吸顶广播、55 英寸液晶一体机、32 英寸液晶一体机； 综合管路系统：焊接钢管、套接紧定式镀锌钢导管、热镀锌槽式桥架

续表 4-1-83

3	消防工程	水灭火系统－自动喷水灭火系统:热浸镀锌无缝钢管; 水灭火系统－消火栓系统:消火栓箱、灭火器箱、热浸镀锌钢管、热浸镀锌无缝钢管; 火灾自动报警系统:感烟探测器、感温探测器、热浸镀锌防火塑粉槽式电缆桥架、套接紧定式镀锌钢导管、铜芯低烟无卤聚氯乙烯护套控制电缆 WDZCN-KYJY、铜芯低烟无卤聚氯乙烯护套屏蔽软线 WDZCN-RYS; 气体灭火系统:七氟丙烷气体灭火装置; 消防电源监控系统:消防电源监控模块、套接紧定式镀锌钢导管、铜芯低烟无卤聚氯乙烯护套屏蔽软线 WDZCN-RYJS、铜芯低烟无卤电线 WDZCN-BYJ; 余压监控系统:余压监测控制器、套接紧定式镀锌钢导管、铜芯低烟无卤聚氯乙烯护套屏蔽软线 WDZCN-RYJS、铜芯低烟无卤电线 WDZCN-BYJ; 电气火灾监控系统:剩余电流监控模块、套接紧定式镀锌钢导管、铜芯低烟无卤聚氯乙烯护套屏蔽软线 WDZCN-RYJS、铜芯低烟无卤电线 WDZCN-BYJ
4	通风空调工程	空调风系统:组合式新风机组、空调机组、风机盘管、CC-I 不燃双面彩钢复合风管、离心玻璃棉保温; 空调水系统:热浸镀锌钢管、热浸镀锌无缝钢管、热镀锌衬塑钢管、橡塑保温、成品管瓦保温; 通风系统:风机、镀锌薄钢板风管; 防排烟系统:风机、镀锌薄钢板风管
5	给排水工程	给水系统:薄壁不锈钢管、智能远传水表、橡塑保温; 排水系统:热浸镀锌钢管、B 型柔性铸铁排水管、虹吸专用高密度聚乙烯 HDPE 管; 卫生器具安装:洗脸盆、蹲便器、坐便器、淋浴器
6	其他特征	抗震支架; 电梯:垂直电梯、自动扶梯

表 4-1-84 2# 医技楼地上建筑概况

综合概况	工程名称	某三甲综合医院 2# 医技楼				
	采集类别编码	FJ020902	建筑物层数	5	建筑面积 /m²	7 012.00
	抗震设防类别	乙类	结构类型	框架结构	装配率 /%	60
	建筑高度 /m	22.60	标准层层高 /m	4.50	基本风压 /（kN/m²）	0.45
	抗震等级	框架三级				
	其他特征	—				
一、建筑与装饰工程概况						
1	砌筑工程	蒸压加气混凝土砌块、非黏土烧结空心砖、蒸压加气混凝土砌块隔墙板（ALC）				
2	混凝土结构工程	结构形式:现浇钢筋混凝土结构、装配式构件; 混凝土含量 0.28m³/m²、钢筋含量 51.2kg/m²、预制构件含量 0.003m³/m²; 模板及支撑架:复合模板、扣件式钢管支撑架				

续表 4-1-84

3	屋面工程	刚性屋面：100mm × 100mm 广场砖、40.0mm 厚 C20 细石混凝土、耐碱玻纤网格布、50.0mm 厚挤塑聚苯板、3.0mm 厚自粘型改性沥青防水卷材、2.0mm 厚非固化橡胶沥青防水涂料、20.0mm 厚 1∶3 水泥砂浆、CL5.0 轻骨料混凝土找坡； 种植屋面：50.0mm 厚 C20 细石混凝土、耐碱玻纤网格布、125.0mm 厚挤塑聚苯板、4.0mm 厚耐根穿刺改性沥青防水卷材、2.0mm 厚非固化橡胶沥青防水涂料、20.0mm 厚 1∶3 水泥砂浆、CL5.0 轻骨料混凝土找坡
4	防水工程	楼地面（卫生间、手术室、茶水间）：2.0mm 厚聚合物防水涂料； 内墙面（卫生间、手术室、茶水间）：2.0mm 厚聚合物防水涂料
5	防腐、隔热、保温工程	外墙外保温：无机轻集料保温砂浆
6	外墙装饰及幕墙工程	外墙装饰：涂料； 幕墙：25.0mm 厚山东白麻花岗岩干挂、3.0mm 厚氟碳喷涂铝板干挂、铝合金型材明框［（12Low-E+12A+12）mm 中空钢化玻璃］
7	楼地面装饰工程	DR、CT、放射室、MRI 机房：2.0mm 厚塑胶地板、3.0mm 厚自流平环氧砂浆、50.0mm 硫酸钡砂防辐射漆、2.0 当量防辐射层（防护当量≥ 3.0）； 办公室：800mm × 800mm 地砖； 手术室：800mm × 800mm 地砖； 茶水间、卫生间：300mm × 300mm 地砖； 公共走廊：2.0mm 厚塑胶地板、3.0mm 厚自流平砂浆； 电梯厅、楼梯：20.0mm 厚白麻花岗岩
8	内墙及柱面装饰工程	DR、CT、放射室、MRI 机房：CB50 轻钢龙骨、硅酸钙板、集成墙板、医用无缝防辐射铅板（防护当量≥ 3.0）； 办公室：腻子、液态陶瓷涂料； 手术室：2.0mm 厚 50 × 30 型钢龙骨、12.0mm 纸面石膏板、1.2mm 电解钢板、金属腻子、抗菌涂料； 茶水间、卫生间：300mm × 600mm 瓷砖； 公共走廊：1 200.0mm 高木纹医疗抗菌板、腻子、液态陶瓷涂料； 电梯厅、楼梯间：25.0mm 厚白玉兰大理石、防霉腻子、涂料
9	天棚工程	DR、CT、放射室、MRI 机房：CB50 轻钢龙骨、硅酸钙板、医用无缝防辐射铅板（防护当量≥ 3.0）； 办公室：U50 轻钢龙骨、双层 9.5mm 厚石膏板、腻子、涂料； 手术室：2.0mm 厚 40 × 20 型钢龙骨、9.5mm 纸面石膏板、1.0mm 电解钢板、金属腻子、抗菌涂料； 茶水间、卫生间：U50 轻钢龙骨、1.0mm 厚 600mm × 600mm 铝扣板； 公共走廊：U50 轻钢龙骨、600mm × 600mmGFK 抗菌板； 电梯厅、楼梯间：U50 轻钢龙骨、双层 9.5mm 厚石膏板、防霉腻子、涂料
10	其他装饰工程	楼梯：不锈钢栏杆（H=1 200mm）； 护窗栏杆：不锈钢栏杆（H=900m）； 护士台：900 mm × 1 000mm（L=30.0m）；

续表 4-1-84

10	其他装饰工程	矮柜:450 mm × 1 000mm(*L*=64.0m); 吊柜:350 mm × 700mm(*L*=64.0m); 护士衣柜:600mm × 2 850mm(*L*=28.0m); 洗漱台:20.0mm 厚浅啡大理石板台面
11	其他特征	施工电梯 1 台
二、通用安装工程概况		
1	电气设备安装工程	动力系统:配电箱、热镀锌钢制槽式金属桥架、不锈钢桥架、热镀锌金属电缆带盖板梯架、热浸镀锌钢管、焊接钢管、矿物绝缘电力电缆 BTLY 0.6/1kV、预分支矿物绝缘电力电缆 YFD-BTLY 0.6/1kV、低烟无卤电力电缆 WDZA-YJY-1kV、低烟无卤电力电缆 WDZBN-YJY-1kV; 照明系统:配电箱、热浸镀锌钢管、焊接钢管、套接紧定式镀锌钢导管、节能灯、开关、插座、热浸镀锌槽式电缆桥架、低烟无卤电力电缆 WDZC-YJY-0.6/1kV、铜芯低烟无卤电线 WDZB-BYJ; 防雷接地系统:接闪带(避雷网)、引下线、接地跨接、接地母线
2	建筑智能化工程	信息网络系统:交换机、AP 无线外网点、单模光纤; 综合布线:信息插座、42U 机柜、单模光纤; 安全防范系统 - 出入口控制系统:出入门按钮、磁力锁、门禁读卡器、门禁控制器、铜芯聚氯乙烯绝缘护套软线 ZC-RVV; 安全防范系统 - 视频安防监控系统:彩色红外半球网络摄像机、彩色红外枪式网络摄像机、监控机柜、铜芯聚氯乙烯绝缘护套软线 ZC-RVV; 安全防范系统 - 电子巡查系统:巡更点; 公共广播系统:吸顶式广播、铜芯低烟无卤聚氯乙烯护套屏蔽软线 WDZC-RVVP; 综合管路系统:焊接钢管、套接紧定式镀锌钢导管、热镀锌槽式桥架
3	消防工程	水灭火系统 - 自动喷水灭火系统:热浸镀锌无缝钢管; 水灭火系统 - 消火栓系统:消火栓箱、灭火器箱、热浸镀锌钢管、热浸镀锌无缝钢管; 火灾自动报警系统:感烟探测器、热浸镀锌防火塑粉槽式电缆桥架、焊接钢管、套接紧定式镀锌钢导管、铜芯低烟无卤聚氯乙烯护套控制电缆 WDZBN-KYJY、铜芯低烟无卤聚氯乙烯绞型软线 WDZCN-RYS; 气体灭火系统:七氟丙烷气体灭火装置; 消防电源监控系统:消防电源监控模块、套接紧定式镀锌钢导管、铜芯低烟无卤聚氯乙烯护套屏蔽软线 WDZCN-RYJS、铜芯低烟无卤电线 WDZCN-BYJ; 电气火灾监控系统:剩余电流监控模块、套接紧定式镀锌钢导管、铜芯低烟无卤聚氯乙烯护套屏蔽软线 WDZCN-RYJS、铜芯低烟无卤电线 WDZCN-BYJ
4	通风空调工程	空调风系统:组合式新风机组、空调机组、风机盘管、CC-I 不燃双面彩钢复合风管、离心玻璃棉保温; 空调水系统:风冷螺杆式热回收热泵机组(带膨胀水箱等水力模块)、卧式变频冷冻水循环泵、热浸镀锌钢管、热浸镀锌无缝钢管、橡塑保温、成品管瓦保温; 通风系统:风机、镀锌薄钢板风管; 防排烟系统:风机、镀锌薄钢板风管

续表 4-1-84

5	给排水工程	给水系统：薄壁不锈钢管、智能远传水表、橡塑保温； 排水系统：热浸镀锌钢管雨水管、B 型柔性铸铁排水管、硬聚氯乙烯塑料排水管（UPVC 管）； 卫生器具安装：洗脸盆、蹲便器、坐便器、淋浴器
6	其他特征	抗震支架； 电梯：垂直电梯

表 4-1-85 3# 办公用房地上建筑概况

综合概况	工程名称	某三甲综合医院 3# 办公用房				
	采集类别编码	FJ020201	建筑物层数	22	建筑面积 /m^2	52 168.00
	抗震设防类别	乙类	结构类型	框架剪力墙结构	装配率 /%	60
	建筑高度 /m	76.90	标准层层高 /m	3.60	基本风压 /（kN/m^2）	0.45
	抗震等级	框架三级、剪力墙三级				
	其他特征	—				
一、建筑与装饰工程概况						
1	砌筑工程	蒸压加气混凝土砌块、非黏土烧结空心砖、蒸压加气混凝土砌块隔墙板（ALC）				
2	混凝土结构工程	结构形式：现浇钢筋混凝土结构、装配式构件； 混凝土含量 0.26m^3/m^2、钢筋含量 44.17kg/m^2、预制构件含量 0.046m^3/m^2； 模板及支撑架：复合模板、扣件式钢管支撑架				
3	屋面工程	刚性屋面：100mm × 100mm 广场砖、40.0mm 厚 C20 细石混凝土、耐碱玻纤网格布、50.0mm 厚挤塑聚苯板、3.0mm 厚自粘型改性沥青防水卷材、2.0mm 厚非固化橡胶沥青防水涂料、20.0mm 厚 1：3 水泥砂浆、CL5.0 轻骨料混凝土找坡； 种植屋面：50.0mm 厚 C20 细石混凝土、耐碱玻纤网格布、125.0mm 厚挤塑聚苯板、4.0mm 厚耐根穿刺改性沥青防水卷材、2.0mm 厚非固化橡胶沥青防水涂料、20.0mm 厚 1：3 水泥砂浆、CL5.0 轻骨料混凝土找坡				
4	防水工程	楼地面（卫生间）：2.0mm 厚聚合物防水涂料； 内墙面（卫生间）：2.0mm 厚聚合物防水涂料				
5	防腐、隔热、保温工程	外墙外保温：无机轻集料保温砂浆				
6	外墙装饰及幕墙工程	外墙装饰：涂料； 幕墙：25.0mm 厚山东白麻花岗岩干挂、3.0mm 厚氟碳喷涂铝板干挂、铝合金型材明框［（12Low-E+12A+12）mm 中空钢化玻璃］				
7	楼地面装饰工程	会议室：15.0mm 厚实木复合地板； 办公室：800mm × 800mm 抛光砖； 卫生间：300mm × 300mm 地砖； 楼梯间：20.0mm 厚芝麻灰花岗岩				

续表 4-1-85

8	内墙及柱面装饰工程	会议室:15.0mm 厚成品布艺硬包、12.0mm 厚成品饰面板; 办公室:15.0mm 厚木纹防火板、耐水腻子、涂料; 卫生间:300mm × 600mm 地砖; 楼梯间:耐水腻子、涂料
9	天棚工程	会议室:U50 轻钢龙骨、双层 9.5mm 厚石膏板、防潮腻子、涂料; 办公室:U38 轻钢龙骨、9.0mm 厚 600mm × 600mm 穿孔铝板; 卫生间:U38 轻钢龙骨、0.6mm 厚 300mm × 300mm 铝扣板; 楼梯间:耐水腻子、涂料
10	其他装饰工程	楼梯:不锈钢栏杆(H=1 050mm)
11	其他特征	电梯:垂直电梯
二、通用安装工程概况		
1	电气设备安装工程	动力系统:配电箱、热浸镀锌钢管、焊接钢管、套接紧定式镀锌钢导管、低压封闭式插接母线槽、热镀锌钢制槽式金属桥架、热镀锌防火钢制槽式金属桥架、矿物绝缘电力电缆 BTLY 0.6/1kV、预分支电缆 YFD-BTLY 0.6/1kV、低烟无卤电力电缆 WDZA-YJY-1kV、低烟无卤电力电缆 WDZB-YJY-1kV、低烟无卤电力电缆 WDZBN-YJY-1kV; 照明系统:配电箱、套接紧定式镀锌钢导管、节能灯、开关、插座、热浸镀锌槽式电缆桥架、低烟无卤电力电缆 WDZC-YJY-0.6/1kV、铜芯低烟无卤电线 WDZB-BYJ; 防雷接地系统:接闪带(避雷网)、引下线、均压环、接地跨接、接地母线
2	建筑智能化工程	信息网络系统:交换机、AP 无线外网点、单模光纤; 综合布线:信息插座、42U 机柜、单模光纤; 会议系统:高品质鹅颈会议话筒、4 路话筒管理器、左右声道全频线阵扬声器、台唇音箱、有源监听音箱、流动返听扬声器、二通道数字功率放大器、32 路调音台、16 × 16 数字音频处理器、U 段双领夹无线系统、U 段双手持无线系统、无线话筒天线、DVD 机、八路时序电源器、室内全彩 LED 屏、控制电脑、视频拼接器、8 路按键型混插高清混合矩阵; 多媒体教学系统:全频壁挂扬声器、高清录播一体机、4K 高清摄像机、拾音器、嵌入式云录播软件、二通道数字功率放大器、10 路调音台、U 段双领夹无线系统、8 路时序电源器、86 英寸液晶触摸一体机、65 英寸液晶电视机; 安全防范系统 - 视频安防监控系统:人脸识别服务器、流媒体服务器、视频综合管理平台、彩色红外半球网络摄像机、彩色红外枪式网络摄像机、监控机柜、铜芯聚氯乙烯绝缘护套软线 ZC-RVV; 安全防范系统 - 电子巡查系统:巡更点、信息采集器、控制中心电脑、巡更记录传送器、铜芯聚氯乙烯绝缘护套软线 ZC-RVV; 公共广播系统:音量控制器、壁挂式广播、IP 壁挂音箱(功率 10W)、IP 音频输出单元、铜芯低烟无卤聚氯乙烯护套屏蔽软线 WDZC-RVVP; 综合管路系统:焊接钢管、套接紧定式镀锌钢导管、热镀锌槽式桥架

续表 4-1-85

3	消防工程	水灭火系统－自动喷水灭火系统：热浸镀锌无缝钢管； 水灭火系统－消火栓系统：消火栓箱、灭火器箱、热浸镀锌钢管、热浸镀锌无缝钢管； 火灾自动报警系统：感烟探测器、热浸镀锌防火塑粉槽式电缆桥架、焊接钢管、套接紧定式镀锌钢导管、铜芯低烟无卤聚氯乙烯护套控制电缆 WDZBN-KYJY、铜芯低烟无卤聚氯乙烯绞型软线 WDZCN-RYS； 消防电源监控系统：消防电源监控模块、套接紧定式镀锌钢导管、铜芯低烟无卤聚氯乙烯护套屏蔽软线 WDZCN-RYJS、铜芯低烟无卤电线 WDZCN-BYJ； 电气火灾监控系统：剩余电流监控模块、套接紧定式镀锌钢导管、铜芯低烟无卤聚氯乙烯护套屏蔽软线 WDZCN-RYJS、铜芯低烟无卤电线 WDZCN-BYJ； 余压监控系统：余压监测控制器、套接紧定式镀锌钢导管、铜芯低烟无卤聚氯乙烯护套屏蔽软线 WDZCN-RYJS、铜芯低烟无卤电线 WDZCN-BYJ
4	通风空调工程	空调风系统：组合式新风机组、空调机组、风机盘管、CC-I 不燃双面彩钢复合风管、离心玻璃棉保温； 空调水系统：风冷螺杆式热回收热泵机组（带膨胀水箱等水力模块）、卧式变频冷冻水循环泵、热浸镀锌钢管、热浸镀锌无缝钢管、橡塑保温、成品管瓦保温； 通风系统：风机、镀锌薄钢板风管； 防排烟系统：风机、镀锌薄钢板风管
5	给排水工程	给水系统：薄壁不锈钢管、智能远传水表、橡塑保温； 排水系统：热浸镀锌钢管雨水管、B 型柔性铸铁排水管； 卫生器具安装：洗脸盆、蹲便器、坐便器、淋浴器
6	其他特征	抗震支架； 电梯：垂直电梯

表 4-1-86　4# 护理楼地上建筑概况

综合概况	工程名称	某三甲综合医院　4# 护理楼				
	采集类别编码	FJ020901	建筑物层数	3	建筑面积 /m^2	5 868.00
	抗震设防类别	乙类	结构类型	框架结构	装配率 /%	60
	建筑高度 /m	11.70	标准层层高 /m	3.60	基本风压 /（kN/m^2）	0.45
	抗震等级	框架三级				
	其他特征	—				
一、建筑与装饰工程概况						
1	砌筑工程	蒸压加气混凝土砌块、非黏土烧结空心砖				
2	混凝土结构工程	结构形式：现浇钢筋混凝土结构、装配式构件； 混凝土含量 0.30m^3/m^2、钢筋含量 51.12kg/m^2、预制构件含量 0.001m^3/m^2； 模板及支撑架：复合模板、扣件式钢管支撑架				
3	屋面工程	刚性屋面：100mm × 100mm 广场砖、40.0mm 厚 C20 细石混凝土、耐碱玻纤网格布、50.0mm 厚挤塑聚苯板、3.0mm 厚自粘型改性沥青防水卷材、2.0mm 厚非固化橡胶沥青				

续表 4-1-86

3	屋面工程	防水涂料、20.0mm 厚 1∶3 水泥砂浆、CL5.0 轻骨料混凝土找坡; 种植屋面:50.0mm 厚 C20 细石混凝土、耐碱玻纤网格布、125.0mm 厚挤塑聚苯板、4.0mm 厚耐根穿刺改性沥青防水卷材、2.0mm 厚非固化橡胶沥青防水涂料、20.0mm 厚 1∶3 水泥砂浆、CL5.0 轻骨料混凝土找坡
4	防水工程	楼地面(卫生间、茶水间):2.0mm 厚聚合物防水涂料; 内墙面(卫生间、茶水间):2.0mm 厚聚合物防水涂料
5	防腐、隔热、保温工程	外墙外保温:无机轻集料保温砂浆
6	外墙装饰及幕墙工程	外墙装饰:涂料; 幕墙:25.0mm 厚山东白麻花岗岩干挂、3.0mm 厚氟碳喷涂铝板干挂、铝合金型材明框[(12Low-E+12A+12)mm 中空钢化玻璃]
7	楼地面装饰工程	办公室:15.0mm 厚实木复合地板; 病房:2.0mm 厚塑胶地板、3.0mm 厚自流平环氧胶泥砂浆; 茶水间、卫生间:300mm × 300mm 地砖; 公共走廊:2.0mm 厚塑胶地板、3.0mm 厚自流平环氧胶泥砂浆; 电梯厅、楼梯间:30.0mm 厚白麻花岗岩
8	内墙及柱面装饰工程	办公室:腻子、液态陶瓷涂料; 病房:1 200.0mm 木纹医疗抗菌板、腻子、液态陶瓷涂料; 茶水间、卫生间:300mm × 600mm 瓷砖; 公共走廊:1 200.0mm 高木纹医疗抗菌板、腻子、液态陶瓷涂料; 电梯厅、楼梯间:防霉腻子、涂料
9	天棚工程	办公室:U50 轻钢龙骨、双层 9.5mm 厚石膏板、腻子、涂料; 病房:U50 轻钢龙骨、600mm × 600mmGFK 抗菌板、腻子、液态陶瓷涂料; 茶水间、卫生间:U50 轻钢龙骨、600mm × 600mmGFK 抗菌板; 公共走廊:U50 轻钢龙骨、600mm × 600mmGFK 抗菌板; 电梯厅、楼梯间:U50 轻钢龙骨、双层 9.5mm 厚石膏板、防霉腻子、涂料
10	其他装饰工程	楼梯:不锈钢栏杆(H=1 200mm); 护窗栏杆:不锈钢栏杆(H=900mm); 护士台:900mm × 1 000mm(L=18.6m); 矮柜:450mm × 1 000mm(L=56.0m); 吊柜:350mm × 700mm(L=56.0m); 护士衣柜:600mm × 2 850mm(L=20.0m); 洗漱台:20.0mm 厚浅啡大理石板
11	其他特征	施工电梯 1 台
二、通用安装工程概况		
1	电气设备安装工程	动力系统:配电箱、热浸镀锌钢管、焊接钢管、套接紧定式镀锌钢导管、热镀锌钢制槽式金属桥架、热镀锌金属电缆带盖板梯架、不锈钢桥架、矿物绝缘电力电缆 BTLY 0.6/1kV、

续表 4-1-86

1	电气设备安装工程	低烟无卤电力电缆 WDZA-YJY-1kV、低烟无卤电力电缆 WDZBN-YJY-1kV、预分支电缆 YFD-WDZA-YJY-1kV； 照明系统：配电箱、热浸镀锌钢管、焊接钢管、套接紧定式镀锌钢导管、套接紧定式镀锌钢导管、铜芯低烟无卤聚氯乙烯护套屏蔽软线 WDZCN-RYJS、铜芯低烟无卤电线 WDZCN-BYJ； 防雷接地系统：接闪带（避雷网）、引下线、接地跨接、接地母线
2	建筑智能化工程	信息网络系统：交换机、AP 无线外网点、单模光纤； 综合布线：信息插座、42U 机柜、单模光纤； 安全防范系统－出入口控制系统：出入门按钮、磁力锁、门禁读卡器、门禁控制器、铜芯聚氯乙烯绝缘护套软线 ZC-RVV； 安全防范系统－视频安防监控系统：彩色红外半球网络摄像机、彩色红外枪式网络摄像机、监控机柜、铜芯聚氯乙烯绝缘护套软线 ZC-RVV； 安全防范系统－电子巡查系统：巡更点； 公共广播系统：吸顶式广播、铜芯低烟无卤聚氯乙烯护套屏蔽软线 WDZC-RVVP； 护理呼应信号系统：医护主机、病房门口对讲机、7 英寸液晶触摸屏、走廊液晶显示屏、55 寸液晶一体机、病区门禁分机； 热水管理系统：水表采集器； 综合管路系统：焊接钢管、套接紧定式镀锌钢导管、热镀锌槽式桥架
3	消防工程	水灭火系统－自动喷水灭火系统：热浸镀锌无缝钢管； 水灭火系统－消火栓系统：消火栓箱、热浸镀锌钢管、热浸镀锌无缝钢管； 水灭火系统－消防水炮系统：消防水炮； 火灾自动报警系统：感烟探测器、感温探测器、热浸镀锌防火塑粉槽式电缆桥架、焊接钢管、套接紧定式镀锌钢导管、铜芯低烟无卤聚氯乙烯护套控制电缆 WDZBN-KYJY、铜芯低烟无卤聚氯乙烯绞型软线 WDZCN-RYS； 消防电源监控系统：消防电源监控模块、套接紧定式镀锌钢导管、铜芯低烟无卤聚氯乙烯护套屏蔽软线 WDZCN-RYJS、铜芯低烟无卤电线 WDZCN-BYJ； 电气火灾监控系统：剩余电流监控模块、套接紧定式镀锌钢导管、铜芯低烟无卤聚氯乙烯护套屏蔽软线 WDZCN-RYJS、铜芯低烟无卤电线 WDZCN-BYJ
4	通风空调工程	空调风系统：组合式新风机组、空调机组、风机盘管、CC-I 不燃双面彩钢复合风管、离心玻璃棉保温； 空调水系统：风冷螺杆式热回收热泵机组（带膨胀水箱等水力模块）、卧式变频冷冻水循环泵、热浸镀锌钢管、热浸镀锌无缝钢管、橡塑保温、成品管瓦保温； 防排烟系统：厨房高效油烟净化机组、耐火机制玻镁板
5	给排水工程	给水系统：薄壁不锈钢管、智能远传水表、橡塑保温； 排水系统：抗紫外线高密度聚乙烯 HDPE 雨水管、B 型柔性铸铁排水管、高密度聚乙烯 HDPE 排水管； 卫生器具安装：洗脸盆、蹲便器、坐便器、淋浴器
6	其他特征	抗震支架； 电梯：垂直电梯

表 4-1-87　5# 高压氧舱地上建筑概况

综合概况	工程名称	某三甲综合医院　5# 高压氧舱				
	采集类别编码	FJ020999	建筑物层数	2	建筑面积 /m^2	634.00
	抗震设防类别	乙类	结构类型	框架结构	装配率	—
	建筑高度 /m	8.40	标准层层高 /m	3.90	基本风压 /（kN/m^2）	0.45
	抗震等级	框架三级				
	其他特征	—				
一、建筑与装饰工程概况						
1	砌筑工程	蒸压加气混凝土砌块、非黏土烧结空心砖				
2	混凝土结构工程	结构形式：现浇钢筋混凝土结构； 混凝土含量 0.43m^3/m^2、钢筋含量 66.25kg/m^2； 模板及支撑架：复合模板、扣件式钢管支撑架				
3	屋面工程	刚性屋面：100mm×100mm 广场砖、40.0mm 厚 C20 细石混凝土、耐碱玻纤网格布、50.0mm 厚挤塑聚苯板、3.0mm 厚自粘型改性沥青防水卷材、2.0mm 厚非固化橡胶沥青防水涂料、20.0mm 厚 1∶3 水泥砂浆、CL5.0 轻骨料混凝土找坡				
4	外墙装饰及幕墙工程	外墙装饰：涂料				
5	楼地面装饰工程	机房：800mm×800mm 地砖； 楼梯间：300mm×300mm 地砖				
6	内墙及柱面装饰工程	机房：防霉腻子、防霉涂料； 楼梯间：防霉腻子、防霉涂料				
7	天棚工程	机房：防霉腻子、防霉涂料； 楼梯间：防霉腻子、防霉涂料				
8	其他装饰工程	楼梯：不锈钢栏杆（H=1 050mm）				
二、通用安装工程概况						
1	电气设备安装工程	动力系统：配电箱、热浸镀锌钢管、焊接钢管、套接紧定式镀锌钢导管、低烟无卤电力电缆 WDZA-YJY-1kV、低烟无卤电力电缆 WDZB-YJY-1kV、低烟无卤电力电缆 WDZBN-YJY-1kV； 照明系统：套接紧定式镀锌钢导管、节能灯、开关、插座、热浸镀锌槽式电缆桥架、低烟无卤电力电缆 WDZC-YJY-0.6/1kV、铜芯低烟无卤电线 WDZB-BYJ； 防雷接地系统：接闪带（避雷网）、引下线、接地跨接、接地母线				
2	建筑智能化工程	综合布线系统：信息插座、42U 机柜、单模光纤； 安全防范系统 - 视频安防监控系统：彩色红外半球网络摄像机、彩色红外枪式网络摄像机、监控机柜、铜芯聚氯乙烯绝缘护套软线 ZC-RVV； 安全防范系统 - 电子巡查系统：巡更点； 综合管路系统：焊接钢管、套接紧定式镀锌钢导管、热镀锌槽式桥架				

续表 4-1-87

3	消防工程	水灭火系统 – 消火栓系统：消火栓箱、热浸镀锌钢管； 火灾自动报警系统：感烟探测器、套接紧定式镀锌钢导管、铜芯低烟无卤聚氯乙烯护套屏蔽软线 WDZCN–RYS； 消防电源监控系统：消防电源监控模块、套接紧定式镀锌钢导管、铜芯低烟无卤聚氯乙烯护套屏蔽软线 WDZCN–RYJS、铜芯低烟无卤电线 WDZCN–BYJ； 电气火灾监控系统：剩余电流监控系统、套接紧定式镀锌钢导管、铜芯低烟无卤聚氯乙烯护套屏蔽软线 WDZCN–RYJS、铜芯低烟无卤电线 WDZCN–BYJ
4	通风空调工程	空调风系统：组合式新风机组、空调机组、风机盘管、CC–I 不燃双面彩钢复合风管、离心玻璃棉保温； 空调水系统：风冷螺杆式热回收热泵机组（带膨胀水箱等水力模块）、卧式变频冷冻水循环泵、热浸镀锌钢管、热浸镀锌无缝钢管、橡塑保温、成品管瓦保温； 通风系统：风机、镀锌薄钢板风管
5	给排水工程	给水系统：薄壁不锈钢管； 排水系统：B 型柔性铸铁排水管、镀锌钢管雨水管； 卫生器具安装：洗脸盆、坐便器、淋浴器
6	其他特征	—

表 4–1–88 6# 液氧站地上建筑概况

综合概况	工程名称	某三甲综合医院 6# 液氧站				
	采集类别编码	FJ020999	建筑物层数	1	建筑面积 /m²	184.00
	抗震设防类别	丙类	结构类型	框架结构	装配率	—
	建筑高度 /m	6.80	标准层层高 /m	—	基本风压 /（kN/m²）	0.45
	抗震等级	框架四级				
	其他特征	—				
一、建筑与装饰工程概况						
1	土石方工程	土石方类别：三类土； 开挖深度：1.35m； 外运距离：15km				
2	砌筑工程	混凝土实心砖、蒸压加气混凝土砌块				
3	混凝土结构工程	基础类型：独立基础； 结构形式：现浇钢筋混凝土结构； 混凝土含量 $0.69m^3/m^2$、钢筋含量 $97.83kg/m^2$； 模板及支撑架：复合模板、扣件式钢管支撑架				
4	屋面工程	刚性屋面：100mm × 100mm 广场砖、40.0mm 厚 C20 细石混凝土、耐碱玻纤网格布、50.0mm 厚挤塑聚苯板、3.0mm 厚自粘型改性沥青防水卷材、2.0mm 厚非固化橡胶沥青防水涂料、20.0mm 厚 1：3 水泥砂浆、CL5.0 轻骨料混凝土找坡				

续表 4–1–88

5	外墙装饰及幕墙工程	外墙装饰:涂料
6	楼地面装饰工程	机房:800mm × 800mm 地砖
7	内墙及柱面装饰工程	机房:防霉腻子、防霉涂料
8	天棚工程	机房:防霉腻子、防霉涂料
二、通用安装工程概况		
1	电气设备安装工程	动力系统:配电箱、热浸镀锌钢管、铜芯低烟无卤电线 WDZB–BYJ; 照明系统:配电箱、焊接钢管、节能灯、开关、插座、铜芯低烟无卤电线 WDZB–BYJ; 防雷接地系统:接闪带(避雷网)、引下线、接地跨接、接地母线
2	建筑智能化工程	综合布线:信息插座、42U 机柜、单模光纤; 安全防范系统 – 视频安防监控系统:彩色红外半球网络摄像机、彩色红外枪式网络摄像机、监控机柜、铜芯聚氯乙烯绝缘护套软线 ZC–RVV; 安全防范系统 – 电子巡查系统:巡更点; 综合管路系统:焊接钢管、套接紧定式镀锌钢导管、热镀锌槽式桥架
3	消防工程	水灭火系统 – 消火栓系统:灭火器箱
4	给排水工程	排水系统:B 型柔性铸铁排水管、内外热浸镀锌钢管雨水管

表 4–1–89 7# 垃圾暂存楼地上建筑概况

综合概况	工程名称	某三甲综合医院 7# 垃圾暂存楼				
	采集类别编码	FJ021501	建筑物层数	1	建筑面积 /m^2	205.10
	抗震设防类别	丙类	结构类型	框架结构	装配率	—
	建筑高度 /m	6.00	标准层层高 /m	—	基本风压 /(kN/m^2)	0.45
	抗震等级	框架四级				
	其他特征	—				
一、建筑与装饰工程概况						
1	土石方工程	土石方类别:三类土; 开挖深度:1.35m; 外运距离:15km				
2	砌筑工程	混凝土实心砖、蒸压加气混凝土砌块				
3	混凝土结构工程	基础类型:独立基础; 结构形式:现浇钢筋混凝土结构; 混凝土含量 0.58m^3/m^2、钢筋含量 97.51kg/m^2; 模板及支撑架:复合模板、扣件式钢管支撑架				

续表 4-1-89

4	屋面工程	刚性屋面：100mm×100mm 广场砖、40.0mm 厚 C20 细石混凝土、耐碱玻纤网格布、50.0mm 厚挤塑聚苯板、3.0mm 厚自粘型改性沥青防水卷材、2.0mm 厚非固化橡胶沥青防水涂料、20.0mm 厚 1：3 水泥砂浆、CL5.0 轻骨料混凝土找坡
5	外墙装饰及幕墙工程	外墙装饰：涂料
6	楼地面装饰工程	垃圾房：800mm×800mm 地砖
7	内墙及柱面装饰工程	垃圾房：防霉腻子、防霉涂料
8	天棚工程	垃圾房：防霉腻子、防霉涂料
二、通用安装工程概况		
1	电气设备安装工程	照明系统：配电箱、热浸镀锌钢管、焊接钢管、节能灯、开关、插座、铜芯低烟无卤电线 WDZB-BYJ； 防雷接地系统：接闪带（避雷网）、引下线、接地跨接、接地母线
2	消防工程	水灭火系统－消火栓系统：灭火器箱
3	给排水工程	给水系统：薄壁不锈钢管； 排水系统：B 型柔性铸铁排水管、内外热浸镀锌钢管雨水管

表 4-1-90　8# 污水处理站构筑物工程概况

综合概况	工程名称	某三甲综合医院　8# 污水处理站				
	采集类别编码	FJ040101	建筑面积 /m^2	800.00	建筑高度 /m	4.20
	抗震设防类别	丙类	结构类型	框架结构	基础类型	独立基础
	抗震等级	框架四级				
	其他特征	—				
一、建筑与装饰工程概况						
1	土石方工程	土石方类别：三类土； 开挖深度：4.25m； 外运距离：15km				
2	砌筑工程	混凝土实心砖、蒸压加气混凝土砌块				
3	混凝土结构工程	结构形式：现浇钢筋混凝土结构； 混凝土含量 1.40m^3/m^2、钢筋含量 141.25kg/m^2； 模板及支撑架：复合模板、扣件式钢管支撑架				
4	屋面工程	刚性屋面：100mm×100mm 广场砖、40.0mm 厚 C20 细石混凝土、耐碱玻纤网格布、3.0mm 厚自粘型改性沥青防水卷材、2.0mm 厚非固化橡胶沥青防水涂料、20.0mm 厚 1：3 水泥砂浆、CL5.0 轻骨料混凝土找坡				

续表 4-1-90

5	外墙装饰及幕墙工程	外墙装饰：抗碱封底漆、外墙腻子、外墙涂料
6	楼地面装饰工程	机房：800mm × 800mm 地砖
7	内墙及柱面装饰工程	机房：防霉腻子、防霉涂料
8	天棚工程	机房：防霉腻子、防霉涂料
二、通用安装工程概况		
1	电气设备安装工程	动力系统：配电箱、焊接钢管、低烟无卤电力电缆 WDZA-YJY-1kV； 照明系统：配电箱、焊接钢管、节能灯、开关、插座、铜芯低烟无卤电线 WDZB-BYJ； 防雷接地系统：接闪带（避雷网）、引下线、接地跨接、接地母线
2	消防工程	水灭火系统 - 消火栓系统：灭火器箱
3	给排水工程	给水系统：薄壁不锈钢管； 排水系统：硬聚氯乙烯塑料排水管（UPVC 管）、内外热浸镀锌钢管雨水管

表 4-1-91 9# 医疗物资库地上建筑概况

综合概况	工程名称	某三甲综合医院 9# 医疗物资库				
	采集类别编码	FJ020999	建筑物层数	1	建筑面积 /m²	59.90
	抗震设防类别	丙类	结构类型	框架结构	装配率	—
	建筑高度 /m	4.20	标准层层高 /m	—	基本风压 /（kN/m²）	0.45
	抗震等级	框架四级				
	其他特征	—				
一、建筑与装饰工程概况						
1	土石方工程	土石方类别：三类土； 开挖深度：1.35m； 外运距离：15km				
2	砌筑工程	混凝土实心砖、蒸压加气混凝土砌块				
3	混凝土结构工程	基础类型：独立基础； 结构形式：现浇钢筋混凝土结构； 混凝土含量 0.83m³/m²、钢筋含量 96.83kg/m²； 模板及支撑架：复合模板、扣件式钢管支撑架				
4	屋面工程	刚性屋面：100mm × 100mm 广场砖、40.0mm 厚 C20 细石混凝土、耐碱玻纤网格布、3.0mm 厚自粘型改性沥青防水卷材、2.0mm 厚非固化橡胶沥青防水涂料、20.0mm 厚 1 : 3 水泥砂浆、CL5.0 轻骨料混凝土找坡				
5	外墙装饰及幕墙工程	外墙装饰：抗碱封底漆、外墙腻子、外墙涂料				

续表 4-1-91

6	楼地面装饰工程	物资库：800mm × 800mm 地砖
7	内墙及柱面装饰工程	物资库：防霉腻子、涂料
8	天棚工程	物资库：防霉腻子、涂料
二、通用安装工程概况		
1	电气设备安装工程	照明系统：配电箱、焊接钢管、节能灯、开关、插座、铜芯低烟无卤电线 WDZB-BYJ； 防雷接地系统：接闪带（避雷网）、引下线、接地跨接、接地母线
2	消防工程	水灭火系统 - 消火栓系统：灭火器箱； 火灾自动报警系统：声光报警器、可燃气体报警器、套接紧定式镀锌钢导管、铜芯低烟无卤聚氯乙烯护套屏蔽软线 WDZCN-RYS
3	给排水工程	排水系统：内外热浸镀锌钢管雨水管

表 4-1-92　室外附属工程概况

综合概况	工程名称	某三甲综合医院　室外附属工程		
	采集类别编码	FJ021601	室外总面积 /m^2	66 135.50
	道路面积 /m^2	27 776.91	绿化面积 /m^2	33 590.00
	围墙长度 /m	1 086.80		
	其他特征	—		
室外附属工程概况				
1	道路	人行道：30.0mm 厚芝麻灰花岗岩； 车行道：40.0mm 厚细粒式沥青混凝土（AC13）、60.0mm 厚粗粒式沥青混凝土（AC25）		
2	景观	园路：30.0mm 厚芝麻灰花岗岩； 木平台：180mm × 60mm 厚印尼菠萝格防腐木板； 景观廊架：250mm × 250mm 木立柱、250mm × 100mm 木矩形梁、180mm × 300mm 木主斜梁、80mm × 120mm 木次斜梁、120mm × 200mm 木边梁、150mm × 20mm 木望板、20.0mm 木封檐板、水泥瓦屋面； 活动场地：8.0mm 厚环保型塑胶、5.0mm 厚彩 EPDM 塑胶颗粒面层； 景观亭：200mm × 200mm × 6mm 镀锌方钢柱、200mm × 150mm × 4mm 镀锌钢主梁、60mm × 120mm × 4mm 镀锌钢次梁、（8+1.52PVB+8）mm 夹胶钢化玻璃		
3	绿化	乔木 2 212 株、灌木 1 480 株、草坪 8 890m^2、色带 18 680m^2、花卉 5 560m^2		
4	围墙	围墙高度：2.4m； 围墙形式：氟碳漆方钢管金属栏杆（H=2 000mm）； 围墙饰面：芝麻灰花岗岩		
5	通用安装工程	景观电气工程：配电箱、庭院路灯（立杆高 5m）、草坪灯、焊接钢管、聚乙烯电缆保护管 PE 管、低烟无卤电力电缆 WDZA-YJY-1kV、接地母线； 给水系统：球墨铸铁管、钢塑复合管、阀门井；		

续表 4-1-92

5	通用安装工程	排水系统:高密度聚乙烯 HDPE 双壁波纹管、硬聚氯乙烯塑料排水管(UPVC 管)、PP 模块雨水收集系统 1 套、雨污水井; 安全防范系统-入侵报警系统:电子围栏; 安全防范系统-出入口控制系统:人行门禁道闸、铜芯聚氯乙烯绝缘护套软线 ZC-RVV; 安全防范系统-视频安防监控系统:室外安防箱、室外工业交换机、网络彩色固定枪机、人脸识别摄像机、PTZ 球机、铜芯聚氯乙烯绝缘护套软线 ZC-RVV; 安全防范系统-停车场管理系统:液压一体升降柱、高速升降柱控制盒、自动挡车器、车检器、出入口补光抓拍一体机、出入口 LED 显示屏、软硬件一体化平台软件、铜芯聚氯乙烯绝缘护套软线 ZC-RVV; 公共广播系统:室外草坪喇叭、铜芯低烟无卤聚氯乙烯护套屏蔽软线 WDZC-RVVP; 综合管路系统:镀锌钢管、手孔井; 水灭火系统:球墨铸铁管、室外消火栓、阀门井
6	其他	化粪池:9 座

表 4-1-93 整体项目造价指标表

项目类型	功能规模	指标内容
综合医院项目	2 000 床位	1. 整体项目造价指标分为地上建筑、地下建筑、室外附属工程。不包括医疗专项费用、医疗设施设备、机械式停车库、办公家具、厨具设备等; 2. 地上建筑包括门诊楼、住院楼、办公用房、护理楼、高压氧舱、液氧站、垃圾暂存楼、污水处理站、医疗物资库等配套用房

序号	整体项目造价指标/(元/m²)	单项工程造价指标/(元/m²)				备注
		指标组成	基期指标			
			合计	建筑与装饰	通用安装	
1	5 566.79	地下建筑	6 550.75	5 466.23	1 084.52	
2		地上建筑	4 842.08	3 393.33	1 448.75	
3		室外附属工程	685.36			

表 4-1-94 单项造价指标表

项目类型	指标内容
综合医院项目	1. 建筑与装饰工程包括土石方工程,基坑围护工程,桩基工程,砌筑工程,混凝土结构工程,金属结构工程,屋面工程,防水工程,防腐、隔热、保温工程,外墙装饰及幕墙工程,楼地面装饰工程,内墙及柱面装饰工程,天棚工程,其他装饰工程,附属工程,施工技术措施等; 2. 通用安装工程包括电气设备安装工程、建筑智能化工程、消防工程、通风空调工程、给排水工程、电梯、施工技术措施等; 3. 室外附属工程主要包括道路、景观、绿化、围墙、电气设备安装、建筑智能化、消防、给排水等

续表 4-1-94

序号	单项名称	造价指标 /(元 /m²)			备注
		建筑与装饰	通用安装	合计	
一、地下建筑					
1	1# 楼地下室	5 469.71	1 084.57	6 554.28	
2	2# 楼地下室	5 244.41	1 081.65	6 326.06	
二、地上建筑					
1	1# 住院楼	3 489.96	1 587.94	5 077.90	
2	1# 门诊楼	3 670.02	1 438.35	5 108.37	
3	2# 医技楼	3 601.24	1 382.21	4 983.45	
4	3# 办公用房	2 989.04	1 070.83	4 059.87	
5	4# 护理楼	3 200.91	1 452.05	4 652.96	
6	5# 高压氧舱	2 291.49	1 451.91	3 743.40	
7	6# 液氧站	2 326.24	877.15	3 203.39	
8	7# 垃圾暂存楼	2 398.41	216.25	2 614.66	
9	8# 污水处理站	2 875.83	282.98	3 158.81	
10	9# 医疗物资库	2 796.09	243.73	3 039.82	
三、室外附属工程					
1	道路	169.30			
2	景观	115.55			
3	绿化	119.08			
4	围墙	30.45			
5	通用安装工程	243.13			
6	其他	7.85			

表 4-1-95　1# 地下室、2# 地下室、1# 住院楼造价指标单元分析表

序号	一级造价指标单元	造价指标 /(元 /m²)			备注
		1# 地下室	2# 地下室	1# 住院楼	
一	建筑与装饰工程	5 469.70	5 244.42	3 489.93	
1	土石方工程	840.00	429.00	—	
2	基坑围护工程	876.77	—	—	
3	桩基工程	863.79	1 506.53	—	
4	砌筑工程	55.02	91.73	112.70	

续表 4–1–95

序号	一级造价指标单元	造价指标 /(元 /m²)			备注
		1# 地下室	2# 地下室	1# 住院楼	
5	混凝土结构工程	1 836.77	2 249.28	778.99	
6	门窗工程	128.99	37.20	264.35	
7	屋面工程	—	—	60.32	
8	防水工程	225.14	330.80	42.04	
9	防腐、隔热、保温工程	—	—	14.40	
10	外墙装饰及幕墙工程	—	—	876.86	
11	楼地面装饰工程	199.44	50.18	331.68	
12	内墙及柱面装饰工程	120.69	89.49	206.82	
13	天棚工程	75.33	19.05	273.28	
14	其他装饰工程	2.70	—	220.56	
15	附属工程	6.22	1.02	2.66	
16	施工技术措施	238.84	440.14	305.27	
二	通用安装工程	1 084.58	1 081.64	1 587.95	
1	电气设备安装工程	364.80	376.20	232.94	
2	建筑智能化工程	97.76	118.45	454.60	
3	消防工程	233.81	193.08	159.32	
4	通风空调工程	250.26	110.35	371.37	
5	给排水工程	84.47	258.18	237.27	
6	电梯	30.99	—	102.19	
7	施工技术措施	22.49	25.38	30.26	

表 4–1–96 1# 门诊楼、2# 医技楼、3# 办公用房造价指标单元分析表

序号	一级造价指标单元	造价指标 /(元 /m²)			备注
		1# 门诊楼	2# 医技楼	3# 办公用房	
一	建筑与装饰工程	3 670.01	3 601.24	2 989.06	
1	砌筑工程	70.72	85.25	113.60	
2	混凝土结构工程	802.09	753.01	725.38	
3	金属结构工程	119.57	—	—	
4	门窗工程	367.50	290.15	242.19	
5	屋面工程	84.08	60.08	36.62	

续表 4-1-96

序号	一级造价指标单元	造价指标/(元/m²)			备注
		1# 门诊楼	2# 医技楼	3# 办公用房	
6	防水工程	37.23	30.21	23.22	
7	防腐、隔热、保温工程	18.57	18.70	19.80	
8	外墙装饰及幕墙工程	933.33	908.73	854.38	
9	楼地面装饰工程	332.06	358.65	203.08	
10	内墙及柱面装饰工程	307.39	390.77	109.70	
11	天棚工程	286.02	400.08	252.68	
12	其他装饰工程	83.18	64.82	61.31	
13	附属工程	6.36	5.40	1.65	
14	施工技术措施	221.91	235.39	345.45	
二	通用安装工程	1 438.34	1 382.21	1 070.84	
1	电气设备安装工程	215.77	376.24	225.56	
2	建筑智能化工程	331.97	250.23	163.29	
3	消防工程	161.50	155.82	102.90	
4	通风空调工程	379.87	325.96	301.99	
5	给排水工程	94.60	94.84	75.91	
6	电梯	219.61	151.14	182.43	
7	施工技术措施	35.02	27.98	18.76	

表 4-1-97　4# 护理楼、5# 高压氧舱、6# 液氧站造价指标单元分析表

序号	一级造价指标单元	造价指标/(元/m²)			备注
		4# 护理楼	5# 高压氧舱	6# 液氧站	
一	建筑与装饰工程	3 200.91	2 291.48	2 326.24	
1	土石方工程	—	—	59.11	
2	砌筑工程	112.13	199.53	75.13	
3	混凝土结构工程	780.90	832.25	1 375.26	
4	门窗工程	174.39	164.74	90.46	
5	屋面工程	84.87	240.17	357.39	
6	防水工程	2.80	—	—	
7	防腐、隔热、保温工程	11.27	80.61	—	
8	外墙装饰及幕墙工程	853.61	62.22	116.98	

续表 4–1–97

序号	一级造价指标单元	造价指标 /（元 /m²）			备注
		4# 护理楼	5# 高压氧舱	6# 液氧站	
9	楼地面装饰工程	371.08	211.77	72.90	
10	内墙及柱面装饰工程	284.09	263.04	87.36	
11	天棚工程	190.38	133.81	16.31	
12	其他装饰工程	105.54	10.07	—	
13	附属工程	12.27	0.39	0.83	
14	施工技术措施	217.58	92.88	74.51	
二	通用安装工程	1 452.05	1 451.91	877.16	
1	电气设备安装工程	252.79	540.35	377.64	
2	建筑智能化工程	374.15	367.28	449.15	
3	消防工程	128.31	109.81	6.77	
4	通风空调工程	317.12	325.56	—	
5	给排水工程	175.07	92.67	29.71	
6	电梯	178.94	—	—	
7	施工技术措施	25.67	16.24	13.89	

表 4–1–98 7# 垃圾暂存楼、8# 污水处理站、9# 医疗物资库造价指标单元分析表

序号	一级造价指标单元	造价指标 /（元 /m²）			备注
		7# 垃圾暂存楼	8# 污水处理站	9# 医疗物资库	
一	建筑与装饰工程	2 398.40	2 875.82	2 796.09	
1	土石方工程	8.20	587.26	76.66	
2	砌筑工程	222.55	34.15	258.64	
3	混凝土结构工程	1 234.01	2 018.75	1 439.72	
4	门窗工程	9.56	12.20	9.88	
5	屋面工程	254.84	36.96	236.17	
6	外墙装饰及幕墙工程	74.28	5.59	58.83	
7	楼地面装饰工程	232.93	57.40	236.09	
8	内墙及柱面装饰工程	118.38	30.80	300.92	
9	天棚工程	106.42	7.33	97.93	
10	其他装饰工程	—	3.74	—	

续表 4-1-98

序号	一级造价指标单元	造价指标 /（元 /m²）			备注
		7# 垃圾暂存楼	8# 污水处理站	9# 医疗物资库	
11	附属工程	0.74	0.19	1.27	
12	施工技术措施	136.49	81.45	79.98	
二	通用安装工程	216.25	282.98	243.73	
1	电气设备安装工程	131.33	259.23	65.10	
2	消防工程	4.55	1.95	118.67	
3	给排水工程	66.93	10.64	46.47	
4	施工技术措施	13.44	11.16	13.49	

（二）某综合医院项目（二）

某综合医院项目（二）概况和造价指标表 4-1-99~ 表 4-1-109。

表 4-1-99　项目概况

项目名称	某三甲综合医院项目		
建设地点	某市某区	质量要求	合格
资金来源	国有资金投资	承发包模式	施工总承包
项目性质	新建项目	绿色建筑等级	二星级
用地面积 /m²	91 914.80	建筑占地面积 /m²	21 909.55
建筑面积 /m²	141 145.79	其中　地上建筑面积 /m²	99 372.18
		地下建筑面积 /m²	41 773.61
抗震设防烈度	6 度	功能规模 / 床位	800
用电容量 /（kV·A）	14 200	计价方式	国标清单计价
造价类别	招标控制价	计价依据	2018 版计价依据
编制基期	2022 年 7 月	工程造价 / 万元	78 721.964 1
造价指标 /（元 /m²）	5 577.35		
其他说明	1. 本项目配备 8 台自升式塔式起重机； 2. 本项目室内全装修； 3. 本项目不包含变配电系统； 4. 本项目信息网络机房设置在 1# 门急诊楼，消防泵房设置在地下室		

表 4-1-100　地下建筑概况

综合概况	工程名称	某三甲综合医院　地下室				
	采集类别编码	FJ020101	地下层数	三层	建筑面积 / m^2	41 773.61
	抗震设防类别	乙类	人防等级	核 5 常 5	人防面积 /m^2	5 941.91
	结构类型	框架剪力墙结构	桩基类型	灌注桩	基坑围护形式	排桩墙
	建筑功能	停车库、医疗用房	防火分区数量 / 个	18	机动车位数量 / 辆	863
	抗震等级	地下一层框架三级、二层和三层框架四级、主楼范围内框架三级				
	其他特征	—				
一、建筑与装饰工程概况						
1	土石方工程	土石方类别：二类土； 开挖深度：6m； 外运距离：5km； 渣土消纳处置方式：陆运				
2	基坑围护工程	基坑围护长度：843m（按地下室外墙结构长度计算）； 基坑围护类型：ϕ700mm 泥浆护壁成孔灌注桩、ϕ700mm 双轴水泥搅拌桩				
3	桩基工程	ϕ800mm 泥浆护壁成孔灌注桩（平均桩长 46m）				
4	砌筑工程	混凝土多孔砖				
5	混凝土结构工程	基础类型：筏板基础； 结构形式：现浇钢筋混凝土结构； 混凝土含量 1.37m^3/m^2、钢筋含量 151.51kg/m^2； 模板及支撑架：复合模板、扣件式钢管支撑架				
6	金属结构工程	材质：Q355B、型材含量 0.29kg/m^2； 型钢柱 H600 × 350 × 25 × 30				
7	门窗工程	门：钢制防火门、特级复合防火卷帘门（耐火极限 3h）、人防门				
8	防水工程	底板：1.5mm 厚聚氨酯防水涂料、20.0mm 厚 1 ∶ 2 水泥砂浆； 侧墙：1.5mm 厚聚合物防水涂料、1.5mm 厚自粘高分子防水卷材、30.0mm 厚挤塑聚苯板、混凝土实心砖保护墙； 顶板：70.0mm 厚 C20 细石混凝土、10.0 厚低标号水泥砂浆、4.0mm 厚耐根穿刺改性沥青防水卷材、油毡布隔离层、2.0mm 厚非固化橡胶沥青防水涂料、C20 细石混凝土找坡				
9	楼地面装饰工程	机动车车库：2.5mm 厚金刚砂耐磨地坪（掺量 5kg/m^2）、50.0mm 厚 C25 细石混凝土； 自行车车库：2.5mm 厚金刚砂耐磨地坪（掺量 5kg/m^2）、50.0mm 厚 C25 细石混凝土； 机房：环氧树脂磨石、50.0mm 厚 C25 细石混凝土； 配套用房：600mm × 600mm 地砖、50.0mm 厚 C25 细石混凝土； 楼梯：耐磨漆； 汽车坡道：60.0mm 厚凿面花岗岩 120.0mm 宽条板				

续表 4-1-100

10	内墙及柱面装饰工程	机动车车库：防霉腻子、防霉涂料； 自行车车库：防霉腻子、防霉涂料； 配套用房：600mm × 600mm 地砖、50.0mm 厚 C25 细石混凝土； 机房：CB50 轻钢龙骨、50.0mm 厚吸声玻璃棉毡、12.0mm 厚穿孔石膏板、防霉腻子、防霉涂料； 楼梯间：防霉腻子、防霉涂料
11	天棚工程	机动车车库：防霉腻子、防霉涂料； 自行车车库：防霉腻子、防霉涂料； 配套用房：U38 轻钢龙骨、9.5mm 厚石膏板、防霉腻子、防霉涂料； 机房：CB50 轻钢龙骨、40.0mm 厚半硬质岩棉板、防霉腻子、防霉涂料； 楼梯间：防霉腻子、防霉涂料
12	其他装饰工程	楼梯：不锈钢栏杆（H=1 100mm）
13	其他特征	大型机械：双轴水泥搅拌机 2 台、转盘式钻孔桩机 7 台、冲击锤桩机 5 台、履带式挖掘机 8 台； 施工降排水：湿土排水、污水泵 2 160 台班
二、通用安装工程概况		
1	电气设备安装工程	动力系统：配电箱、热浸镀锌钢管、套接紧定式镀锌钢导管、热镀锌钢制槽式金属桥架、热镀锌防火钢制槽式金属桥架、低压封闭式插接母线槽、矿物绝缘电力电缆 BTTZ 0.6/1kV、低烟无卤电力电缆 WDZCN-YJY-1kV； 照明系统：配电箱、套接紧定式镀锌钢导管、刚性阻燃电线管、节能灯、开关、插座、热浸镀锌槽式电缆桥架、低烟无卤电力电缆 WDZC-YJY-0.6/1kV、铜芯低烟无卤电线 WDZC-BYJ； 防雷接地系统：引下线、接地跨接、接地母线
2	建筑智能化工程	信息网络系统：AP 无线外网点、单模光纤； 综合布线系统：信息插座、单模光纤； 安全防范系统 - 出入口控制系统：出入门按钮、磁力锁、门禁读卡器、门禁控制器、铜芯聚氯乙烯绝缘护套软线 ZC-RVV； 安全防范系统 - 电子巡查系统：巡更点； 安全防范系统 - 视频安防监控系统：46 英寸 LCD 拼接屏、彩色红外枪式网络摄像机、铜芯聚氯乙烯绝缘护套软线 ZC-RVV； 综合管路系统：焊接钢管、套接紧定式镀锌钢导管、热浸镀锌槽式电缆桥架
3	消防工程	水灭火系统 - 自动喷水灭火系统：喷淋泵 2 台、增压稳压设备 1 套、热浸镀锌加厚钢管； 水灭火系统 - 消火栓系统：消火栓泵 2 台、增压稳压设备 1 套、消火栓箱、灭火器箱、热浸镀锌加厚钢管； 气体灭火系统：七氟丙烷柜； 火灾自动报警系统：感烟探测器、感温探测器、热浸镀锌防火塑粉槽式电缆桥架、焊接钢管、套接紧定式镀锌钢导管、铜芯低烟无卤聚氯乙烯护套控制电缆 WDZBN-KYJY、铜芯低烟无卤聚氯乙烯绞型软线 WDZCN-RYS；

续表 4–1–100

3	消防工程	消防电源监控系统：消防电源监控模块、焊接钢管、铜芯低烟无卤聚氯乙烯绞型软线 WDZCN–RYS、铜芯低烟无卤电线 WDZCN–BYJ； 电气火灾监控系统：剩余电流监控模块、焊接钢管、铜芯低烟无卤聚氯乙烯绞型软线 WDZCN–RYS、铜芯低烟无卤电线 WDZCN–BYJ； 防火门监控系统：防火门监控模块、焊接钢管、铜芯低烟无卤聚氯乙烯绞型软线 WDZCN–RYS、铜芯低烟无卤电线 WDZCN–BYJ； 应急照明及疏散指示系统：应急照明电源配电箱、应急吸顶灯、疏散标志灯、安全出口标志灯、焊接钢管、铜芯低烟无卤电线 WDZCN–BYJ；
4	通风空调工程	空调风系统：空气处理机、风机盘管(高静压型)、抗菌双面彩钢板复合风管； 空调水系统：真空热水锅炉、板式换热机组、常压罐定压装置台、空调循环水泵、旁流水处理器、热浸镀锌钢管、热轧无缝钢管、橡塑保温； 通风系统：风机、镀锌薄钢板风管； 防排烟系统：风机、镀锌薄钢板风管； 人防通风系统：风机、薄钢板风管、镀锌薄钢板风管
5	给排水工程	给水系统：不锈钢板生活水箱、低区供水变频泵组、屋顶生活冷水箱供水泵、冷却塔补水变频泵组、薄壁不锈钢管、钢塑复合管； 排水系统：潜水排污泵、隔油提升一体化设备、污水提升设备、雨水及中水收集处理设备、钢塑复合管(内衬聚乙烯 PE)、柔性铸铁排水管、热浸镀锌钢管； 热水供应系统：厨房热水保温循环泵、屋顶生活热水箱供水泵、立式浮动盘管容积式水加热器、闭式隔膜膨胀罐、薄壁不锈钢管、橡塑保温；
6	其他特征	抗震支架； 电梯：自动扶梯； 充电桩：快充 2 个、慢充 108 个

表 4–1–101 1# 门急诊楼地上建筑概况

综合概况	工程名称	某三甲综合医院 1# 门急诊楼				
	采集类别编码	FJ020903	建筑物层数	4	建筑面积 /m^2	36 169.40
	抗震设防类别	乙类	结构类型	框架—剪力墙结构	装配率 /%	60
	建筑高度 /m	23.10	标准层层高 /m	5.20	基本风压 /(kN/m^2)	0.45
	抗震等级	框架三级、剪力墙三级				
	其他特征	—				
一、建筑与装饰工程概况						
1	砌筑工程	蒸压砂加气混凝土砌块、蒸压加气混凝土砌块隔墙板(ALC)				
2	混凝土结构工程	结构形式：现浇钢筋混凝土结构、装配式构件； 混凝土含量 0.38m^3/m^2、钢筋含量 57.01kg/m^2、预制构件含量 0.004m^3/m^2； 模板及支撑架：复合模板、扣件式钢管支撑架				

续表 4-1-101

3	金属结构工程	材质：Q355B、型材含量 4.51kg/m^2； 型钢柱 H600 × 350 × 25 × 30、型钢梁 H900 × 300 × 25 × 30
4	门窗工程	门：钢质防火门、特级双轨双帘无机布制防火卷帘（耐火极限 3h）、断桥隔热铝合金门［（6Low–E+12A+6）mm 中空钢化玻璃］； 窗：断桥隔热铝合金窗［（6Low–E+12A+6）mm 中空钢化玻璃］
5	屋面工程	刚性屋面：50.0mm 厚 C20 细石混凝土、10.0mm 厚低标号水泥砂浆、60.0mm 厚挤塑聚苯板、3.0mm 厚自粘型改性沥青防水卷材、2.0mm 厚喷涂速凝沥青防水涂料、20.0mm 厚 1：3 水泥砂浆、轻质混凝土找坡； 瓦屋面：300mm × 400mm 琉璃釉陶土瓦、40.0mm 厚 C20 细石混凝土、油毡、15.0mm 厚 1：3 水泥砂浆； 采光屋面：［8（铯钾）Low–E+12A+8（铯钾）+1.52PVB+8（铯钾）］mm 中空夹胶防火玻璃、120mm × 80mm × 4mm 钢管、80mm × 80mm × 4mm 钢管； 雨篷：2.5mm 厚氟碳喷涂仿木纹铝板
6	防水工程	楼地面（卫生间、手术室、茶水间）：1.5mm 厚聚氨酯防水涂料； 内墙面（卫生间、手术室、茶水间）：1.5mm 厚聚合物防水涂料； 天棚面（卫生间、手术室、茶水间）：1.0mm 厚水泥基渗透结晶型防水涂料
7	防腐、隔热、保温工程	外墙外保温：无机轻集料保温砂浆； 天棚保温：岩棉保温板
8	外墙装饰及幕墙工程	外墙装饰：涂料； 幕墙：30.0mm 厚山东白麻花岗岩干挂、2.5mm 厚氟碳喷涂铝板干挂、（6Low–E+12A+6）mm 中空钢化玻璃、（6Low–E+1.14PVB+6+12A+10）mm 中空夹胶钢化玻璃、2.5mm 厚 50mm × 100mm 铝合金格栅
9	楼地面装饰工程	产房区：2.0mm 厚塑胶地板、3.0mm 厚自流平环氧砂浆； DR、CT、放射室、MRI 机房：2.0mm 厚塑胶地板、3.0mm 厚自流平环氧砂浆、50.0mm 硫酸钡砂防辐射漆、2.0 当量防辐射层（防护当量≥ 3.0）； 办公室：600mm × 600mm 地砖； 手术室：800mm × 800mm 地砖； 诊室：2.0mm 厚塑胶地板、3.0mm 厚自流平环氧砂浆； 茶水间、卫生间：300mm × 300mm 地砖； 门诊大厅：25.0mm 厚山东白麻花岗岩； 公共走廊：2.0mm 厚塑胶地板、3.0mm 厚自流平砂浆； 电梯厅：25.0mm 厚白麻花岗岩； 机房：环氧树脂磨石、50.0mm 厚 C25 细石混凝土； 楼梯：耐磨漆
10	内墙及柱面装饰工程	产房区：CB50 轻钢龙骨、12.0mm 防火石膏板、6.0mm 格特板； DR、CT、放射室、MRI 机房：CB50 轻钢龙骨、硅酸钙板、集成墙板、医用无缝防辐射铅板（防护当量≥ 3.0）； 办公室：腻子、涂料；

续表 4-1-101

10	内墙及柱面装饰工程	手术室：2.0mm 厚 50×30 型钢龙骨、12.0mm 纸面石膏板、1.2mm 电解钢板、金属腻子、抗菌涂料； 诊室：1 200.0mm 木纹医疗抗菌板、腻子、液态陶瓷涂料； 茶水间、卫生间：300mm×600mm 瓷砖； 门诊大厅：2.5mm 厚氟碳喷涂铝板、25.0mm 厚花岗岩石材干挂； 公共走廊：1 200mm 高木纹医疗抗菌板、腻子、液态陶瓷涂料； 电梯厅：600mm×1 200mm 抛光砖、防霉腻子、涂料； 机房：CB50 轻钢龙骨、40.0mm 厚半硬质岩棉板、12.0mm 厚穿孔石膏板； 楼梯间：防霉腻子、涂料
11	天棚工程	办公室：U50 轻钢龙骨、1.0mm 厚 600mm×600mm 铝扣板； 产房区：U50 轻钢龙骨、600mm×600mmGFK 抗菌板； DR、CT、放射室、MRI 机房：CB50 轻钢龙骨、硅酸钙板、医用无缝防辐射铅板（防护当量≥3.0）； 手术室：2.0mm 厚 40×20 型钢龙骨、9.5mm 纸面石膏板、1.0mm 电解钢板、金属腻子、抗菌涂料； 诊室：U50 轻钢龙骨、600mm×600mmGFK 抗菌板、腻子、液态陶瓷涂料； 茶水间、卫生间：U50 轻钢龙骨、1.0mm 厚 600mm×600mm 铝扣板； 公共走廊：U50 轻钢龙骨、600mm×600mmGFK 抗菌板； 电梯厅：U50 轻钢龙骨、双层 9.5mm 厚石膏板、防霉腻子、涂料； 机房：CB50 轻钢龙骨、50.0mm 厚吸声玻璃棉毡、1.5mm 厚铝板网； 楼梯间：防霉腻子、涂料
12	其他装饰工程	楼梯：不锈钢栏杆（H=1 100mm）； 阳台:（8+1.14PVB+8）mm 夹胶钢化玻璃栏板（H=1 100mm）； 护窗：不锈钢栏杆（H=1 000mm）； 护士台：900mm×1 400mm（L=32.0m）； 药房台柜：600mm×1 000mm（L=22.0m）； 护士衣柜：600mm×2 400mm（L=24.0m）
13	其他特征	施工电梯 2 台
二、通用安装工程概况		
1	电气设备安装工程	动力系统：配电箱、热浸镀锌钢管、套接紧定式镀锌钢导管、热镀锌钢制槽式金属桥架、热镀锌防火钢制槽式金属桥架、矿物绝缘电力电缆 BTTZ 0.6/1kV、低烟无卤电力电缆 WDZA-YJY-1kV、低烟无卤电力电缆 WDZN-YJY-1kV、铜芯低烟无卤聚氯乙烯护套控制电缆 WDZN-KYJY-450/750、铜芯低烟无卤聚氯乙烯护套控制电缆 WDZ-KYJY-450/750； 照明系统：配电箱、套接紧定式镀锌钢导管、刚性阻燃电线管、节能灯、开关、插座、热浸镀锌槽式电缆桥架、低烟无卤电力电缆 WDZC-YJY-0.6/1kV、铜芯低烟无卤电线 WDZB-BYJ； 防雷接地系统：接闪带（避雷网）、引下线、接地跨接、接地母线

续表 4-1-101

2	建筑智能化工程	信息网络系统：AP 无线外网点、单模光纤； 综合布线系统：信息插座、单模光纤； 建筑能耗监测系统：M-bus 通信采集管理机（带通信屏）； 公共广播系统：壁挂式广播、铜芯低烟无卤聚氯乙烯护套屏蔽软线 WDZC-RVVP； 安全防范系统 - 出入口控制系统：出入门按钮、磁力锁、门禁读卡器、门禁控制器、铜芯聚氯乙烯绝缘护套软线 ZC-RVV； 安全防范系统 - 视频安防监控系统：彩色红外半球网络摄像机、彩色红外枪式网络摄像机、球形一体机、监控机柜、铜芯聚氯乙烯绝缘护套软线 ZC-RVV； 安全防范系统 - 电子巡查系统：巡更点； 信息引导及发布系统：43 英寸信息发布一体机、55 英寸信息发布一体机、LED P2 全彩显示屏； 智能一卡通管理系统：发卡器； 时钟系统：数字子钟； 排队叫号系统：自助签到机、诊室门口屏、吸顶广播、55 英寸液晶一体机、32 英寸液晶一体机； 病房探视系统：27 英寸监控显示屏、网络半球摄像机、48 口楼层交换机、42U 机柜、探视推车； 护理呼应信号系统：病房门口对讲机、7 英寸液晶触摸屏 400 套、走廊液晶显示屏、55 英寸液晶一体机、病区门禁分机； 热水管理系统：水表采集器； 综合管路系统：焊接钢管、套接紧定式镀锌钢导管、热浸镀锌槽式电缆桥架； 机房工程：42U 标准机柜、双工位操作台、PDU 插座、工业连接器、网格式桥架、UPS 主机 15kV·A、电池柜、12V100AH 密封式胶体免维护蓄电池、电源三级防雷器、考勤管理软件、探视管理主机、医护主机、排队叫号主控软件、控制中心电脑、24 口万兆 POE 交换机、8 口 1 000M 网络交换机（带 POE 模块）、24 口万兆交换机、万兆汇聚交换机、IP 网络话筒扩展单元、CD 播放器、前置放大器、话筒、IP 网络系统主机、智能控制主机、IP 音频采集器、网络遥控话筒、纯后级功放、视频综合管理平台、标准机架式服务器、门禁管理软件； 婴儿防盗系统：婴儿防盗系统出口监视器、电子腕带、婴儿标签、母亲标签
3	消防工程	水灭火系统 - 自动喷水灭火系统：热浸镀锌加厚钢管； 水灭火系统 - 消火栓系统：消火栓箱、灭火器箱、热浸镀锌加厚钢管； 水灭火系统 - 消防水泡系统：消防水炮； 火灾自动报警系统：感烟探测器、感温探测器、套接紧定式镀锌钢导管、铜芯低烟无卤聚氯乙烯护套屏蔽软线 WDZCN-RYS； 防火门监控系统：防火门监控模块、套接紧定式镀锌钢导管、铜芯低烟无卤聚氯乙烯护套屏蔽软线 WDZCN-RYJS、铜芯低烟无卤电线 WDZCN-BYJ； 应急照明及疏散指示系统：应急照明电源配电箱、应急吸顶灯、疏散标志灯、安全出口标志灯、套接紧定式镀锌钢导管、铜芯低烟无卤电线 WDZCN-BYJ
4	通风空调工程	空调风系统：空气处理机、风机盘管（高静压型）、抗菌双面彩钢板复合风管； 空调水系统：热浸镀锌钢管、热轧无缝钢管、橡塑保温；

续表 4-1-101

4	通风空调工程	通风系统：风机、镀锌薄钢板风管； 防排烟系统：风机、镀锌薄钢板风管
5	给排水工程	给水系统：薄壁不锈钢管、橡塑保温； 排水系统：螺旋消音排水管、硬聚氯乙烯塑料排水管（UPVC 管）、ABS 工程塑料管； 热水供应系统：薄壁不锈钢管、橡塑保温； 卫生器具安装：洗脸盆、蹲便器、坐便器、淋浴器
6	其他特征	抗震支架； 电梯：垂直电梯、自动扶梯

表 4-1-102　2# 住院楼地上建筑概况

综合概况	工程名称	某三甲综合医院 2# 住院楼				
	采集类别编码	FJ020901	建筑物层数	14	建筑面积 /m^2	43 187.16
	抗震设防类别	乙类	结构类型	框架—剪力墙结构	装配率 /%	60
	建筑高度 /m	64.87	标准层层高 /m	4.20	基本风压 /（kN/m^2）	0.45
	抗震等级	框架三级、剪力墙三级				
	其他特征	—				
一、建筑与装饰工程概况						
1	砌筑工程	蒸压砂加气混凝土砌块、蒸压加气混凝土砌块隔墙板（ALC）				
2	混凝土结构工程	结构形式：现浇钢筋混凝土结构、装配式构件； 混凝土含量 0.36m^3/m^2、钢筋含量 57.05kg/m^2、预制构件含量 0.007m^3/m^2； 模板及支撑架：复合模板、扣件式钢管支撑架				
3	门窗工程	门：钢质防火门、特级双轨双帘无机布制防火卷帘（耐火极限 3.00h）、断桥隔热铝合金门［（6Low-E+12A+6）mm 中空钢化玻璃］； 窗：断桥隔热铝合金窗［（6Low-E+12A+6）mm 中空钢化玻璃］				
4	屋面工程	刚性屋面：50.0mm 厚 C20 细石混凝土、10.0mm 厚低标号水泥砂浆、60.0mm 厚挤塑聚苯板、3.0mm 厚自粘型改性沥青防水卷材、2.0mm 厚喷涂速凝沥青防水涂料、20.0mm 厚 1∶3 水泥砂浆、LC5.0 轻质混凝土找坡； 瓦屋面：300mm×400mm 琉璃釉陶土瓦、40.0mm 厚 C20 细石混凝土、油毡、15.0mm 厚 1∶3 水泥砂浆； 型材屋面：2.5mm 厚 100mm×50mm 铝格栅； 雨篷：2.5mm 厚氟碳喷涂仿木纹铝板				
5	防水工程	楼地面（卫生间、手术室、茶水间）：1.5mm 厚聚氨酯防水涂料； 内墙面（卫生间、手术室、茶水间）：1.5mm 厚聚合物防水涂料； 天棚面（卫生间、手术室、茶水间）：1.0mm 厚水泥基渗透结晶型防水涂料				

续表 4-1-102

6	防腐、隔热、保温工程	外墙外保温：5.0mm 厚抗裂砂浆耐碱玻纤网格布、30.0mm 厚岩棉保温板
7	外墙装饰及幕墙工程	外墙装饰：涂料； 幕墙：30.0mm 厚荔枝面山东白麻花岗岩干挂、2.5mm 厚氟碳喷涂铝板干挂、(6Low-E+12A+6)mm 中空钢化玻璃、(6Low-E+1.14PVB+6+12A+10)mm 中空夹胶钢化玻璃、2.5mm × 100mm × 50mm 铝合金格栅
8	楼地面装饰工程	办公室：600mm × 600mm 地砖； 手术室：800mm × 800mm 地砖； 病房：2.0mm 厚塑胶地板、3.0mm 厚自流平环氧胶泥砂浆； 茶水间、卫生间：300mm × 300mm 地砖； 走廊：2.0mm 厚塑胶地板、3.0mm 厚自流平环氧胶泥砂浆； 电梯厅：25.0mm 厚白麻花岗岩； 机房：环氧树脂磨石、50.0mm 厚 C25 耐磨混凝土； 楼梯：耐磨漆
9	内墙及柱面装饰工程	办公室：腻子、涂料； 手术室：2.0mm 厚 50 × 30 型钢龙骨、12.0mm 纸面石膏板、1.2mm 电解钢板、金属腻子、抗菌涂料； 病房：1 200.0mm 木纹医疗抗菌板、腻子、液态陶瓷涂料； 茶水间、卫生间：300mm × 600mm 瓷砖； 走廊：1 200.0mm 高木纹医疗抗菌板、腻子、液态陶瓷涂料； 电梯厅：防霉腻子、涂料； 机房：CB50 轻钢龙骨、40.0mm 厚半硬质岩棉板、12.0mm 厚穿孔石膏板； 楼梯间：防霉腻子、涂料
10	天棚工程	办公室：U50 轻钢龙骨、双层 9.5mm 厚石膏板、腻子、涂料； 手术室：2.0mm 厚 40 × 20 型钢龙骨、9.5mm 纸面石膏板、1.0mm 电解钢板、金属腻子、抗菌涂料； 病房：U50 轻钢龙骨、600mm × 600mmGFK 抗菌板、腻子、液态陶瓷涂料； 茶水间、卫生间：U50 轻钢龙骨、600mm × 600mmGFK 抗菌板； 走廊：U50 轻钢龙骨、600mm × 600mmGFK 抗菌板； 电梯厅：U50 轻钢龙骨、双层 9.5mm 厚石膏板、防霉腻子、涂料； 机房：CB50 轻钢龙骨、50.0mm 厚吸声玻璃棉毡、1.5mm 厚铝板网； 楼梯间：防霉腻子、涂料
11	其他装饰工程	楼梯：不锈钢栏杆（H=1 100mm）； 护窗：不锈钢栏杆（H=1 000mm）； 护士台：900mm × 1 400mm（L=64.0mm）； 护士衣柜：600mm × 2 400mm（L=88.6mm）； 病房衣柜：600mm × 2 600mm（L=214.0mm）
12	其他特征	施工电梯 2 台

续表 4-1-102

二、通用安装工程概况		
1	电气设备安装工程	动力系统:配电箱、热浸镀锌钢管、套接紧定式镀锌钢导管、热浸镀锌槽式电缆桥架、热镀锌防火钢制槽式金属桥架、低压封闭式插接母线槽、矿物绝缘电力电缆 BTTZ 0.6/1kV、低烟无卤电力电缆 WDZA-YJY-0.6/1kV、铜芯电力电缆 WDZN-YJY-0.6/1kV、铜芯低烟无卤聚氯乙烯护套控制电缆 WDZN-KYJY-450/750; 照明系统:配电箱、套接紧定式镀锌钢导管、刚性阻燃电线管、节能灯、开关、插座、热浸镀锌槽式电缆桥架、低烟无卤电力电缆 WDZC-YJY-0.6/1kV、铜芯低烟无卤电线 WDZB-BYJ; 防雷接地系统:接闪带(避雷网)、引下线、均压环、接地跨接、接地母线
2	建筑智能化工程	信息网络系统:AP 无线外网点、单模光纤; 综合布线:信息插座、单模光纤; 公共广播系统:吸顶式广播、铜芯低烟无卤聚氯乙烯护套屏蔽软线 WDZC-RVVP; 安全防范系统 - 出入口控制系统:出入门按钮、磁力锁、门禁读卡器、门禁控制器、铜芯聚氯乙烯绝缘护套软线 ZA-RVV; 安全防范系统 - 视频安防监控系统:彩色红外半球网络摄像机、彩色红外枪式网络摄像机、球形一体机、监控机柜、铜芯聚氯乙烯绝缘护套软线 ZA-RVV; 安全防范系统 - 电子巡查系统:巡更点; 综合管路系统:焊接钢管、套接紧定式镀锌钢导管、热浸镀锌槽式电缆桥架
3	消防工程	水灭火系统 - 自动喷水灭火系统:热浸镀锌加厚钢管; 水灭火系统 - 消火栓系统:消火栓箱、灭火器箱套、内外热浸镀锌加厚钢管; 火灾自动报警系统:感烟探测器、感温探测器、套接紧定式镀锌钢导管、铜芯低烟无卤聚氯乙烯护套屏蔽软线 WDZCN-RYS; 防火门监控系统:防火门监控模块、套接紧定式镀锌钢导管、铜芯低烟无卤聚氯乙烯护套屏蔽软线 WDZCN-RYJS、铜芯低烟无卤电线 WDZCN-BYJ; 应急照明及疏散指示系统:应急照明电源配电箱、应急吸顶灯、疏散标志灯、安全出口标志灯、套接紧定式镀锌钢导管、铜芯低烟无卤电线 WDZCN-BYJ
4	通风空调工程	空调风系统:空气处理机、风机盘管(高静压型)、抗菌双面彩钢板复合风管; 空调水系统:冷却塔、热浸镀锌钢管、热轧无缝钢管、橡塑保温; 通风系统:风机、镀锌薄钢板风管; 防排烟系统:风机、镀锌薄钢板风管
5	给排水工程	给水系统:高区给水变频加压泵组、薄壁不锈钢管、橡塑保温; 排水系统:螺旋消音排水管、硬聚氯乙烯塑料排水管(UPVC 管)、ABS 工程塑料管; 热水供应系统:高区热水变频加压泵组、热水低区保温循环水泵、直热式空气源热泵、薄壁不锈钢管、橡塑保温; 卫生器具安装:洗脸盆、蹲便器、坐便器、淋浴器
6	其他特征	抗震支架; 电梯:垂直电梯

表 4-1-103　3# 办公用房地上建筑概况

<table>
<tr><td rowspan="6">综合概况</td><td>工程名称</td><td colspan="5">某三甲综合医院　3# 办公用房</td></tr>
<tr><td>采集类别编码</td><td>FJ020201</td><td>建筑物层数</td><td>4</td><td>建筑面积 /m²</td><td>10 799.24</td></tr>
<tr><td>抗震设防类别</td><td>乙类</td><td>结构类型</td><td>框架结构</td><td>装配率 /%</td><td>60</td></tr>
<tr><td>建筑高度 /m</td><td>23.10</td><td>标准层层高 /m</td><td>4.50</td><td>基本风压 /（kN/m²）</td><td>0.45</td></tr>
<tr><td>抗震等级</td><td colspan="5">框架三级</td></tr>
<tr><td>其他特征</td><td colspan="5">—</td></tr>
<tr><td colspan="7">一、建筑与装饰工程概况</td></tr>
<tr><td>1</td><td>砌筑工程</td><td colspan="5">蒸压砂加气混凝土砌块、蒸压加气混凝土砌块隔墙板（ALC）</td></tr>
<tr><td>2</td><td>混凝土结构工程</td><td colspan="5">结构形式：现浇钢筋混凝土结构、装配式构件；
混凝土含量 0.35m³/m²、钢筋含量 54.17kg/m²、预制构件含量 0.002m³/m²；
模板及支撑架：复合模板、扣件式钢管支撑架</td></tr>
<tr><td>3</td><td>金属结构工程</td><td colspan="5">材质：Q355B、型材含量 2.73kg/m²；
型钢柱 H600 × 350 × 25 × 30、型钢梁 H900 × 300 × 25 × 30</td></tr>
<tr><td>4</td><td>门窗工程</td><td colspan="5">门：钢质防火门、特级双轨双帘无机布制防火卷帘（耐火极限 3.00h）、断桥隔热铝合金门［（6Low-E+12A+6）mm 中空钢化玻璃］；
窗：断桥隔热铝合金窗［（6Low-E+12A+6）mm 中空钢化玻璃］</td></tr>
<tr><td>5</td><td>屋面工程</td><td colspan="5">刚性屋面：50.0mm 厚 C20 细石混凝土、10.0mm 厚低标号水泥砂浆、60.0mm 厚挤塑聚苯板、3.0mm 厚自粘型改性沥青防水卷材、2.0mm 厚喷涂速凝沥青防水涂料、20.0mm 厚 1∶3 水泥砂浆、LC5.0 轻质混凝土找坡；
瓦屋面：300mm × 400mm 琉璃釉陶土瓦、40.0mm 厚 C20 细石混凝土、油毡、15.0mm 厚 1∶3 水泥砂浆；
型材屋面：2.5mm 厚 100mm × 50mm 铝格栅；
雨篷：2.5mm 厚氟碳喷涂仿木纹铝板</td></tr>
<tr><td>6</td><td>防水工程</td><td colspan="5">楼地面（卫生间、茶水间）：1.5mm 厚聚氨酯防水涂料；
内墙面（卫生间、茶水间）：1.5mm 厚聚合物防水涂料</td></tr>
<tr><td>7</td><td>防腐、隔热、保温工程</td><td colspan="5">外墙外保温：无机轻集料保温砂浆；
天棚保温：岩棉保温板</td></tr>
<tr><td>8</td><td>外墙装饰及幕墙工程</td><td colspan="5">外墙装饰：涂料；
幕墙：30.0mm 厚白麻花岗岩干挂、2.5mm 厚氟碳喷涂铝板干挂、（6Low-E+12A+6）mm 中空钢化玻璃、（6Low-E+1.14PVB+6+12A+10）mm 中空夹胶钢化玻璃、2.5mm 厚 100mm × 50mm 铝合金格栅</td></tr>
<tr><td>9</td><td>楼地面装饰工程</td><td colspan="5">会议室：800mm × 800mm 抛光砖、12.0mm 厚实木复合地板；
办公室：800mm × 800mm 抛光砖；
卫生间：300mm × 300mm 地砖；
机房：环氧树脂磨石、50.0mm 厚 C25 细石混凝土；
楼梯：耐磨漆</td></tr>
</table>

续表 4-1-103

10	内墙及柱面装饰工程	会议室:15.0mm 厚穿孔吸音板、12.0mm 厚成品饰面板; 办公室:15.0mm 厚木纹防火板、耐水腻子、涂料; 卫生间:300mm×600mm 地砖; 机房:CB50 轻钢龙骨、40.0mm 厚半硬质岩棉板、12.0mm 厚穿孔石膏板; 楼梯间:防霉腻子、涂料
11	天棚工程	会议室:U50 轻钢龙骨、双层 9.5mm 厚石膏板、防潮腻子、涂料; 办公室:U38 轻钢龙骨、9.0mm 厚 600mm×600mm 穿孔铝板; 卫生间:U38 轻钢龙骨、0.6mm 厚 300mm×300mm 铝扣板; 机房:CB50 轻钢龙骨、50.0mm 厚吸声玻璃棉毡、1.5mm 厚铝板网; 楼梯间:防霉腻子、涂料
12	其他装饰工程	楼梯:不锈钢栏杆(H=1 100mm); 阳台:(8+1.14PVB+8)mm 钢化夹胶玻璃栏板(H=1 100mm); 护窗:不锈钢栏杆(H=1 000mm)
13	其他特征	施工电梯 2 台
二、通用安装工程概况		
1	电气设备安装工程	动力系统:配电箱、热浸镀锌钢管、套接紧定式镀锌钢导管、热浸镀锌槽式电缆桥架、热镀锌防火钢制槽式金属桥架、低压封闭式插接母线槽、矿物绝缘电力电缆 BTTZ 0.6/1kV、低烟无卤电力电缆 WDZA-YJY-0.6/1kV、铜芯电力电缆 WDZN-YJY-0.6/1kV、铜芯低烟无卤聚氯乙烯护套控制电缆 WDZN-KYJY-450/750; 照明系统:配电箱、套接紧定式镀锌钢导管、刚性阻燃电线管、节能灯、开关、插座、热浸镀锌槽式电缆桥架、低烟无卤电力电缆 WDZC-YJY-0.6/1kV、铜芯低烟无卤电线 WDZB-BYJ; 防雷接地系统:接闪带(避雷网)、引下线、接地跨接、接地母线
2	建筑智能化工程	信息网络系统:AP 无线外网点、单模光纤; 综合布线:信息插座、单模光纤; 安全防范系统-视频安防监控系统:彩色红外半球网络摄像机、彩色红外枪式网络摄像机、监控机柜、铜芯聚氯乙烯绝缘护套软线 ZA-RVV; 安全防范系统-电子巡查系统:巡更点; 公共广播系统:壁挂式广播、铜芯低烟无卤聚氯乙烯护套屏蔽软线 WDZB-RVVP; 综合管路系统:焊接钢管、套接紧定式镀锌钢导管、热浸镀锌槽式电缆桥架
3	消防工程	灭火系统-自动喷水灭火系统:热浸镀锌加厚钢管; 水灭火系统-消火栓系统:消火栓箱、灭火器箱、热浸镀锌加厚钢管; 火灾自动报警系统:感烟探测器、感温探测器、热浸镀锌防火塑粉槽式电缆桥架、套接紧定式镀锌钢导管、铜芯低烟无卤聚氯乙烯护套控制电缆 WDZCN-KYJY、铜芯低烟无卤聚氯乙烯护套屏蔽软线 WDZCN-RYS; 防火门监控系统:防火门监控模块、套接紧定式镀锌钢导管、铜芯低烟无卤聚氯乙烯护套屏蔽软线 WDZCN-RYJS、铜芯低烟无卤电线 WDZCN-BYJ;

续表 4-1-103

3	消防工程	应急照明及疏散指示系统：应急照明电源配电箱、应急吸顶灯、疏散标志灯、安全出口标志灯、套接紧定式镀锌钢导管、铜芯低烟无卤电线 WDZCN-BYJ
4	通风空调工程	空调风系统：空气处理机、风机盘管（高静压型）、抗菌双面彩钢板复合风管； 空调水系统：热浸镀锌钢管、热轧无缝钢管、橡塑保温； 通风系统：风机、镀锌薄钢板风管； 防排烟系统：风机、镀锌薄钢板风管
5	给排水工程	给水系统：薄壁不锈钢管、水表； 排水系统：螺旋消音排水管、硬聚氯乙烯塑料排水管（UPVC 管）； 热水供应系统：薄壁不锈钢管、橡塑保温； 卫生器具安装：洗脸盆、蹲便器、坐便器、淋浴器
6	其他特征	抗震支架； 电梯：垂直电梯 5 部

表 4-1-104　4# 治未病培训楼地上建筑概况

综合概况	工程名称	某三甲综合医院　4# 治未病培训楼				
	采集类别编码	FJ020999	建筑物层数	4	建筑面积 /m^2	9 216.38
	抗震设防类别	乙类	结构类型	框架结构	装配率 /%	60
	建筑高度 /m	23.10	标准层层高 /m	4.50	基本风压 /（kN/m^2）	0.45
	抗震等级	框架三级				
	其他特征	—				
一、建筑与装饰工程概况						
1	砌筑工程	蒸压砂加气混凝土砌块、蒸压加气混凝土砌块隔墙板（ALC）				
2	混凝土结构工程	结构形式：现浇钢筋混凝土结构、装配式构件； 混凝土含量 0.39m^3/m^2、钢筋含量 57.18kg/m^2、预制构件含量 0.002m^3/m^2； 模板及支撑架：复合模板、扣件式钢管支撑架				
3	金属结构工程	材质：Q355B、型材含量 3.58kg/m^2； 型钢柱 H600 × 350 × 25 × 30、型钢梁 H900 × 300 × 25 × 30				
4	门窗工程	门：钢质防火门、特级双轨双帘无机布制防火卷帘（耐火极限 3.00h）、断桥隔热铝合金门［（6Low-E+12A+6）mm 中空钢化玻璃］； 窗：断桥隔热铝合金窗［（6Low-E+12A+6）mm 中空钢化玻璃］				
5	屋面工程	刚性屋面：50.0mm 厚 C20 细石混凝土、10.0mm 厚低标号水泥砂浆、60.0mm 厚挤塑聚苯板、3.0mm 厚自粘型改性沥青防水卷材、2.0mm 厚喷涂速凝沥青防水涂料、20.0mm 厚 1∶3 水泥砂浆、CL5.0 轻质混凝土找坡；				

续表 4-1-104

5	屋面工程	瓦屋面：300mm×400mm 琉璃釉陶土瓦、40.0mm 厚 C20 细石混凝土、油毡、15.0mm 厚 1∶3 水泥砂浆； 雨篷：2.5mm 厚氟碳喷涂仿木纹铝板
6	防水工程	楼地面(卫生间、茶水间)：1.5mm 厚聚氨酯防水涂料； 内墙面(卫生间、茶水间)：1.5mm 厚聚合物防水涂料
7	防腐、隔热、保温工程	外墙外保温：无机轻集料保温砂浆； 天棚保温：岩棉保温板
8	外墙装饰及幕墙工程	外墙装饰：涂料； 幕墙(干挂)：30.0mm 厚荔枝面山东白麻花岗岩、2.5mm 厚氟碳喷涂铝板、(6Low-E+12A+6)mm 中空钢化玻璃、(6Low-E+1.14PVB+6+12A+10)mm 中空钢化夹胶玻璃、2.5mm 厚 100mm×50mm 铝合金格栅
9	楼地面装饰工程	会议室：800mm×800mm 抛光砖、12.0mm 厚实木复合地板； 办公室：800mm×800mm 抛光砖； 卫生间：300mm×300mm 地砖； 机房：环氧树脂磨石、50.0mm 厚 C25 细石混凝土； 楼梯：耐磨漆
10	内墙及柱面装饰工程	会议室：15.0mm 厚穿孔吸音板、12.0mm 厚成品饰面板； 办公室：15.0mm 厚木纹防火板、耐水腻子、涂料； 卫生间：300mm×600mm 地砖； 机房：CB50 轻钢龙骨、40.0mm 厚半硬质岩棉板、12.0mm 厚穿孔石膏板； 楼梯间：防霉腻子、涂料
11	天棚工程	会议室：U50 轻钢龙骨、双层 9.5mm 厚石膏板、防潮腻子、涂料； 办公室：U38 轻钢龙骨、9.0mm 厚 600mm×600mm 穿孔铝板； 卫生间：U38 轻钢龙骨、0.6mm 厚 300mm×300mm 铝扣板； 机房：CB50 轻钢龙骨、50.0mm 厚吸声玻璃棉毡、1.5mm 厚铝板网； 楼梯间：防霉腻子、涂料
12	其他装饰工程	楼梯：不锈钢栏杆(H=1 100mm)； 阳台：(8+1.14PVB+8)mm 夹胶钢化玻璃栏板(H=1 100mm)； 护窗：不锈钢栏杆(H=1 000mm)
13	其他特征	施工电梯 1 台
二、通用安装工程概况		
1	电气设备安装工程	动力系统：配电箱、热浸镀锌钢管、热镀锌钢制槽式金属桥架、热镀锌防火钢制槽式金属桥架、矿物绝缘电力电缆 BTTZ 0.6/1kV、铜芯电力电缆 WDZA-YJY-1kV、低烟无卤电力电缆 WDZN-YJY-1kV； 照明系统：配电箱、套接紧定式镀锌钢导管、刚性阻燃电线管、荧光灯、开关、插座、热浸镀锌槽式电缆桥架、低烟无卤电力电缆 WDZB-YJY-0.6/1kV、铜芯低烟无卤电线 WDZA-BYJ、

续表 4-1-104

1	电气设备安装工程	铜芯低烟无卤电线 WDZN-BYJ； 防雷接地系统：接闪带（避雷网）、引下线、接地跨接、接地母线
2	建筑智能化工程	信息网络系统：AP 无线外网点、单模光纤； 综合布线系统：信息插座、单模光纤； 公共广播系统：壁挂式广播、IP 壁挂音箱（功率 10W）、铜芯低烟无卤聚氯乙烯护套屏蔽软线 WDZB-RVVP； 安全防范系统 - 视频安防监控系统：彩色红外半球网络摄像机、彩色红外枪式网络摄像机、监控机柜、铜芯聚氯乙烯绝缘护套软线 ZR-RVV； 安全防范系统 - 电子巡查系统：巡更点； 会议系统：高品质鹅颈会议话筒、4 路话筒管理器、左右声道全频线阵扬声器、台唇音箱、有源监听音箱、流动返听扬声器、二通道数字功率放大器、32 路调音台、16×16 数字音频处理器、U 段双领夹无线系统、U 段双手持无线系统、无线话筒天线、DVD 机、八路时序电源器、室内全彩 LED 屏、控制电脑、视频拼接器、8 路按键型混插高清混合矩阵； 多媒体教学系统：全频壁挂扬声器、高清录播一体机、4K 高清摄像机、拾音器、嵌入式云录播软件、二通道数字功率放大器、10 路调音台、U 段双领夹无线系统、八路时序电源器、86 英寸液晶触摸一体机、65 英寸液晶电视机； 综合管路系统：焊接钢管、套接紧定式镀锌钢导管、热浸镀锌槽式电缆桥架
3	消防工程	水灭火系统 - 自动喷水灭火系统：热浸镀锌加厚钢管； 水灭火系统 - 消火栓系统：消火栓箱、灭火器箱、热浸镀锌加厚钢管； 火灾自动报警系统：感烟探测器、感温探测器、热浸镀锌防火塑粉槽式电缆桥架、套接紧定式镀锌钢导管、铜芯低烟无卤聚氯乙烯护套控制电缆 WDZCN-KYJY、铜芯低烟无卤聚氯乙烯护套屏蔽软线 WDZCN-RYS； 防火门监控系统：防火门监控模块、套接紧定式镀锌钢导管、铜芯低烟无卤聚氯乙烯护套屏蔽软线 WDZCN-RYJS、铜芯低烟无卤电线 WDZCN-BYJ； 应急照明及疏散指示系统：应急照明电源配电箱、应急吸顶灯、疏散标志灯、安全出口标志灯、套接紧定式镀锌钢导管、铜芯低烟无卤电线 WDZCN-BYJ
4	通风空调工程	空调风系统：空气处理机、风机盘管（高静压型）、抗菌双面彩钢板复合风管； 空调水系统：热浸镀锌钢管、热轧无缝钢管、橡塑保温； 通风系统：风机、镀锌薄钢板风管； 防排烟系统：风机、镀锌薄钢板风管
5	给排水工程	给水系统：薄壁不锈钢管； 排水系统：螺旋消音排水管、硬聚氯乙烯塑料排水管（UPVC 管）； 卫生器具安装：洗脸盆、蹲便器、坐便器、淋浴器
6	其他特征	抗震支架； 电梯：垂直电梯

表 4-1-105　室外附属工程概况

综合概况	工程名称	某三甲综合医院　室外附属工程		
	采集类别编码	FJ021601	室外总面积 /m^2	70 005.25
	道路面积 /m^2	17 501.31	绿化面积 /m^2	21 001.58
	围墙长度 /m	914.00		
	其他特征	—		
室外附属工程概况				
1	道路	人行道：30.0mm 厚芝麻灰花岗岩； 车行道：30.0mm 厚中粒式沥青混凝土（AC13）、70.0mm 厚粗粒式沥青混凝土（AC25）		
2	景观	园路：30.0mm 厚芝麻灰花岗岩； 木平台：120mm × 50mm 厚印尼菠萝格防腐木板； 水景：20.0mm 厚芝麻黑花岗岩、ϕ（50~60）卵石； 活动场地：8.0mm 厚环保型塑胶、5.0mm 厚彩色 EPDM 塑胶颗粒面层； 景观亭：200mm × 200mm × 6mm 镀锌方钢柱、200mm × 150mm × 4mm 镀锌钢主梁、60mm × 120mm × 4mm 镀锌钢次梁、（8+1.52PVB+8）mm 夹胶钢化玻璃		
3	绿化	乔木 1 244 株、灌木 990 株、草坪 8 432m^2、色带 8 500m^2、花卉 3 876m^2		
4	围墙	围墙高度：2.4m； 围墙形式：氟碳漆方钢管金属栏杆（H=1 850mm）； 围墙饰面：涂料		
5	通用安装工程	照明系统：配电箱、庭院路灯（立杆高 4.5m）、草坪灯、焊接钢管、聚乙烯 PE 电缆电线保护管、低烟无卤电力电缆 WDZB-YJY-0.6/1kV； 给水系统：球墨铸铁管、钢塑复合管、阀门井； 排水系统：高密度聚乙烯 HDPE 双壁波纹管、硬聚氯乙烯塑料排水管（UPVC 管）、雨水 PP 模块收集系统、砌筑井； 安全防范系统 – 入侵报警系统：电子围栏； 安全防范系统 – 出入口控制系统：人行门禁、铜芯聚氯乙烯绝缘护套软线 ZR-RVV； 安全防范系统 – 视频安防监控系统：安防箱、工业交换机、网络彩色固定枪机、人脸识别摄像机、PTZ 球机、铜芯聚氯乙烯绝缘护套软线 ZR-RVV； 安全防范系统 – 停车场管理系统：液压一体升降柱、高速升降柱控制盒、自动挡车器、车检器、出入口补光抓拍一体机、出入口 LED 显示屏、软硬件一体化平台软件、铜芯聚氯乙烯绝缘护套软线 ZR-RVV； 公共广播系统：室外草坪喇叭、铜芯低烟无卤聚氯乙烯护套屏蔽软线 WDZ-RVVP； 综合管路系统：镀锌钢管、手孔井； 水灭火系统 – 消火栓系统：球墨铸铁管、室外消火栓		
6	其他	化粪池：6 座		

表 4-1-106　整体项目造价指标表

项目类型	功能规模	指标内容				
综合医院项目	800 床位	1. 整体项目造价指标分为地上建筑、地下建筑、室外附属工程。不包括医疗专项费用、医疗设施设备、办公家具、厨具设备、机械式停车库等； 2. 地上建筑包括门急诊楼、住院楼、办公用房、治未病培训楼及附属用房				
序号	整体项目造价指标 /（元 /m²）	单项工程造价指标 /（元 /m²）				备注
		指标组成	基期指标			
			合计	建筑与装饰	通用安装	
1	5 577.35	地下建筑	6 264.99	5 133.85	1 131.14	
2		地上建筑	4 843.40	3 377.83	1 465.57	
3		室外附属工程	631.51			

表 4-1-107　单项工程造价指标表

项目类型	指标内容				
综合医院项目	1. 建筑与装饰工程包括土石方工程，基坑围护工程，桩基工程，砌筑工程，混凝土结构工程，金属结构工程，屋面工程，防水工程，防腐、隔热、保温工程，外墙装饰及幕墙工程，楼地面装饰工程，内墙及柱面工程，天棚工程，其他装饰工程，附属工程，施工技术措施等； 2. 通用安装工程包括电气设备安装工程、建筑智能化工程、消防工程、通风空调工程、给排水工程、电梯、充电桩、施工技术措施等； 3. 室外附属工程主要包括道路、景观、绿化、围墙、电气设备安装、建筑智能化、消防、给排水等				
序号	单项名称	造价指标 /（元 /m²）			备注
		建筑与装饰	通用安装	合计	
一、地下建筑					
1	地下室	5 133.85	1 131.14	6 264.99	
二、地上建筑					
1	1# 楼（门急楼）	3 458.15	1 542.00	5 000.15	
2	2# 楼（住院楼）	3 478.10	1 602.71	5 080.81	
3	3# 楼（办公用房）	2 981.65	964.49	3 946.14	
4	4# 楼（治未病培训楼）	3 057.00	1 110.11	4 167.11	
三、室外附属工程					
1	道路	160.50			
2	景观	119.97			
3	绿化	94.89			
4	围墙	26.00			
5	通用安装工程	222.27			
6	其他	7.88			

表 4–1–108 地下室、1# 门急诊楼、2# 住院楼造价指标单元分析表

序号	一级造价指标单元	造价指标 /（元 /m^2）			备注
		地下室	1# 门急诊楼	2# 住院楼	
一	建筑与装饰工程	5 133.85	3 458.15	3 478.11	
1	土石方工程	360.00	—	—	
2	基坑围护工程	853.54	—	—	
3	桩基工程	1 122.47	—	—	
4	砌筑工程	40.42	109.04	117.31	
5	混凝土结构工程	1 876.91	731.89	737.18	
6	金属结构工程	2.53	47.92	—	
7	门窗工程	103.70	246.18	221.82	
8	屋面工程	—	127.50	70.95	
9	防水工程	211.21	70.05	42.47	
10	防腐、隔热、保温工程	—	14.47	19.44	
11	外墙装饰及幕墙工程	—	719.66	755.01	
12	楼地面装饰工程	166.80	339.57	328.38	
13	内墙及柱面装饰工程	106.71	382.28	293.19	
14	天棚工程	77.73	299.67	284.19	
15	其他装饰工程	22.28	92.13	186.11	
16	附属工程	3.84	30.89	36.02	
17	施工技术措施	185.71	246.90	386.04	
二	通用安装工程	1 131.14	1 542.01	1 602.72	
1	电气设备安装工程	321.82	241.30	289.76	
2	建筑智能化工程	98.68	477.86	303.03	
3	消防工程	238.09	117.95	133.49	
4	通风空调工程	308.25	369.67	422.77	
5	给排水工程	132.72	148.59	250.23	
6	电梯	—	154.83	175.98	
7	充电桩	6.99	—	—	
8	施工技术措施	24.59	31.81	27.46	

表 4-1-109 3# 办公用房、4# 治未病培训楼造价指标单元分析表

序号	一级造价指标单元	造价指标/(元/m^2)		备注
		3# 办公用房	4# 治未病培训楼	
一	建筑与装饰工程	2 981.64	3 056.97	
1	砌筑工程	128.78	139.05	
2	混凝土结构工程	754.07	767.94	
3	金属结构工程	37.16	46.58	
4	门窗工程	152.29	150.72	
5	屋面工程	108.51	136.36	
6	防水工程	38.12	25.14	
7	防腐、隔热、保温工程	26.44	38.07	
8	外墙装饰及幕墙工程	751.71	741.14	
9	楼地面装饰工程	261.61	288.60	
10	内墙及柱面装饰工程	196.97	180.82	
11	天棚工程	227.00	221.89	
12	其他装饰工程	75.25	87.60	
13	附属工程	10.33	14.03	
14	施工技术措施	213.40	219.03	
二	通用安装工程	964.49	1 110.11	
1	电气设备安装工程	187.29	184.85	
2	建筑智能化工程	168.12	158.12	
3	消防工程	66.52	74.40	
4	通风空调工程	375.40	413.21	
5	给排水工程	36.24	119.24	
6	电梯	115.75	135.63	
7	施工技术措施	15.17	24.66	

第二节　市政工程造价指标

一、道路工程

（一）某快速路工程项目（一）造价指标

某快速路工程项目（一）概况和造价指标见表 4–2–1~ 表 4–2–22。

表 4–2–1　项目概况

项目名称	某智慧快速路工程项目（一）		
建设地点	某市某区		
资金来源	国有资金投资	承发包模式	施工总承包
项目性质	新建项目	质量要求	合格
计价方式	国标清单计价	造价类别	招标控制价
计价依据	2018 版计价依据	编制基期	2022 年 7 月
工程造价 / 万元	134 214.105 7	造价指标 /（元 /m^2）	4 165.88
其他说明	桥梁为改建工程，排水工程中直径大于 600mm 管道长度工程量比例为 10%~50%		

表 4–2–2　整体项目造价指标表

项目类型	长度 / km	总面积 /m^2	指标内容
快速路	3.619	322 175.00	项目建设内容主要包括主线高架桥与地面道路，地面道路包含道路、绿化、路灯、交通管理及附属设施、智能交通等专业，含与道路同步建设的排水管道、桥梁工程及箱涵工程，不包括给水管道、燃气管道、通信管道、电力管道、交通导改、绿化迁移、管线迁移等

序号	地区	整体项目造价指标		道路工程面积占比 / %	项目造价指标分析		备注
		万元 /km	元 /m^2		指标组成	造价指标 /（元 /m^2）	
1	某市某区	37 085.96	4 165.88	48.07	道路工程	1 438.43	道路工程面积占比指道路工程面积（含机非分隔带、中央分隔带、人行道面积）与项目总面积（道路工程与桥涵工程面积之和）的比例
					桥涵工程（高架桥）	8 000.43	
					桥涵工程（原跨河桥涵改造）	908.33	
					管网工程（排水）	164.11	
					市政临时工程	162.00	

表 4–2–3 道路工程概况

综合概况	工程名称		地面道路
	采集类别编码		SZ010101
	车道数		6
	设计道路长度 /m		3 619.00
	道路面积 /m^2		154 870.50
	其中	机动车道面层面积 /m^2	88 704.00
		非机动车道面层面积 /m^2	16 637.50
		人行道面层面积 /m^2	8 890.00
		绿化带面积 /m^2	36 730.48
道路概况	道路标准横断面宽度 /m		49.50/51.50
	其中	机动车道宽度 /m	18.50/21.50
		非机动车道宽度 /m	6.00
		人行道宽度 /m	2.00/2.50
		中央分隔带宽度 /m	8.00
		机非分隔带宽度 /m	3.50/4.00
路灯概况	路灯规格及数量		11m 路灯 169 盏，12.5m 路灯 26 盏
	箱式变电站		有
交通管理及附属设施概况	公交车站数量 / 座		6
智能交通概况	智能交通特征说明		含交通信号控制系统、交通监视系统、电子警察系统、其他（地面微波雷达检测系统、交通信息发布系统）
附属绿化概况	附属绿化特征说明		行道树：1 080 株，绿化分隔带采用灌木（金边黄杨、春鹃、红叶石楠等）+ 色带 + 草坪

注：本指标中道路面积为道路红线面积，后均同。

表 4–2–4 道路工程造价指标单元分析表

序号	一级造价指标单元	指标特征描述	造价指标 /（元 /m^2）
1	土石方	类别：一 ~ 四类土，淤泥，含渣土消纳处置费用，填方段采用素土，泡沫混凝土回填	238.04
2	道路	机动车道：沥青玛瑞脂碎石混合料（SMA）改性沥青混凝土路面 +4.5% 水泥稳定碎石基层 +3.5% 水泥稳定碎石基层 +15cm 级配碎石（底基层）； 非机动车道：普通沥青混凝土路面 +4.5% 水泥稳定碎石基层 +15cm 级配碎石（底基层）；	800.69

续表 4-2-4

序号	一级造价指标单元	指标特征描述	造价指标/(元/m²)
2	道路	人行道:透水砖人行道板+透水混凝土基层+混凝土基层; 侧平石:花岗岩侧平石; 路基处理:干作业成孔灌注桩	800.69
3	路灯	智慧路灯,铁质灯杆	166.19
4	交通管理及附属设施	标志标牌、标线、隔离墩、防撞桶、警示柱、波形护栏、机非分隔护栏、人行护栏	41.95
5	智能交通	交通信号控制系统、交通监视系统、电子警察系统、其他(地面微波雷达检测系统、交通信息发布系统)	134.34
6	景观绿化	少果悬铃木、桂花、金边黄杨球、春鹃、时花等	57.85
7	拆除	原道路、路灯、交通管理及附属设施、智能交通拆除残值回收费用	-11.15
8	道路工程施工技术措施	包含围堰、脚手架、大型机械进出场及安拆、湿土排水、抽水、草绳绕树干、树木支撑架等	10.52
小计			1 438.43

表 4-2-5 桥涵工程(高架桥)概况

综合概况	工程名称	高架桥
	采集类别编码	SZ020401
桥梁概况	桥梁长度/m	3 619.00(主线)+1 329.00(匝道)
	桥梁总面积/m²	125 462.78
	梁式桥上部构造形式	预应力混凝土小箱梁/钢箱梁/钢混叠合梁
	桩基类型	泥浆护壁成孔灌注桩

表 4-2-6 桥涵工程(高架桥)造价指标单元分析表

序号	一级造价指标单元	指标特征描述	造价指标/(元/m²)
1	土石方	类别:一~四类土,淤泥,含渣土消纳处置费用	35.85
2	地基处理	地基处理:干作业成孔灌注桩+桩帽+碎石+土工格栅+泡沫混凝土	176.78
3	桩基	泥浆护壁成孔灌注桩	1 084.83
4	桥梁结构	混凝土下部结构/预制装配式钢筋混凝土立柱/预制装配式钢筋混凝土盖梁+预应力混凝土小箱梁/钢箱梁/钢混叠合梁+混凝土防撞护栏	5 939.11

续表 4-2-6

序号	一级造价指标单元	指标特征描述	造价指标/（元/m²）
5	机电安装	智慧路灯，铁质路灯杆	239.39
6	交通管理及附属设施	标志标牌、标线、防撞筒（墩）、防眩板、防抛网、铝合金中央分隔带活动护栏、直立式声屏障	120.04
7	智能交通	含交通信号控制系统、交通监视系统、电子警察系统、其他（高架主线车道控制系统、高架出口匝道控制系统、高架视频车辆检测系统、高架微波雷达检测系统、桥梁监控系统）	109.07
8	景观绿化	高架花箱、成品尼龙网、小桃红月季	14.67
9	桥涵工程施工技术措施	包含支架，打桩平台，箱梁预制场地，装配式构件吊装场地硬化，大型机械进出场及安拆，排水，降水，检测费、评估费与通行管理及道路管养费（二类费）等	280.70
小计			8 000.44

表 4-2-7　桥涵工程（1 号桥）概况

综合概况	工程名称	1 号桥
	采集类别编码	SZ020101
桥梁概况	桥梁长度 /m	6 × 30.00
	桥梁总面积 /m²	9 270.00
	梁式桥上部构造形式	老桥改造，上部结构不变
	桩基类型	老桥改造，桩基不变

表 4-2-8　桥涵工程（1 号桥）造价指标单元分析表

序号	一级造价指标单元	指标特征描述	造价指标/（元/m²）
1	桥梁结构	桥墩保护 + 桥面铺装 + 伸缩缝 + 混凝土防撞护栏 + 护栏 + 支座更换	440.88
2	拆除	原桥面系拆除 + 老桥顶升	35.19
3	桥涵工程施工技术措施	桥涵支架	20.26
小计			496.33

表 4-2-9 桥涵工程(2 号桥)概况

综合概况	工程名称	2 号桥
	采集类别编码	SZ020101
桥梁概况	桥梁长度 /m	5 × 20.00
	桥梁总面积 /m^2	5 150.00
	梁式桥上部构造形式	老桥改造,上部结构不变
	桩基类型	老桥改造,桩基不变

表 4-2-10 桥涵工程(2 号桥)造价指标单元分析表

序号	一级造价指标单元	指标特征描述	造价指标 /(元 /m^2)
1	桥梁结构	桥墩保护 + 桥面铺装 + 伸缩缝 + 混凝土防撞护栏 + 护栏 + 支座更换	499.77
2	拆除	原桥面系拆除 + 老桥顶升	50.39
3	桥涵工程施工技术措施	桥涵支架	15.72
小计			565.87

表 4-2-11 桥涵工程(3 号桥)概况

综合概况	工程名称	3 号桥
	采集类别编码	SZ020101
桥梁概况	桥梁长度 /m	8 × 25.00
	桥梁总面积 /m^2	10 300.00
	梁式桥上部构造形式	老桥改造,上部结构不变
	桩基类型	老桥改造,桩基不变

表 4-2-12 桥涵工程(3 号桥)造价指标单元分析表

序号	一级造价指标单元	指标特征描述	造价指标 /(元 /m^2)
1	桥梁结构	桥墩保护 + 桥面铺装 + 伸缩缝 + 混凝土防撞护栏 + 护栏 + 支座更换	451.42
2	拆除	原桥面系拆除 + 老桥顶升	44.39
3	桥涵工程施工技术措施	桥涵支架	20.40
小计			516.21

表 4–2–13 桥涵工程（4 号桥）概况

综合概况	工程名称	4 号桥
	采集类别编码	SZ020101
桥梁概况	桥梁长度 /m	6 × 20.00
	桥梁总面积 /m²	6 180.00
	梁式桥上部构造形式	老桥改造，上部结构不变
	桩基类型	老桥改造，桩基不变

表 4–2–14 桥涵工程（4 号桥）造价指标单元分析表

序号	一级造价指标单元	指标特征描述	造价指标 /（元 /m²）
1	桥梁结构	桥墩保护 + 桥面铺装 + 伸缩缝 + 混凝土防撞护栏 + 护栏 + 支座更换	409.88
2	拆除	原桥面系拆除 + 老桥顶升	55.47
3	桥涵工程施工技术措施	桥涵支架	20.37
小计			485.72

表 4–2–15 桥涵工程（5 号桥）概况

综合概况	工程名称	5 号桥（拼宽桥梁）
	采集类别编码	SZ020101
桥梁概况	桥梁长度 /m	3 × 20.00
	桥梁总面积 /m²	3 420.00
	梁式桥上部构造形式	预应力混凝土小箱梁
	桩基类型	泥浆护壁成孔灌注桩

表 4–2–16 桥涵工程（5 号桥）造价指标单元分析表

序号	一级造价指标单元	指标特征描述	造价指标 /（元 /m²）
1	土石方	类别：一、二类土，含渣土消纳处置费用	1.55
2	桩基	泥浆护壁成孔灌注桩	314.55
3	桥梁结构	混凝土下部结构 + 预应力混凝土小箱梁 + 混凝土防撞护栏	645.95
4	拆除	原桥面系拆除 + 原梁板拆除	31.64
5	桥涵工程施工技术措施	桥涵支架	14.77
小计			1 008.46

表 4–2–17　桥涵工程(6 号桥)概况

综合概况	工程名称	6 号桥(拼宽桥梁)
	采集类别编码	SZ020101
桥梁概况	桥梁长度 /m	7 × 30.00
	桥梁总面积 /m^2	7 465.00
	梁式桥上部构造形式	预应力混凝土小箱梁
	桩基类型	泥浆护壁成孔灌注桩

表 4–2–18　桥涵工程(6 号桥)造价指标单元分析表

序号	一级造价指标单元	指标特征描述	造价指标 /(元 /m^2)
1	土石方	类别:一、二类土,含渣土消纳处置费用	1.99
2	桩基	泥浆护壁成孔灌注桩	496.50
3	桥梁结构	混凝土下部结构 + 预应力混凝土小箱梁 + 混凝土防撞护栏	1 680.92
4	拆除	原桥面系拆除 + 原梁板拆除	14.03
5	桥涵工程施工技术措施	桥涵支架	29.61
小计			2 223.05

表 4–2–19　桥涵工程(1 号箱涵)概况

综合概况	工程名称	1 号箱涵
	工程采集类别编码	SZ020603
涵洞概况	涵洞长度 /m	14.00
	圆形涵洞横截面尺寸 /m	—
	矩形涵洞横截面尺寸 /m	4.00 × 3.00
	洞口形式	八字式

表 4–2–20　桥涵工程(1 号箱涵)造价指标单元分析表

序号	一级造价指标单元	指标特征描述	造价指标 /(元 /m^2)
1	土石方	类别:一、二类土,含渣土消纳处置费用	2 561.70
2	桩基	泥浆护壁成孔灌注桩	24 591.32
3	涵洞结构	钢筋混凝土结构	10 393.16
4	桥涵工程施工技术措施	包含脚手架、排水、降水	449.19
小计			37 995.37

表 4-2-21 管网工程(排水)概况

综合概况	工程名称	道路排水管网
	采集类别编码	SZ050201
排水概况	管道材质	开槽施工用钢筋混凝土管、高密度聚乙烯(HDPE)缠绕结构壁管(B 型)
	最大管径 /mm	*D*1500

表 4-2-22 管网工程(排水)造价指标单元分析表

序号	一级造价指标单元	指标特征描述	造价指标 /(元 /m^2)
1	土石方	类别:一、二类土,含渣土消纳处置费用	29.25
2	基坑围护	拉森钢板桩围护	10.76
3	管道	开槽施工用钢筋混凝土管、高密度聚乙烯(HDPE)缠绕结构壁管(B 型)	100.25
4	附属构筑物	混凝土检查井、砖砌检查井、砖砌雨水口、石砌出水口	21.77
5	管网工程施工技术措施	井字架、排水、降水	2.07
小计			164.10

(二)某快速路工程项目(二)造价指标

某快速路工程项目(二)概况和造价指标见表 4-2-23~ 表 4-2-32。

表 4-2-23 项目概况

项目名称	某智慧快速路工程项目(二)		
建设地点	某市某区		
资金来源	国有资金投资	承发包模式	工程总承包
项目性质	改建项目	质量要求	合格
计价方式	国标清单计价	造价类别	招标控制价
计价依据	2018 版计价依据	编制基期	2022 年 7 月
工程造价 / 万元	68 185.659 4	造价指标 /(元 /m^2)	5 285.38
其他说明	桥梁为改建工程,排水工程中直径大于 600mm 管道长度工程量比例为 10%~50%		

表 4-2-24 整体项目造价指标表

项目类型	长度 /km	总面积 /m^2	指标内容
快速路	2.987	129 008.07	项目建设内容主要包括主线高架桥与地面道路,地面道路包含道路、绿化、路灯、交通管理及附属设施、智能交通等专业,含与道路同步建设的排水管道及桥梁工程,不包括给水管道、燃气管道、通信管道、电力管道、交通导改、绿化迁移、管线迁移等

续表 4-2-24

序号	地区	整体项目造价指标		道路工程面积占比 /%	项目造价指标分析		备注
		万元 /km	元 /m²		指标组成	基期指标 /（元 /m²）	
1	某市某区	22 827.53	5 285.38	46.91	道路工程	1 131.71	道路工程面积占比指道路工程面积（含机非分隔带、中央分隔带、人行道面积）与项目总面积（道路工程与桥涵工程面积之和）的比例
					桥涵工程（高架桥）	8 664.73	
					桥涵工程（原跨河桥涵改造）	4 890.96	
					管网工程（排水）	187.67	
					市政临时工程	96.33	

表 4-2-25　道路工程概况

综合概况		工程名称	地面道路
		采集类别编码	SZ010101
		车道数	6
		设计道路长度 /m	1 002.00
		道路面积 /m²	60 519.60
	其中	机动车道面层面积 /m²	37 000.00
		非机动车道面层面积 /m²	1 161.50
		人行道面层面积 /m²	6 950.30
		绿化带面积 /m²	13 632.35
道路概况		道路标准横断面宽度 /m	48.50/55.50/67.50
	其中	机动车道宽 /m	24.50/22.50/28.50
		非机动车道宽 /m	7.00
		人行道宽 /m	6.00
		中央分隔带宽 /m	22.00
		机非分隔带宽 /m	4.00
路灯概况		路灯规格及数量	智慧综合杆件灯 67 套
		箱式变电站	有
智能交通概况		智能交通特征说明	含交通信号控制系统、交通监视系统、电子警察系统、其他（地面微波雷达检测系统、交通信息发布系统）
附属绿化概况		附属绿化特征说明	行道树：2 600 株，绿化分隔带采用金森女贞球、杜鹃、美人茶、金丝桃、红叶石楠、兰花三七、细叶麦冬、常春藤、点风景石等

表 4-2-26　道路工程造价指标单元分析表

序号	一级造价指标单元	指标特征描述	造价指标 /（元 /m²）
1	土石方	类别：一～四类土，淤泥，含渣土消纳处置费用，填方段采用素土回填	97.51
2	道路	机动车道：SBS 改性沥青混凝土路面 +4.5% 水泥稳定碎石基层 +3.5% 水泥稳定碎石基层 +15cm 级配碎石（底基层）； 非机动车道：普通沥青混凝土路面 +3.5% 水泥稳定碎石基层 +15cm 级配碎石（底基层）； 人行道：花岗岩人行道板 + 混凝土基层 + 碎石基层； 侧平石：花岗岩侧平石；	675.90
3	路灯	智慧路灯，铁质路灯杆； 景观照明灯具：草坪灯、投光灯、腰鼓灯、点光源； 箱式变电站：200kV·A、315kV·A 各 1 座	116.64
4	交通管理及附属设施	标志标牌、标线、防撞桶、波形护栏、机非分隔护栏	30.39
5	智能交通	交通信号控制系统、交通监视系统、电子警察系统、地面微波雷达检测系统、交通信息发布系统	72.01
6	景观绿化	榉树、丹桂、红叶石楠、细叶麦冬、矮麦冬等，点风景石、千层石	137.93
7	道路工程施工技术措施	包含草绳绕树干、树木支撑架等	1.32
小计			1 131.70

表 4-2-27　桥涵工程（高架桥）概况

综合概况	工程名称	高架桥
	采集类别编码	SZ020401
桥梁概况	桥梁长度 /m	1 985.00
	桥梁总面积 /m²	67 560.86
	梁式桥上部构造形式	预应力混凝土小箱梁 / 钢箱梁 / 钢混叠合梁
	桩基类型	泥浆护壁成孔灌注桩

表 4-2-28　桥涵工程(高架桥)造价指标单元分析表

序号	一级造价指标单元	指标特征描述	造价指标/(元/m²)
1	土石方	类别:一~四类土,淤泥,含渣土消纳处置费用,填方段采用碎石回填	102.49
2	基坑围护	拉森钢板桩围护	118.05
3	桩基	泥浆护壁成孔灌注桩	1 381.46
4	桥梁结构	混凝土下部结构/预制装配式钢筋混凝土立柱/预制装配式钢筋混凝土盖梁+预应力混凝土小箱梁/钢箱梁/钢混叠合梁+混凝土防撞护栏	6 548.44
5	机电安装	智慧路灯,铁质路灯杆	99.76
6	交通管理及附属设施	标志标牌、标线、防撞筒(墩)、防抛网、直立式声屏障	48.60
7	智能交通	含交通信号控制系统、交通监视系统、电子警察系统、其他(高架主线车道控制系统、高架出口匝道控制系统、交通信息发布系统、高架信息发布系统)	102.18
8	拆除	老桥拆除	82.65
9	桥涵工程施工技术措施	包含支架、打桩平台、预制盖梁安装操作平台、吊装方案、大型机械进出场及安装拆除等	181.10
小计			8 664.73

表 4-2-29　桥涵工程(1 号桥)概况

综合概况	工程名称	1 号桥(拼宽桥梁)
	采集类别编码	SZ020101
桥梁概况	桥梁长度/m	50.00
	桥梁总面积/m²	927.61
	梁式桥上部构造形式	预应力混凝土空心板梁/钢混叠合梁,老桥拓宽改造
	桩基类型	泥浆护壁成孔灌注桩,老桥拓宽改造

表 4-2-30　桥涵工程(1 号桥)造价指标单元分析表

序号	一级造价指标单元	指标特征描述	造价指标/(元/m²)
1	土石方	类别:二类土,含渣土消纳处置费用,填方段采用素土回填	17.08
2	桩基	泥浆护壁成孔灌注桩	1 179.47
3	桥梁结构	混凝土下部结构+后张法预应力混凝土空心板梁/钢混叠合梁+隔离护栏/混凝土防撞护栏	3 335.52

续表 4-2-30

序号	一级造价指标单元	指标特征描述	造价指标/（元/m²）
4	拆除	原桥面系拆除	38.67
5	桥涵工程施工技术措施	包含水上桩基础支架、平台等	320.22
小计			4 890.96

表 4-2-31 管网工程（排水）概况

综合概况	工程名称	道路排水管网
	采集类别编码	SZ050201
排水概况	管道材质	开槽施工用钢筋混凝土管、高密度聚乙烯（HDPE）缠绕结构壁管（B 型）
	最大管径 /mm	*D*1 200

表 4-2-32 管网工程（排水）造价指标单元分析表

序号	一级造价指标单元	指标特征描述	造价指标/（元/m²）
1	土石方	类别：二类土，含渣土消纳处置费用，填方段采用素土回填	41.78
2	基坑围护	槽形钢板桩围护	29.97
3	管道	开槽施工用钢筋混凝土管、高密度聚乙烯（HDPE）缠绕结构壁管（B 型）	96.38
4	附属构筑物	砖砌检查井、砖砌雨水口、石砌出水口	10.61
5	管网工程施工技术措施	包含围堰、管道交叉处理费用、井字架、自流深井降水	8.93
小计			187.67

（三）某主干路工程项目（一）造价指标

某主干路工程项目（一）概况和造价指标见表 4-2-33~ 表 4-2-52。

表 4-2-33 项目概况

项目名称	某主干路工程项目（一）		
建设地点	某市某区		
资金来源	国有资金投资	承发包模式	施工总承包
项目性质	新建项目	质量要求	合格
计价方式	国标清单计价	造价类别	招标控制价
计价依据	2018 版计价依据	编制基期	2022 年 7 月
工程造价 / 万元	33 157.903 5	造价指标 /（元 /m²）	1 768.08
其他说明	排水工程中直径大于 600mm 管道长度工程量比例为 50%~90%		

表 4-2-34　整体项目造价指标表

<table>
<tr><td>项目类型</td><td>长度/km</td><td>总面积/m²</td><td colspan="6">指标内容</td></tr>
<tr><td>主干路</td><td>3.493</td><td>187 536.20</td><td colspan="6">项目建设内容主要包括道路、绿化、路灯、交通管理及附属设施、智能交通等专业，含随道路同步建设的给水管道、排水管道、电力管道、桥梁工程及箱涵工程，不包括燃气管道、通信管道、交通导改、绿化迁移、管线迁移等</td></tr>
<tr><th rowspan="2">序号</th><th rowspan="2">地区</th><th colspan="2">整体项目造价指标</th><th rowspan="2">道路工程面积占比/%</th><th colspan="2">项目造价指标分析</th><th rowspan="2" colspan="2">备注</th></tr>
<tr><th>万元/km</th><th>元/m²</th><th>指标组成</th><th>基期指标/(元/m²)</th></tr>
<tr><td rowspan="4">1</td><td rowspan="4">某市某区</td><td rowspan="4">9 492.672 1</td><td rowspan="4">1 768.08</td><td rowspan="4">97.55</td><td>道路工程</td><td>1 099.80</td><td rowspan="4" colspan="2">道路工程面积占比指道路工程面积(含机非分隔带、中央分隔带、人行道面积)与项目总面积(道路工程与桥涵工程面积之和)的比例</td></tr>
<tr><td>桥涵工程</td><td>7 326.63</td></tr>
<tr><td>管网工程</td><td>498.60</td></tr>
<tr><td>市政临时工程</td><td>17.14</td></tr>
</table>

表 4-2-35　道路工程概况

<table>
<tr><td rowspan="10">综合概况</td><td colspan="2">工程名称</td><td>某主干路工程(一)</td></tr>
<tr><td colspan="2">采集类别编码</td><td>SZ010102</td></tr>
<tr><td colspan="2">车道数</td><td>6</td></tr>
<tr><td colspan="2">设计道路长度/m</td><td>3 493.00</td></tr>
<tr><td colspan="2">道路面积/m²</td><td>182 942.20</td></tr>
<tr><td rowspan="4">其中</td><td>机动车道面层面积/m²</td><td>95 951.83</td></tr>
<tr><td>非机动车道面层面积/m²</td><td>21 460.49</td></tr>
<tr><td>人行道面层面积/m²</td><td>17 533.70</td></tr>
<tr><td>绿化带面积/m²</td><td>37 734.00</td></tr>
<tr><td rowspan="6">道路概况</td><td colspan="2">道路标准横断面宽度/m</td><td>50.00</td></tr>
<tr><td rowspan="5">其中</td><td>机动车道宽/m</td><td>22.00</td></tr>
<tr><td>非机动车道宽/m</td><td>7.00</td></tr>
<tr><td>人行道宽/m</td><td>6.00</td></tr>
<tr><td>中央分隔带宽/m</td><td>3.00</td></tr>
<tr><td>机非分隔带宽/m</td><td>12.00</td></tr>
</table>

续表 4-2-35

路灯概况	路灯规格及数量	12m 高 210 套，15m 高 18 套
	箱式变电站	有
智能交通概况	智能交通特征说明	含交通信号控制系统、交通监视系统、电子警察系统
附属绿化概况	附属绿化特征说明	行道树：香樟、榉树 705 株，绿化分隔带采用杜英、香樟、乐昌含笑、黄山栾树 + 色带红花继木、苏铁、红叶石楠球 + 百慕大混播黑麦草

表 4-2-36 道路工程指标单元分析表

序号	一级造价指标单元	指标特征描述	造价指标 /（元 /m²）
1	土石方	类别：一 ~ 三类土，淤泥，运距：10km，含渣土消纳处置费用，填方段采用素土回填	77.62
2	道路	非机动 / 机动车道：普通沥青混凝土路面 +6% 水泥稳定碎石基层 +15cm 级配碎石（底基层）； 人行道：透水砖人行道板 + 透水混凝土基层 +20cm 级配碎石； 侧平石：花岗岩侧平石； 路基处理：塘渣堆载预压 +40cm 砂褥垫层	909.81
3	路灯	铁质路灯杆； 箱式变电站 80kV · A1 台、箱式变电站 100kV · A1 台；箱式变电站 125kV · A1 台	26.73
4	交通管理及附属设施	标志标牌、标线	5.34
5	智能交通	交通信号控制系统、交通违法监测系统、交通监视系统	23.96
6	景观绿化	杜英、香樟、红花继木球、草皮等	45.42
7	道路工程施工技术措施	包含施工时周边建（构）筑物保护费、施工排水、草绳绕树干、树木支撑架、其他技术措施费等	10.91
小计			1 099.79

表 4-2-37 桥涵工程（1 号桥）概况

综合概况	工程名称	1 号桥
	采集类别编码	SZ020101
桥梁概况	桥梁长度 /m	3 × 20.00
	桥梁总面积 /m²	3 000.00
	梁式桥上部构造形式	预应力混凝土空心板梁
	桩基类型	泥浆护壁成孔灌注桩

表 4-2-38 桥涵工程(1号桥)造价指标单元分析表

序号	一级造价指标单元	指标特征描述	造价指标 /（元 /m²）
1	土石方	类别：三类土，淤泥，运距：10km，含渣土消纳处置费用	63.14
2	桩基	泥浆护壁成孔灌注桩	3 206.30
3	桥梁结构	混凝土下部结构 + 后张法预应力混凝土空心板梁 + 金属栏杆	4 893.03
4	桥涵工程施工技术措施	包含大型机械设备进出场及安拆、围堰、施工排水、其他技术措施费	83.32
小计			8 245.79

表 4-2-39 桥涵工程(1号箱涵)概况

综合概况	工程名称	1号箱涵
	采集类别编码	SZ020603
涵洞概况	涵洞长度 /m	51.00
	圆形涵洞横截面尺寸 /m	—
	矩形涵洞横截面尺寸 /m	三孔，单孔尺寸 4.00 × 3.50
	洞口形式	八字式

表 4-2-40 桥涵工程(1号箱涵)造价指标单元分析表

序号	一级造价指标单元	指标特征描述	造价指标 /（元 /m²）
1	土石方	类别：三类土，淤泥，运距：10km，含渣土消纳处置费用	384.57
2	基坑围护	槽型钢板桩	94.83
3	涵洞结构	钢筋混凝土结构 + 金属栏杆	3 924.56
4	桥涵工程施工技术措施	包含大型机械设备进出场及安拆、围堰、施工排水、其他技术措施费	299.28
小计			4 703.24

表 4-2-41 桥涵工程(2号箱涵)概况

综合概况	工程名称	2号箱涵
	采集类别编码	SZ020603
涵洞概况	涵洞长度 /m	52.00
	圆形涵洞横截面尺寸 /m	—
	矩形涵洞横截面尺寸 /m	双孔，单孔尺寸 4.00 × 3.50
	洞口形式	八字式

表 4-2-42　桥涵工程（2 号箱涵）造价指标单元分析表

序号	一级造价指标单元	指标特征描述	造价指标 /（元 /m²）
1	土石方	类别：三类土，淤泥，运距：10km，含渣土消纳处置费用	621.31
2	基坑围护	槽型钢板桩	127.44
3	涵洞结构	钢筋混凝土结构 + 金属栏杆	4 470.17
4	桥涵工程施工技术措施	包含大型机械设备进出场及安拆、围堰、施工排水、其他技术措施费	338.75
小计			5 557.67

表 4-2-43　桥涵工程（3 号箱涵）概况

综合概况	工程名称	3 号箱涵
	采集类别编码	SZ020603
涵洞概况	涵洞长度 /m	32.50
	圆形涵洞横截面尺寸 /m	—
	矩形涵洞横截面尺寸 /m	单孔尺寸 4.00 × 3.50
	洞口形式	八字式

表 4-2-44　桥涵工程（3 号箱涵）造价指标单元分析表

序号	一级造价指标单元	指标特征描述	造价指标 /（元 /m²）
1	土石方	类别：三类土，淤泥，运距：10km，含渣土消纳处置费用	363.92
2	涵洞结构	钢筋混凝土结构 + 金属栏杆	6 810.00
3	拆除	凿除原箱涵沿河道方向 0.5m	9.01
4	桥涵工程施工技术措施	包含大型机械设备进出场及安拆、围堰、施工排水、其他技术措施费	372.62
小计			7 555.55

表 4-2-45　桥涵工程（4 号箱涵）概况

综合概况	工程名称	4 号箱涵
	采集类别编码	SZ020603
涵洞概况	涵洞长度 /m	50.00
	圆形涵洞横截面尺寸 /m	—
	矩形涵洞横截面尺寸 /m	单孔 4.00 × 3.50
	洞口形式	八字式

表 4-2-46 桥涵工程(4 号箱涵)造价指标单元分析表

序号	一级造价指标单元	指标特征描述	造价指标 /(元 /m²)
1	土石方	类别:三类土,淤泥,运距:10km,含渣土消纳处置费用	363.35
2	涵洞结构	钢筋混凝土结构 + 金属栏杆	6 261.32
3	桥涵工程施工技术措施	包含大型机械设备进出场及安拆、围堰、施工排水、其他技术措施费	335.14
小计			6 959.81

表 4-2-47 管网工程(供水)概况

综合概况	工程名称	道路给水管网
	采集类别编码	SZ050101
供水概况	最大管径 /mm	*D*400

表 4-2-48 管网工程(供水)造价指标单元分析表

序号	一级造价指标单元	指标特征描述	造价指标 /(元 /m²)
1	土石方	类别:三类土,运距:10km,含渣土消纳处置费用	4.48
2	基坑围护	拉森钢板桩	4.65
3	管道	离心球墨铸铁上水管、钢丝网骨架塑料复合管、钢管	57.70
4	附属构筑物	混凝土阀门井、砖砌阀门井	5.32
5	管网工程施工技术措施	井字架、排水、大型机械设备进出场及安拆、其他技术措施费	0.41
小计			72.56

表 4-2-49 管网工程(排水)概况

综合概况	工程名称	道路排水管网
	采集类别编码	SZ050201
排水概况	管道材质	开槽施工用钢筋混凝土管
	最大管径 /mm	*D*2 200

表 4-2-50 管网工程(排水)造价指标单元分析表

序号	一级造价指标单元	指标特征描述	造价指标 /(元 /m²)
1	土石方	类别:四类土,运距:10km,含渣土消纳处置费用	39.06
2	基坑围护	拉森钢板桩	75.39

续表 4-2-50

序号	一级造价指标单元	指标特征描述	造价指标 /（元 /m^2）
3	管道	开槽施工用钢筋混凝土管、顶进施工用钢筋混凝土管	181.93
4	附属构筑物	混凝土检查井、砖砌雨水口、石砌出水口、混凝土沉井	43.40
5	管网工程施工技术措施	沉井脚手架、井字架、排水、大型机械设备进出场及安拆、其他技术措施费	5.22
小计			345.00

表 4-2-51 管网工程（电力）概况

综合概况	工程名称	道路电力管网
	采集类别编码	SZ050301
电力概况	管道材质	玻璃纤维增强塑料电缆导管（无碱）、镀锌钢管、改性聚丙烯（MPP）电力顶管
	排管孔数 / 孔	10 孔 /14 孔 /18 孔
	管径 /mm	*D*175

表 4-2-52 管网工程（电力）造价指标单元分析表

序号	一级造价指标单元	指标特征描述	造价指标 /（元 /m^2）
1	土石方	类别：四类土，运距：10km，含渣土消纳处置费用	4.53
2	基坑围护	钢制挡土板	0.07
3	管道	玻璃纤维增强塑料电缆导管（无碱）、镀锌钢管、改性聚丙烯（MPP）电力顶管	67.67
4	附属构筑物	混凝土检查井、砖砌检查井	8.70
5	管网工程施工技术措施	井字架、大型机械设备进出场及安拆、其他技术措施费	0.05
小计			81.02

（四）某主干路工程项目（二）造价指标

某主干路工程项目（二）概况和造价指标见表 4-2-53~ 表 4-2-60。

表 4-2-53 项目概况

项目名称	某主干路工程项目（二）		
建设地点	某市某区		
资金来源	国有资金投资	承发包模式	施工总承包
项目性质	新建项目	质量要求	合格

续表 4-2-53

计价方式	国标清单计价	造价类别	招标控制价
计价依据	2018 版计价依据	编制基期	2022 年 7 月
工程造价 / 万元	11 851.673 6	造价指标 /（元 /m^2）	1 887.16
其他说明	顶管长度为道路里程的 50.63%		

表 4-2-54 整体项目造价指标表

项目类型	长度 / km	总面积 /m^2	指标内容
主干路	1.382	62 801.60	项目建设内容主要包括道路、绿化、路灯、交通管理及附属设施、智能交通等专业，含随道路同步建设的排水管道及桥梁工程，不包括给水管道、燃气管道、通信管道、电力管道、交通导改、绿化迁移、管线迁移等

序号	地区	整体项目造价指标		道路工程面积占比 /%	项目造价指标分析		备注
		万元 /km	元 /m^2		指标组成	基期指标 /（元 /m^2）	
1	某市某区	8 578.03	1 887.16	96.25	道路工程	1 231.98	道路工程面积占比指道路工程面积（含机非分隔带、中央分隔带、人行道面积）与项目总面积（道路工程与桥涵工程面积之和）的比例
					桥涵工程（跨河桥涵）	7 138.07	
					管网工程（顶管长度为道路里程的 50.63%）	426.16	
					市政临时工程	7.76	

表 4-2-55 道路工程概况

综合概况			
综合概况	工程名称		某主干路工程（二）
	采集类别编码		SZ010102
	车道数		6
	设计道路长度 /m		1 381.63
	道路面积 /m^2		60 448.81
	其中	机动车道面层面积 /m^2	36 764.46
		非机动车道面层面积 /m^2	7 299.00
		人行道面层面积 /m^2	7 956.94
		绿化带面积 /m^2	7 388.00

续表 4–2–55

道路概况	道路标准横断面宽度 /m		40.00
	其中	机动车道宽 /m	22.00
		非机动车道宽 /m	6.00
		人行道宽 /m	6.00
		中央分隔带宽 /m	3.00
		机非分隔带宽 /m	3.00
路灯概况	路灯规格及数量		仅配管、设备基础、手孔井
智能交通概况	智能交通特征说明		包含交通信号控制系统、交通监视系统、电子警察系统、不按规定让行抓拍系统、微波雷达车辆检测系统、物联网感知系统等
附属绿化概况	附属绿化特征说明		行道树：478 株，绿化分隔带采用菊花桃 / 紫薇 + 球类 + 色带 + 时花等

表 4–2–56 道路工程造价指标单元分析表

序号	一级造价指标单元	指标特征描述	造价指标 /（元 /m^2）
1	土石方	类别：一～三类土，淤泥，运距：35km，含渣土消纳处置费用，填方段采用素土回填	384.36
2	道路	机动车道：沥青玛瑞脂碎石混合料（SMA）改性沥青混凝土路面 +5% 水泥稳定碎石基层 +20cm 级配碎石（底基层）； 非机动车道：SBS 改性沥青混凝土路面 +5% 水泥稳定碎石基层 +15cm 级配碎石（底基层）； 人行道：透水砖人行道板 + 透水混凝土基层 +15cm 级配碎石； 侧平石：花岗岩侧平石	707.02
3	路灯	配管、设备基础、手孔井	9.53
4	交通管理及附属设施	标志标牌、标线、隔离护栏、墙式护栏、警示柱	21.28
5	智能交通	交通信号控制系统、交通监视系统、电子警察系统、不按规定让行抓拍系统、微波雷达车辆检测系统、物联网感知系统	47.86
6	景观绿化	枫香、香樟、春鹃、红叶石楠、时花等	42.41
7	拆除	现状道路、现状围墙等拆除	16.61
8	道路工程施工技术措施	包含大型机械设备进出场及安拆、施工排水、草绳绕树干、树木支撑架、其他技术措施费等	2.91
小计			1 231.98

表 4-2-57　桥涵工程(1号桥)概况

综合概况	工程名称	1号桥
	采集类别编码	SZ020101
桥梁概况	桥梁长度 /m	56.29
	桥梁总面积 /m^2	2 352.80
	梁式桥上部构造形式	预应力混凝土空心板梁
	桩基类型	泥浆护壁成孔灌注桩

表 4-2-58　桥涵工程(1号桥)造价指标单元分析表

序号	一级造价指标单元	指标特征描述	造价指标 /(元 /m^2)
1	土石方	类别:三类土,淤泥,运距:35km,含渣土消纳处置费用,填方段采用级配砂砾回填	1 372.43
2	桩基	泥浆护壁成孔灌注桩	1 833.47
3	桥梁结构	混凝土下部结构 + 后张法预应力混凝土空心板梁 + 花岗岩栏杆	3 800.50
4	桥涵工程施工技术措施	包含大型机械设备进出场及安拆、围堰、施工排水、梁板预制场地、桥涵支架、其他技术措施费	131.68
小计			7 138.08

表 4-2-59　管网工程(排水)概况

综合概况	工程名称	道路排水管网
	采集类别编码	SZ050201
排水概况	管道材质	开槽施工用钢筋混凝土管、离心浇铸玻璃纤维增强塑料夹砂管、离心浇铸玻璃纤维增强塑料顶管
	最大管径 /mm	*D*1 200

表 4-2-60　管网工程(排水)造价指标单元分析表

序号	一级造价指标单元	指标特征描述	造价指标 /(元 /m^2)
1	土石方	类别:三类土,淤泥,运距:35km,含渣土消纳处置费用	35.15
2	管道	开槽施工用钢筋混凝土管、离心浇铸玻璃纤维增强塑料夹砂管、离心浇铸玻璃纤维增强塑料顶管	253.51
3	附属构筑物	混凝土检查井、砖砌检查井、砖砌雨水口、石砌出水口、混凝土沉井	128.69
4	拆除	管道接顺原有道路拆除及恢复	4.59
5	管网工程施工技术措施	包含井字架、排水、降水、现状管道保护等	4.22
小计			426.16

(五)某次干路工程项目(一)造价指标

某次干路工程项目(一)概况和造价指标见表 4-2-61~ 表 4-2-72。

表 4-2-61　项目概况

项目名称	某次干路工程项目(一)		
建设地点	某市某区		
资金来源	国有资金投资	承发包模式	施工总承包
项目性质	新建项目	质量要求	合格
计价方式	国标清单计价	造价类别	招标控制价
计价依据	2018 版计价依据	编制基期	2022 年 7 月
工程造价 / 万元	3 685.605 3	造价指标 /(元 /m^2)	1 420.45
其他说明	排水工程中直径大于 600mm 管道长度工程量比例为 10%~50%		

表 4-2-62　整体项目造价指标表

<table>
<tr><td>项目类型</td><td>长度 / km</td><td>总面积 /m²</td><td colspan="5">指标内容</td></tr>
<tr><td>次干路</td><td>1.248</td><td>25 946.80</td><td colspan="5">项目建设内容主要包括道路、绿化、路灯、交通管理及附属设施、智能交通等专业,含随道路同步建设的排水管道、电力管道及桥梁工程,不包括给水管道、燃气管道、通信管道、交通导改、绿化迁移、管线迁移等</td></tr>
<tr><td rowspan="2">序号</td><td rowspan="2">地区</td><td colspan="2">整体项目造价指标</td><td rowspan="2">道路工程面积占比 / %</td><td colspan="2">项目造价指标分析</td><td rowspan="2">备注</td></tr>
<tr><td>万元 /km</td><td>元 /m²</td><td>指标组成</td><td>基期指标 / (元 /m²)</td></tr>
<tr><td rowspan="4">1</td><td rowspan="4">某市某区</td><td rowspan="4">2 953.21</td><td rowspan="4">1 420.45</td><td rowspan="4">96.53</td><td>道路工程</td><td>828.17</td><td rowspan="4">道路工程面积占比指道路工程面积(含机非分隔带、中央分隔带、人行道面积)与项目总面积(道路工程与桥涵工程面积之和)的比例</td></tr>
<tr><td>桥涵工程(跨河桥涵)</td><td>8 089.67</td></tr>
<tr><td>管网工程</td><td>335.39</td></tr>
<tr><td>市政临时工程</td><td>5.01</td></tr>
</table>

表 4-2-63　道路工程概况

综合概况	工程名称	某次干路工程(一)
	采集类别编码	SZ010103
	车道数	2
	设计道路长度 /m	1 248.00
	道路面积 /m^2	25 046.80

续表 4–2–63

综合概况	其中	机动车道面层面积 /m²	9 318.17
		非机动车道面层面积 /m²	6 655.83
		人行道面层面积 /m²	6 839.07
		绿化带面积 /m²	0.00
道路概况	道路标准横断面宽度 /m		18.00
	其中	机动车道宽 /m	7.00
		非机动车道宽 /m	5.00
		人行道宽 /m	6.00
		中央分隔带宽 /m	0.00
		机非分隔带宽 /m	0.00
路灯概况	路灯规格及数量		10m 路灯 68 套，12m 路灯 4 套
智能交通概况	智能交通特征说明		含交通信号控制系统、交通监视系统、电子警察系统
附属绿化概况	附属绿化特征说明		行道树：258 株

表 4–2–64 道路工程造价指标单元分析表

序号	一级造价指标单元	指标特征描述	造价指标 /（元 /m²）
1	土石方	类别：一、二类土、淤泥，运距：3km，填方段采用塘渣回填	151.14
2	道路	非机动 / 机动车道：SBS 改性沥青混凝土路面 +5% 水泥稳定碎石基层 +15cm 3.5% 水泥稳定碎石（底基层）； 人行道：荷兰砖人行道板 + 混凝土基层 +10cm 级配碎石； 侧平石：花岗岩侧平石	580.15
3	路灯	铁质路灯杆（Q235）、节能发光二极管（Light Emitting Diode）灯	32.02
4	交通管理及附属设施	铁质路灯杆	7.98
5	智能交通	交通信号控制系统、交通违法监测系统、交通监视系统	43.80
6	景观绿化	梧桐	9.76
7	道路工程施工技术措施	包含大型机械进出场及安拆、树木支撑架、草绳绕树干等	3.33
小计			828.18

表 4-2-65　桥涵工程（1 号桥）概况

综合概况	工程名称	1 号桥
	采集类别编码	SZ020101
桥梁概况	桥梁长度 /m	3 × 10.00
	桥梁总面积 /m^2	540.00
	梁式桥上部构造形式	预应力混凝土空心板梁
	桩基类型	泥浆护壁成孔灌注桩

表 4-2-66　桥涵工程（1 号桥）造价指标单元分析表

序号	一级造价指标单元	指标特征描述	造价指标 /（元 /m^2）
1	土石方	类别：一、二类土、淤泥，运距：3km，填方段采用塘渣回填	1 851.85
2	基坑围护	拉森钢板桩围护	925.93
3	桩基	泥浆护壁成孔灌注桩	1 728.76
4	桥梁结构	混凝土下部结构 + 后张法预应力混凝土空心板梁 + 铸造石栏杆	3 554.01
5	桥涵工程施工技术措施	包含大型机械进出场及安拆、围堰等	79.21
小计			8 139.76

表 4-2-67　桥涵工程（2 号桥）概况

综合概况	工程名称	2 号桥
	采集类别编码	SZ020101
桥梁概况	桥梁长度 /m	2 × 10.00
	桥梁总面积 /m^2	360.00
	梁式桥上部构造形式	预应力混凝土空心板梁
	桩基类型	泥浆护壁成孔灌注桩

表 4-2-68　桥涵工程（2 号桥）造价指标单元分析表

序号	一级造价指标单元	指标特征描述	造价指标 /（元 /m^2）
1	土石方	类别：一、二类土、淤泥，运距：3km，填方段采用塘渣回填	1 666.67
2	基坑围护	拉森钢板桩围护	833.33
3	桩基	泥浆护壁成孔灌注桩	1 447.23
4	桥梁结构	混凝土下部结构 + 后张法预应力混凝土空心板梁 + 铸造石栏杆	4 006.12
5	桥涵工程施工技术措施	包含大型机械进出场及安拆、围堰等	61.19
小计			8 014.54

表 4–2–69　管网工程(排水)概况

综合概况	工程名称	道路排水管网
	采集类别编码	SZ050201
排水概况	管道材质	开槽施工用钢筋混凝土管、聚乙烯(PE)实壁管
	最大管径 /mm	*D*1 600

表 4–2–70　管网工程(排水)造价指标单元分析表

序号	一级造价指标单元	指标特征描述	造价指标 /(元 /m²)
1	土石方	类别:一、二类土,淤泥,运距:3km,填方段采用塘渣回填	12.43
2	管道	开槽施工用钢筋混凝土管、聚乙烯(PE)实壁管	188.04
3	附属构筑物	混凝土检查井、砖砌检查井、砖砌雨水口	41.51
4	管网工程施工技术措施	大型机械设备进出场及安拆、井字架、排水	3.53
小计			245.51

表 4–2–71　管网工程(电力)概况

综合概况	工程名称	道路电力管网
	采集类别编码	SZ050301
电力特征	管道材质	氯化聚氯乙烯(PVC–C)电力专用高强度管、镀锌钢管
	排管孔数 / 孔	4 /6
	管径 /mm	*D*200

表 4–2–72　管网工程(电力)造价指标单元分析表

序号	一级造价指标单元	指标特征描述	造价指标 /(元 /m²)
1	土石方	类别:三类土	0.30
2	管道	氯化聚氯乙烯(PVC–C)电力专用高强度管、镀锌钢管	73.77
3	附属构筑物	砖砌检查井	27.65
4	管网工程施工技术措施	大型机械设备进出场及安拆、井支架	0.22
小计			101.94

（六）某次干路工程项目（二）造价指标

某次干路工程项目（二）概况和造价指标见表 4–2–73~ 表 4–2–80。

表 4–2–73　市政工程项目概况

<table>
<tr><td>项目名称</td><td colspan="3">某次干路工程项目（二）</td></tr>
<tr><td>建设地点</td><td colspan="3">某市某区</td></tr>
<tr><td>资金来源</td><td>国有资金投资</td><td>承发包模式</td><td>施工总承包</td></tr>
<tr><td>项目性质</td><td>新建项目</td><td>质量要求</td><td>合格</td></tr>
<tr><td>计价方式</td><td>国标清单计价</td><td>造价类别</td><td>招标控制价</td></tr>
<tr><td>计价依据</td><td>2018 版计价依据</td><td>编制基期</td><td>2022 年 7 月</td></tr>
<tr><td>工程造价 / 万元</td><td>3 690.069 5</td><td>造价指标 /（元 /m²）</td><td>1 770.57</td></tr>
<tr><td>其他说明</td><td colspan="3">排水工程中直径大于 600mm 管道长度工程量比例为 10%~50%</td></tr>
</table>

表 4–2–74　市政工程造价综合指标表

<table>
<tr><td>项目类型</td><td>长度 / km</td><td>总面积 /m²</td><td colspan="6">指标内容</td></tr>
<tr><td>次干路</td><td>0.590</td><td>20 841.18</td><td colspan="6">项目建设内容主要包括道路、绿化、路灯、交通管理及附属设施、智能交通等专业，含随道路同步建设的排水管道及桥梁工程，不包括给水管道、燃气管道、通信管道、电力管道、交通导改、绿化迁移、管线迁移等</td></tr>
<tr><td rowspan="2">序号</td><td rowspan="2">地区</td><td colspan="2">整体项目造价指标</td><td rowspan="2">道路工程面积占比 / %</td><td colspan="2">项目造价指标分析</td><td rowspan="2">备注</td></tr>
<tr><td>万元 /km</td><td>元 /m²</td><td>指标组成</td><td>基期指标 /（元 /m²）</td></tr>
<tr><td rowspan="4">1</td><td rowspan="4">某市某区</td><td rowspan="4">6 254.36</td><td rowspan="4">1 770.57</td><td rowspan="4">88.36</td><td>道路工程</td><td>1 039.36</td><td rowspan="4">道路工程面积占比指道路工程面积（含机非分隔带、中央分隔带、人行道面积）与项目总面积（道路工程与桥涵工程面积之和）的比例</td></tr>
<tr><td>桥涵工程（跨河桥涵）</td><td>5 088.40</td></tr>
<tr><td>管网工程</td><td>157.52</td></tr>
<tr><td>市政临时工程</td><td>65.84</td></tr>
</table>

表 4–2–75　道路工程概况

<table>
<tr><td rowspan="4">综合概况</td><td>工程名称</td><td>某次干路工程（二）</td></tr>
<tr><td>采集类别编码</td><td>SZ010103</td></tr>
<tr><td>车道数</td><td>4</td></tr>
<tr><td>设计道路长度 /m</td><td>590.00</td></tr>
</table>

续表 4–2–75

综合概况	道路面积 /m²		18 415.68
	其中	机动车道面层面积 /m²	8 850.75
		非机动车道面层面积 /m²	0.00
		人行道面层面积 /m²	1 233.84
		绿化带面积 /m²	7 970.00
道路概况	道路标准横断面宽度 /m		24.00/30.00
	其中	机动车道宽 /m	18.00
		非机动车道宽 /m	0.00
		人行道宽 /m	6.00
		中央分隔带宽 /m	0.00/6.00
		机非分隔带宽 /m	0.00
路灯概况	路灯规格及数量		15m 高 2 套，12m 高 1 套，10m 高 12 套，庭院路灯 60 套
智能交通概况	智能交通特征说明		电子警察系统
附属绿化概况	附属绿化特征说明		行道树：56 株，两侧采用花海，绿化分隔带采用高红叶李、金桂、吉祥草

表 4–2–76 道路工程造价指标单元分析表

序号	一级造价指标单元	指标特征描述	造价指标 /（元 /m²）
1	土石方	类别：一 ~ 三类土，运距：10km，填方段采用塘渣回填	130.52
2	道路	机动车道：SBS 改性沥青混凝土路面 +4%~6% 水泥稳定碎石基层 +16cm 3%~4% 水泥稳定碎石（底基层）； 人行道：仿花岗岩透水砖（黄金麻荔枝面）人行道板 + 透水混凝土基层 +10cm 级配碎石； 侧平石：花岗岩侧平石	644.45
3	路灯	铁质路灯杆	46.19
4	交通管理及附属设施	标志标牌、标线	32.08
5	智能交通	交通违法监测系统	7.19
6	景观绿化	雪松、香樟、黄山栾树、硫华菊等	165.02
7	道路工程施工技术措施	包含大型机械进出场及安拆、排水、树木支撑架、草绳绕树干等	13.90
小计			1 039.35

表 4-2-77 桥涵工程(1号桥)概况

综合概况	工程名称	1号桥
	采集类别编码	SZ020101
桥梁特征	桥梁长度 /m	99.00
	桥梁总面积 /m²	2 425.50
	梁式桥上部构造形式	预应力混凝土空心板梁
	桩基类型	干作业成孔灌注桩

表 4-2-78 桥涵工程(1号桥)造价指标单元分析表

序号	一级造价指标单元	指标特征描述	造价指标 /(元 /m²)
1	土石方	类别:三类土、淤泥、岩石,运距:10km,填方段采用塘渣回填	207.96
2	基坑围护	拉森钢板桩围护	4.95
3	桩基	干作业成孔灌注桩	117.35
4	桥梁结构	混凝土下部结构 + 后张法预应力混凝土空心板梁 + 铸造石栏杆	4 509.76
5	桥涵工程施工技术措施	包含脚手架、围堰、预制场地、吊篮、大型机械设备进出场及安拆、排水等	248.37
小计			5 088.39

表 4-2-79 管网工程(排水)概况

综合概况	工程名称	道路排水管网
	采集类别编码	SZ050201
排水概况	管道材质	开槽施工用钢筋混凝土管、钢管
	最大管径 /mm	*D*1 500

表 4-2-80 管网工程(排水)造价指标单元分析表

序号	一级造价指标单元	指标特征描述	造价指标 /(元 /m²)
1	土石方	类别:三类土、淤泥、岩石,运距:10km	49.94
2	管道	开槽施工用钢筋混凝土管、钢管	77.91
3	附属构筑物	砖砌检查井、砖砌雨水口	26.92
4	管网工程施工技术措施	井字架、排水	2.75
小计			157.52

（七）某支路工程项目（一）造价指标

某支路工程项目（一）概况和造价指标见表 4–2–81~ 表 4–2–86。

表 4–2–81　市政工程项目概况

<table>
<tr><td>项目名称</td><td colspan="3">某支路工程项目（一）</td></tr>
<tr><td>建设地点</td><td colspan="3">某市某区</td></tr>
<tr><td>资金来源</td><td>国有资金投资</td><td>承发包模式</td><td>施工总承包</td></tr>
<tr><td>项目性质</td><td>新建项目</td><td>质量要求</td><td>合格</td></tr>
<tr><td>计价方式</td><td>国标清单计价</td><td>造价类别</td><td>招标控制价</td></tr>
<tr><td>计价依据</td><td>2018 版计价依据</td><td>编制基期</td><td>2022 年 7 月</td></tr>
<tr><td>工程造价 / 万元</td><td>939.221 8</td><td>造价指标 /（元 /m²）</td><td>1 120.61</td></tr>
<tr><td>其他说明</td><td colspan="3">本项目无污水管道、桥涵工程</td></tr>
</table>

表 4–2–82　整体项目造价指标表

<table>
<tr><td>项目类型</td><td>长度 / km</td><td>总面积 /m²</td><td colspan="6">指标内容</td></tr>
<tr><td>支路</td><td>0.437</td><td>8 381.35</td><td colspan="6">项目建设内容主要包括道路、管网工程（雨水管）、绿化、路灯、交通管理及附属设施、智能交通等，不包括污水管道、给水管道、燃气管道、电力管道、通信管道、交通导改、绿化迁移、管线迁移等工程</td></tr>
<tr><td rowspan="2">序号</td><td rowspan="2">地区</td><td colspan="2">整体项目造价指标</td><td rowspan="2">道路工程面积占比 / %</td><td colspan="2">项目造价指标分析</td><td rowspan="2" colspan="2">备注</td></tr>
<tr><td>万元 /km</td><td>元 /m²</td><td>指标组成</td><td>基期指标 /（元 /m²）</td></tr>
<tr><td rowspan="2">1</td><td rowspan="2">某市某区</td><td rowspan="2">2 149.25</td><td rowspan="2">1 120.61</td><td rowspan="2">100.00</td><td>道路工程</td><td>985.40</td><td rowspan="2" colspan="2">道路工程面积占比指道路工程面积（含机非分隔带、中央分隔带、人行道面积）与项目总面积（道路工程与桥涵工程面积之和）的比例</td></tr>
<tr><td>管网工程（仅雨水管道）</td><td>135.21</td></tr>
</table>

表 4–2–83　道路工程概况

<table>
<tr><td rowspan="5">综合概况</td><td>工程名称</td><td>某支路工程（一）</td></tr>
<tr><td>采集类别编码</td><td>SZ010104</td></tr>
<tr><td>车道数</td><td>2</td></tr>
<tr><td>设计道路长度 /m</td><td>437.00</td></tr>
<tr><td>道路面积 /m²</td><td>8 381.35</td></tr>
</table>

续表 4-2-83

综合概况	其中	机动车道面层面积 /m²	5 885.87
		非机动车道面层面积 /m²	0.00
		人行道面层面积 /m²	2 173.12
		绿化带面积 /m²	0.00
道路概况	道路标准横断面宽度 /m		18.00
	其中	机动车道宽 /m	7.00
		非机动车道宽 /m	5.00
		人行道宽 /m	6.00
		中央分隔带宽 /m	0.00
		机非分隔带宽 /m	0.00
路灯概况	路灯规格及数量		10m 高 27 套，14m 高 2 套
智能交通概况	智能交通特征说明		含交通信号控制系统、交通违法监测系统、交通监视系统
附属绿化概况	附属绿化特征说明		行道树：117 株

表 4-2-84 道路工程造价指标单元分析表

序号	一级造价指标单元	指标特征描述	造价指标 /（元 /m²）
1	土石方	类别：一～三类土，运距：20km，含渣土消纳处置费用	176.50
2	道路	机动车道：普通沥青混凝土路面 +5% 水泥稳定碎石基层 +60cm 塘渣层； 人行道：花岗岩人行道板 + 混凝土基层 +30cm 塘渣层； 侧平石：花岗岩侧平石	552.03
3	路灯	铁质路灯杆	54.00
4	交通管理及附属设施	标志标牌、标线、隔离护栏、警示柱	43.97
5	智能交通	交通信号控制系统、交通违法监测系统、交通监视系统	122.74
6	景观绿化	香樟	29.01
7	道路工程施工技术措施	包含大型机械设备进出场及安拆、排水、草绳绕树干、树木支撑架、其他技术措施费等	7.15
小计			985.40

表 4-2-85 管网工程（排水）概况

综合概况	工程名称	道路排水管网
	采集类别编码	SZ050201
排水概况	管道材质	开槽施工用钢筋混凝土管
	最大管径 /mm	*D*600

表 4-2-86 管网工程（排水）造价指标单元分析表

序号	一级造价指标单元	指标特征描述	造价指标 /（元 /m²）
1	土石方	类别：三类土，运距：20km，含渣土消纳处置费用	16.50
2	管道	开槽施工用钢筋混凝土管	60.32
3	附属构筑物	砖砌检查井、砖砌雨水口	26.62
4	管网工程施工技术措施	井字架、井点降水、现状管线保护、其他技术措施费	31.76
小计			135.20

（八）某支路工程项目（二）造价指标

某支路工程项目（二）概况和造价指标见表 4-2-87~ 表 4-2-98。

表 4-2-87 市政工程项目概况

项目名称	某次干路工程项目（二）		
建设地点	某市某区		
资金来源	国有资金投资	承发包模式	施工总承包
项目性质	新建项目	质量要求	合格
计价方式	国标清单计价	造价类别	招标控制价
计价依据	2018 版计价依据	编制基期	2022 年 7 月
工程造价 / 万元	3 131.767 2	造价指标 /（元 /m²）	1 892.51
其他说明	桥涵工程含桥头地基处理（泥浆护壁成孔灌注桩 + 混凝土桩帽 + 混凝土系梁 + 混凝土基础 + 泡沫混凝土 + 土工格栅 + 级配碎石 + 塘渣）		

表 4-2-88 道路工程单项造价指标表

项目类型	长度 / km	总面积 /m²	指标内容
支路	0.509	16 548.24	项目建设内容主要包括道路、绿化、路灯、交通管理及附属设施、智能交通等专业，含随道路同步建设的排水管道、给水管道、电力管道及桥梁工程，不包括燃气管道、通信管道、交通导改、绿化迁移、管线迁移等

序号	地区	整体项目造价指标		道路工程面积占比 / %	项目造价指标分析		备注
		万元 /km	元 /m²		指标组成	基期指标 /（元 /m²）	
1	某市某区	6 152.78	1 892.51	96.43	道路工程	1 045.71	道路工程面积占比指道路工程面积（含机非分隔带、中央分隔带、人行道面积）与项目总面积（道路工程与桥涵工程面积之和）的比例
					桥涵工程（跨河桥涵含桥头地基处理）	13 844.82	
					管网工程	386.69	

表 4-2-89 道路工程概况

综合概况	工程名称		某支路工程（二）
	采集类别编码		SZ010104
	车道数		4
	设计道路长度 /m		509.00
	道路面积 /m^2		15 958.00
	其中	机动车道面层面积 /m^2	11 412.60
		非机动车道面层面积 /m^2	0.00
		人行道面层面积 /m^2	2 830.00
		绿化带面积 /m^2	1 034.00
道路概况	道路标准横断面宽度 /m		28.00
	其中	机动车道宽 /m	20.00
		非机动车道宽 /m	0.00
		人行道宽 /m	8.00
		中央分隔带宽 /m	0.00
		机非分隔带宽 /m	0.00
路灯概况	路灯规格及数量		10m 高 34 套
交通管理及附属设施概况	公交车站数量 / 座		1
智能交通概况	智能交通特征说明		含交通信号控制系统、交通监视系统、电子警察系统
附属绿化概况	附属绿化特征说明		生物滞留带采用无患子、垂柳、金桂、日本红枫、红叶石楠球、金边黄杨、毛鹃、草坪

表 4-2-90 道路工程造价指标单元分析表

序号	一级造价指标单元	指标特征描述	造价指标 /（元 /m^2）
1	土石方	类别：一、二类土、淤泥，运距：35km，含渣土消纳处置费用	86.88
2	道路	机动车道：沥青玛瑞脂碎石混合料（SMA）改性沥青混凝土路面 +5% 水泥稳定碎石基层 +70cm 塘渣层； 人行道：陶瓷透水砖人行道板 + 混凝土基层 +40cm 塘渣层； 侧平石：花岗岩侧平石	686.37
3	路灯	铁质路灯杆（Q235）、节能发光二极管（Light Emitting Diode）灯	23.46

续表 4-2-90

序号	一级造价指标单元	指标特征描述	造价指标/(元/m²)
4	交通管理及附属设施	标志标牌、标线、隔离护栏、警示柱、值警亭	81.18
5	智能交通	交通信号控制系统、交通违法监测系统、交通监视系统	86.30
6	景观绿化	无患子、垂柳、金桂、日本红枫、红叶石楠球、金边黄杨、毛鹃、草坪,镀锌方钢管栏杆(高 700mm)	44.95
7	拆除	新老路搭接部位拆除、现状混凝土路面拆除	25.06
8	道路工程施工技术措施	包含草绳绕树干、苗木支撑、大型机械设备进出场及安拆、排水、降水等	11.51
小计			1 045.71

表 4-2-91 桥涵工程(1 号桥)概况

综合概况	工程名称	1 号桥
	采集类别编码	SZ020101
桥梁特征	桥梁长度 /m	20.00
	桥梁总面积 /m²	590.24
	梁式桥上部构造形式	预应力混凝土空心板梁
	桩基类型	钻孔灌注桩

表 4-2-92 桥涵工程(1 号桥)造价指标单元分析表

序号	一级造价指标单元	指标特征描述	造价指标/(元/m²)
1	土石方	类别:一、二类土、淤泥,运距:35km,含渣土消纳处置费用	1 624.88
2	地基处理	桥头地基处理:泥浆护壁成孔灌注桩 + 混凝土桩帽 + 混凝土系梁 + 混凝土基础 + 泡沫混凝土 + 土工格栅 + 级配碎石 + 塘渣	3 903.88
3	桩基	泥浆护壁成孔灌注桩	2 707.55
4	桥梁结构	混凝土下部结构 + 先张法预应力混凝土板梁 + 金属栏杆	5 395.40
5	桥涵工程施工技术措施	包含脚手架、排水、围堰、大型机械进出场及安拆等	213.11
小计			13 844.82

表 4-2-93 管网工程(供水)概况

综合概况	工程名称	道路给水管网
	采集类别编码	SZ050101
供水概况	最大管径 /mm	D300

表 4-2-94 管网工程（供水）造价指标单元分析表

序号	一级造价指标单元	指标特征描述	造价指标 /（元 /m²）
1	土石方	类别：一、二类土，运距：35km，含渣土消纳处置费用	4.31
2	管道	离心球墨铸铁上水管	31.01
3	附属构筑物	砖砌阀门井	2.13
小计			37.45

表 4-2-95 管网工程（排水）概况

综合概况	工程名称	道路排水管网
	采集类别编码	SZ050201
排水概况	管道材质	开槽施工用钢筋混凝土管、高密度聚乙烯（HDPE）缠绕结构壁管（B 型）
	最大管径 /mm	*D*1 500

表 4-2-96 管网工程（排水）造价指标单元分析表

序号	一级造价指标单元	指标特征描述	造价指标 /（元 /m²）
1	土石方	类别：一、二类土，运距：35km，含渣土消纳处置费用	18.06
2	管道	开槽施工用钢筋混凝土管、高密度聚乙烯（HDPE）缠绕结构壁管（B 型）	127.75
3	附属构筑物	混凝土检查井、砖砌雨水口	72.00
4	拆除	管网拆除	4.89
5	管网工程施工技术措施	井字架、排水	1.96
小计			224.66

表 4-2-97 管网工程（电力）概况

综合概况	工程名称	道路电力管网
	采集类别编码	SZ050301
电力概况	管道材质	氯化聚氯乙烯（PVC-C）电力专用高强度管、改性聚丙烯（MPP）电力顶管
	排管孔数 / 孔	6/8/12
	管径 /mm	*D*200

表 4-2-98 管网工程(电力工程)造价指标单元分析表

序号	一级造价指标单元	指标特征描述	造价指标/(元/m^2)
1	土石方	类别:四类土,运距:35km,含渣土消纳处置费用	6.73
2	管道	氯化聚氯乙烯(PVC-C)电力专用高强度管、改性聚丙烯(MPP)电力顶管	101.00
3	附属构筑物	混凝土检查井	16.69
4	管网工程施工技术措施	井字架	0.13
小计			124.55

第五章

造价指标动态应用

说　　明

一、造价指标应用场景包括项目投资估算、方案经济性比选、初步设计概算核验、实施阶段造价数据比对、项目后评价等。

二、造价指标测算基期为2022年7月。

三、拟建工程的造价可依据本指标,结合建设工程项目特征进行修正,在此基础上按省市造价管理机构发布的工程造价综合指数进行价格动态调整。2019—2022年浙江省房屋建筑工程造价综合指数详见表5-1-1,2020—2022年浙江省市政工程造价综合指数详见表5-2-2。

第一节　房屋建筑工程造价指数

2019—2022 年浙江省房屋建筑工程造价综合指数汇总情况详见表 5-1-1、图 5-1-1。

表 5-1-1　浙江省房屋建筑工程造价综合指数汇总表（2019—2022 年）

年份	1 月	2 月	3 月	4 月	5 月	6 月	7 月	8 月	9 月	10 月	11 月	12 月
2019 年	115.08	114.76	114.36	115.78	116.54	115.95	116.22	115.62	115.96	117.04	118.27	119.72
2020 年	118.82	119.01	117.50	117.03	117.37	117.23	116.76	117.25	117.76	118.03	119.35	120.47
2021 年	121.25	121.24	121.69	123.67	126.38	124.18	123.51	124.48	126.36	129.90	127.27	125.71
2022 年	124.09	124.08	124.57	125.46	124.66	123.48	121.22	120.99	120.61	120.78	120.28	120.37

注：浙江省房屋建筑工程造价综合指数以 2017 年 1 月为基期。

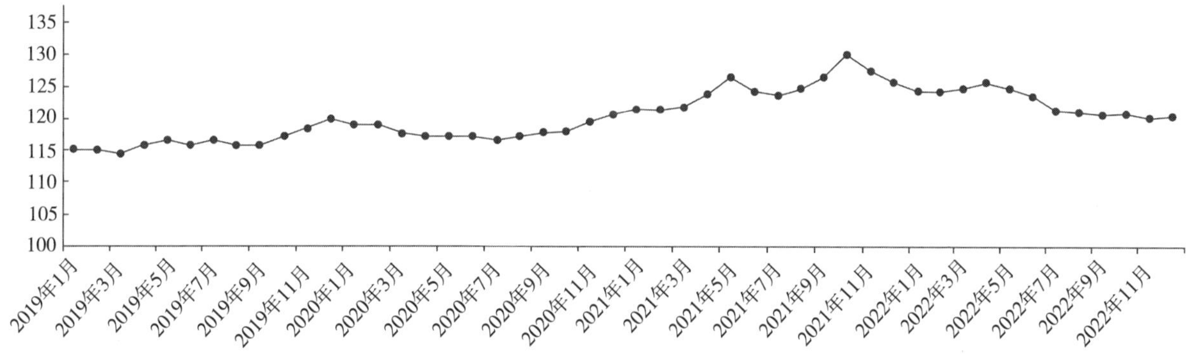

图 5-1-1　2019—2022 年浙江省房屋建筑工程造价综合指数图

第二节　市政工程造价指数

2020—2022 年浙江省市政工程造价综合指数汇总情况详见表 5-2-1、图 5-2-1。

表 5-2-1　浙江省市政工程造价综合指数汇总表（2020—2022 年）

年份	1 月	2 月	3 月	4 月	5 月	6 月	7 月	8 月	9 月	10 月	11 月	12 月
2020 年	100.00	100.16	98.89	98.49	98.78	98.66	97.85	98.12	98.41	98.63	99.41	100.08
2021 年	100.36	100.30	100.69	102.07	103.66	102.56	102.00	102.28	103.77	106.55	105.55	104.19
2022 年	103.03	103.23	104.73	105.20	104.91	104.41	103.29	103.70	102.81	102.74	102.45	101.84

注：浙江省市政工程造价综合指数以 2020 年 1 月为基期。

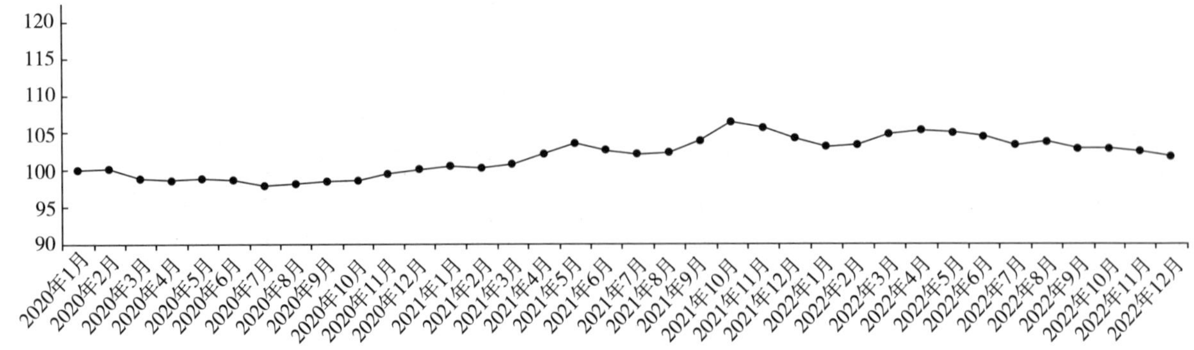

图 5-2-1　2019—2022 年浙江省市政工程造价综合指数图

第三节　造价参考指标应用案例

例:2022 年 12 月,某市计划新建保障性住房(27m <建筑高度≤ 100m),总建筑面积为 133 500m²,其中地下建筑面积为 45 390m²,地上建筑面积为 88 110m²,室外总面积为 22 000m²。该保障性住房概况如下:

(1)地下室层数为一层;

(2)地上建筑外墙面装饰为外墙涂料;

(3)室内装修按表 1-1-15“保障性住房项目装修做法参考表”;

(4)本例不考虑盘扣支撑架及外墙脚手架的增量费用;

(5)通用安装工程包括变配电系统、电气设备安装工程、消防工程、通风空调工程、给水排水工程、建筑智能化工程、电梯工程;

(6)本工程基期造价指标均按指标区间中值考虑,地区以宁波市为例。2022 年 7 月房屋建筑工程的造价综合指数为 121.22,2022 年 12 月房屋建筑工程的造价综合指数为 120.37。

[解析]

1　建筑安装工程造价

1.1　地下建筑建筑安装工程造价

1.1.1　地下建筑基期指标选取:

地下建筑基期指标根据房屋建筑工程保障性住房项目表 1-1-3“单项造价指标表(地下建筑)”区间中值确定,基期指标为 6 430 元 /m²。

1.1.2　地下建筑建筑安装工程造价计算:

地下建筑建筑安装工程造价 =6 430 × 45 390=29 185.77(万元)

1.2　地上建筑建筑安装工程造价

1.2.1　地上建筑基期指标选取:

地上建筑基期指标根据房屋建筑工程保障性住房项目表 1-1-4“单项造价指标表(地上建筑)”区间中值确定,基期指标为 3 125 元 /m²。

1.2.2　地上建筑建筑安装工程造价计算:

地上建筑建筑安装工程造价 =3 125 × 88 110=27 534.38(万元)

1.3　室外附属工程建筑安装工程造价

1.3.1　室外附属工程基期指标选取:

室外附属工程基期指标根据房屋建筑工程保障性住房项目表 1-1-2“单项造价指标汇总表”指标

区间中值确定，室外附属工程基期指标为 645 元 /m²。

1.3.2　室外附属工程建筑安装工程造价计算：

室外附属工程建筑安装工程造价 =645 × 22 000=1 419（万元）

2　专项造价

2.1　变配电系统专项造价

2.1.1　变配电系统基期指标计算：

变配电系统专项造价指标根据专项造价指标表 2–1–3“变配电系统专项造价指标表”区间中值确定，变配电系统基期指标为 115 元 /m²。

2.1.2　变配电系统专项造价计算：

变配电系统专项造价 =115 × 133 500=1 535.25（万元）

2.2　电梯专项造价

2.2.1　电梯基期指标计算：

电梯专项造价指标根据专项造价指标表 2–1–4“电梯专项造价指标表”区间的中值确定，电梯基期指标为 92.5 元 /m²。

2.2.2　电梯专项造价计算：

电梯专项造价 =92.5 × 88 110=815.02（万元）

2.3　专项造价汇总

专项造价 =1 535.25+815.02=2 350.27（万元）

3　价格调整系数

造价参考指标测算的价格基期为 2022 年 7 月，拟建工程造价测算时间为 2022 年 12 月，拟建工程造价应根据第五章的浙江省房屋建筑工程造价综合指数进行调整。

$$\text{价格调整系数} = \frac{120.37}{121.22} = 0.993$$

4　建筑安装工程造价汇总

建筑安装工程造价 =（地下建筑建筑安装工程造价 + 地上建筑建筑安装工程造价 + 室外附属工程建筑安装工程造价 + 专项造价）× 价格调整系数 =（29 185.77+27 534.38+1 419+2 350.27）× 0.993=60 065.99（万元）

故拟建工程建筑安装工程造价为 60 065.99 万元，经济指标约为 4 478 元 /m²。